主　编　查五生　彭必友

重庆大学出版社

内容提要

本书内容包括冲压工艺及模具设计、塑料模具设计两大部分,以工艺和模具设计基本过程为主线,介绍了解决设计过程中主要问题的方法和步骤,并以典型实例为设计者提供了参考依据,对于模具设计与制造相关专业的学生及模具初学者具有很强的实用性和指导作用。本书图文并茂,叙述深入浅出,浅显易懂。

本书适用于材料成型或机械类模具设计与制造相关专业(方向)的本科学生,也适用于相关专业的高职高专学生,还可供有关工程技术人员参考。

图书在版编目(CIP)数据

冲压与塑料模具设计指导/查五生,彭必友主编.
—重庆:重庆大学出版社,2016.8
材料成型及控制工程专业本科系列规划教材
ISBN 978-7-5624-9885-8

Ⅰ.①冲⋯ Ⅱ.①查⋯②彭⋯ Ⅲ.①冲模—设计—
高等学校—教学参考资料②塑料模具—设计—高等学校
—教学参考资料 Ⅳ.①TG385.2②TQ320.5

中国版本图书馆 CIP 数据核字(2016)第 159927 号

冲压与塑料模具设计指导

主 编 查五生 彭必友
策划编辑:杨粮菊

责任编辑:文 鹏 版式设计:杨粮菊
责任校对:邬小梅 责任印制:赵 晟

*

重庆大学出版社出版发行
出版人:易树平
社址:重庆市沙坪坝区大学城西路 21 号
邮编:401331
电话:(023) 88617190 88617185(中小学)
传真:(023) 88617186 88617166
网址:http://www.cqup.com.cn
邮箱:fxk@ cqup.com.cn(营销中心)
全国新华书店经销
重庆联谊印务有限公司印刷

*

开本:787mm×1092mm 1/16 印张:17 字数:424千
2016 年 8 月第 1 版 2016 年 8 月第 1 次印刷
印数:1—2 000
ISBN 978-7-5624-9885-8 定价:32.00 元

前言

模具工业是现代工业的基础,在国民经济发展中的作用越来越重要。在整个模具工业中,冲压模具和塑料模具所占比重超过了80%。

本书根据模具设计与制造专业(方向)本科课程设置要求编制,用于学生的毕业设计或课程设计。本书从基本知识入手,以设计基本过程为路线,介绍了工艺与模具设计过程中需要解决的主要问题,以及解决这些问题的方法和步骤,并以典型实例为设计者提供了参考范本,对于模具初学者具有很强的实用性和指导作用。

本书内容分冲压工艺及模具设计、塑料模具设计两大部分。冲压工艺及模具设计部分中,首先介绍了冲压工艺方案制定、冲压设计计算等工艺设计知识,其次介绍了冲压模具总体结构设计、模具零件的设计及选用等内容,然后以实例进一步介绍了冲压工艺、冲压模具设计的具体内容、步骤及方法。塑料模具设计部分中,包括注射模具设计的基本步骤及详细设计、模具常用设计资料的选用等内容,并配以典型案例分析,详细介绍了模具设计的步骤及设计方法。

本书作者具有多年从事模具设计本科教学和生产实践的经验,针对模具初学者的实际来提出问题、解决问题,所选用的实例也较简单,达到"入门"的目的。文字叙述简明扼要,并配以大量图片和表格。

本书适合于材料成型或机械类模具设计与制造相关专业(方向)的本科生,也适用于相关专业(方向)的高职高专学生,还可供有关工程技术人员参考。

本书由西华大学查五生教授、彭必友副教授主编,第1章至第3章由查五生教授编写,第4章至第6章由彭必友副教授编写。本书的出版得到了西华大学本科教学质量工程的资助,在此表示感谢。

由于编者学识与水平有限,书中难免存在错误与不妥之处,敬请读者指正。

编　者
2016 年 3 月

目 录

第 **1** 部分
冲压工艺及模具设计

第**1**章
冲压工艺设计

冲压件的生产一般是从原材料剪切下料开始,经过各个冲压工序,最终获得所需形状和尺寸的产品。冲压工艺是否可行、经济,模具结构是否合理、可靠,直接关系到生产的顺利运行和经济效益。

冲压设计的内容主要包括两大部分:(1)冲压工艺过程设计;(2)冲压模具的总体结构及零部件设计。本章介绍冲压工艺设计的步骤、方法和原则。

1.1　冲压件冲压工艺性分析

冲压件冲压工艺性分析是根据产品图样,对冲压件的形状、尺寸、精度要求和材料性能进行分析,论证工件采用冲压加工在技术和经济上的可行性。

1.1.1　产品图纸及技术要求

产品图纸及附加的技术要求说明了产品的形状、尺寸、公差及配合要求、材质等结构特点,是冲压工艺设计的依据。因此,冲压工艺设计时,首先必须仔细研读产品图纸,了解产品结构特点,对不明确、不完善之处加以明确、完善。

若是按样件生产,必须先对样件实物进行测量,并绘出冲压件产品图纸。测绘时,要了解冲压件的功用及其装配关系,以确定工件的精度等级及尺寸标注方式。未明确要求时,为降低模具制造成本,工件的精度等级可取 IT11 ~ IT14 级,通常取 IT14 级。然后,根据精度等级、基本尺寸大小,查表1.1确定公差数值大小。公差的标注按"入体原则",即:对被包容尺寸(轴的外径,实体长、宽、高),其最大加工尺寸就是基本尺寸,上偏差为零;对包容尺寸(孔径、槽宽),其最小加工尺寸就是基本尺寸,下偏差为零。材料厚度按实测结果,可不必标注公差。

测绘的工件图上还必须标明样件材质,没有特别说明时,钢质冲压件的材料可认为是08、08F、10、10F、Q215、Q235 等常用钢材。

表 1.1　标准公差数值表

基本尺寸 (mm)	公差等级																			
	(μm)															(mm)				
	IT01	IT0	IT1	IT2	IT3	IT4	IT5	IT6	IT7	IT8	IT9	IT10	IT11	IT12	IT13	IT14	IT15	IT16	IT17	IT18
≤3	0.3	0.5	0.8	1.2	2	3	4	6	10	14	25	40	60	100	140	0.25	0.40	0.60	1.0	1.4
>3~6	0.4	0.6	1	1.5	2.5	4	5	8	12	18	30	48	75	120	180	0.30	0.48	0.75	1.2	1.6
>6~10	0.4	0.6	1	1.5	2.5	4	6	9	15	22	36	58	90	150	220	0.36	0.58	0.90	1.5	2.2
>10~18	0.5	0.8	1.2	2	3	5	8	11	18	27	43	70	110	180	270	0.43	0.70	1.10	1.8	2.7
>18~30	0.6	1	1.5	2.5	4	6	9	13	21	33	52	84	130	210	330	0.52	0.84	1.30	2.1	3.3
>30~50	0.6	1	1.5	2.5	4	7	11	16	25	39	62	100	160	250	390	0.62	1.00	1.60	2.5	3.9
>50~80	0.8	1.2	2	3	5	8	13	19	30	46	74	120	190	300	460	0.74	1.20	1.90	3.0	4.6
>80~120	1	1.5	2.5	4	6	10	15	22	35	54	87	140	220	350	540	0.87	1.40	2.20	3.5	5.4
>120~180	1.2	2	3.5	5	8	12	18	25	40	63	100	160	250	400	630	1.00	1.60	2.50	4.0	6.3
>180~250	2	3	4.5	7	10	14	20	29	46	72	115	185	290	460	720	1.15	1.85	2.90	4.6	7.2
>250~315	2.5	4	6	8	12	16	23	32	52	81	130	210	320	520	810	1.30	2.10	3.20	5.2	8.1
>315~400	3	5	7	9	13	18	25	36	57	89	140	230	360	570	890	1.40	2.30	3.60	5.7	8.9
>400~500	4	6	8	10	15	20	27	40	63	97	155	250	400	630	970	1.55	2.50	4.00	6.3	9.7
>500~630	4.5	6	9	11	16	22	30	44	70	110	175	280	440	700	1 100	1.75	2.8	4.4	7.0	11.0
>630~800	5	7	10	13	18	25	35	50	80	125	200	320	500	800	1 250	2.0	3.2	5.0	8.0	12.5
>800~1 000	5.5	8	11	15	21	29	40	56	90	140	230	360	530	900	1 400	2.3	3.6	5.6	9.0	14.0
>1 000~1 250	6.5	9	13	18	24	34	46	66	105	165	260	420	660	1 050	1 650	2.6	4.2	6.6	10.5	16.5
>1 250~1 600	8	11	15	21	29	40	54	78	125	195	310	500	780	1 250	1 950	3.1	5.0	7.8	12.5	19.5
>1 600~2 000	9	13	18	25	35	48	65	92	150	230	370	600	920	1 500	2 300	3.7	6.0	9.2	15.0	23.0
>2 000~2 500	11	15	22	30	41	57	77	110	175	280	440	700	1 100	1 750	2 800	4.4	7.0	11.0	17.5	28.0
>2 500~3 150	13	18	26	36	50	69	93	135	210	330	540	860	1 250	2 100	3 300	5.4	8.6	13.5	21.0	33.0

注:1 mm 以下无IT14~IT18.

1.1.2 分析冲压件结构

冲压加工是塑性加工,依靠固态金属质点的塑性流动来获得所需形状,因此,冲压件的形状不能过于复杂。考虑到模具尺寸及设备能力,冲压件的尺寸不能过大;考虑到加工精度,需要采用微成形技术加工的冲压件,也不能采用普通冲压工艺加工。

冲压件的结构工艺性分析,必须根据该工件所采用的冲压工艺特点和该冲压件的结构特点进行。

(1)冲裁件结构工艺性

1)圆角半径

由于模具加工的限制,冲裁件的圆角半径必须大于表1.2规定的最小值。但对于少废料或无废料排样冲裁,或模具采用镶拼结构,可不要求冲裁件有圆角。

表 1.2　冲裁件最小圆角半径

工　序	连接角度	黄铜、纯铜、铝	软钢	合金钢
落料	$\geq 90°$	$0.18\,t$	$0.25\,t$	$0.35\,t$
	$< 90°$	$0.35\,t$	$0.50\,t$	$0.70\,t$
冲孔	$\geq 90°$	$0.20\,t$	$0.30\,t$	$0.45\,t$
	$< 90°$	$0.40\,t$	$0.60\,t$	$0.90\,t$

注:t 为材料厚度,当 $t < 1$ mm 时,均以 $t = 1$ mm 计算。

2)孔的尺寸

受到凸模强度的限制,冲裁件有孔时,孔的尺寸不能太小。冲孔的最小尺寸与料厚的关系见表1.3。

表 1.3　冲孔的最小尺寸

材　料	自由凸模冲孔		精密导向凸模冲孔	
	圆形	矩形	圆形	矩形
硬　钢	$1.3\,t$	$1.0\,t$	$0.5\,t$	$0.4\,t$
软钢及黄铜	$1.0\,t$	$0.7\,t$	$0.35\,t$	$0.3\,t$
铝	$0.8\,t$	$0.5\,t$	$0.3\,t$	$0.28\,t$
酚醛层压布(纸)板	$0.4\,t$	$0.35\,t$	$0.3\,t$	$0.25\,t$

3)孔距与孔边距

受模具强度和冲裁件可能产生变形的限制,冲裁件的孔与孔之间、孔与边缘之间的净空尺寸不能太小,一般不小于2倍料厚。

4)突出和凹进部分尺寸

从冲裁件中突出的细长悬臂部分、向冲裁件内凹进的细长凹槽,其宽度尺寸不能太小。冲裁硬钢时,宽度不小于2倍料厚;冲裁软钢、铜及其合金、铝及其合金时,宽度不小于1.5倍料厚(料厚小于1 mm时按1 mm计算)。

(2)弯曲件结构工艺性

1)弯曲半径

弯曲件的弯曲半径不可小于最小弯曲半径,否则会产生弯裂。当工件所需的弯曲半径小于允许值时,必须采取相应措施,如二次弯曲(中间退火)、开槽弯曲等。

2)弯边高度 h

弯曲件的弯边高度 h 不宜过小,否则,弯曲时的弯曲力臂过小,难以产生足够的弯曲力矩。弯边高度 h 的最小值应大于 $r+2t$,如图 1.1(a)所示。若工件的 $h < r+2t$ 时,则需先压槽,或增加弯边高度,弯曲后再切掉,如图 1.1(b)所示。

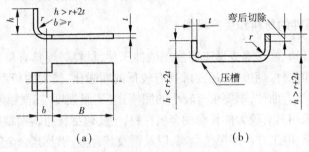

(a)　　　　　　　　　　(b)

图 1.1　弯曲件的弯边高度

3)孔边距 L

弯曲有孔的工件时,如果孔位于弯曲变形区内,孔会发生变形,因此,必须使孔处于变形区之外。一般情况下,孔边距 L 根据材料厚度确定。如图 1.2 所示,当 $t < 2$ mm 时,$L \geqslant t$;当 $t \geqslant 2$ mm 时,$L \geqslant 2t$。

如果孔边距 L 过小,可在弯曲之后再冲孔。也可以采取其他措施转移变形区,使其避开已经存在的孔。

(3)拉深件结构工艺性

1)圆角半径

为了使拉深顺利进行,拉深件底部与筒壁间的圆角半径应该大于 1 倍料厚,凸缘与筒壁间的圆角半径应该大于 2 倍料厚,盒形件四壁间的圆角半径应该大于 3 倍料厚。对于圆角半径小于规定值的工件,应在拉深后采用整形工序来获得较小的圆角半径。

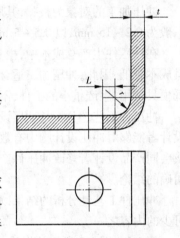

图 1.2　弯曲件的孔边距

2)拉深件的形状

拉深件的形状越复杂,拉深过程中材料的流动也越复杂,起皱、拉裂等失效就越容易发生,因此,应尽量避免拉深形状非常复杂的拉深件。对于凸缘宽($d_凸 > 3d$)和深度大($h \geqslant 2d$)的拉深件,拉深次数多、制造难度大,应尽量避免,可采用组合的方式加工。对半敞开或非对称的空心件,可将两个或多个工件组合后拉深,以改善拉深时的受力状况,拉深后再将其剖切成两个或多个工件。

1.1.3　分析冲压件精度

普通冲裁件的经济精度一般不高于 IT11 级,最高不超过 IT8 ~ IT10 级,断面粗糙度一般不高于 $R_a 12.5$ μm,最高不超过 $R_a 6.3$ μm。

拉深件的尺寸精度一般应在 IT13 级以下,不宜高于 IT11 级。并且,拉深件的壁厚在高度方向是变化的,口部厚于底部,最大增厚量可达板厚的 20% ~ 30%,最大减薄量可达板厚的 10% ~

18%。由于板料塑性的各向异性，圆筒件口部会出现高度差异，导致筒形件高度方向的尺寸精度很低，未切边的精度最高只能达到 IT16～IT17 级，切边后也仅能达到 IT14 级左右。带凸缘的拉深件，高度方向的尺寸与模具的现场调整密切相关，其精度也较低，最高只能达到 IT15 级。

对于弯曲件，回弹的影响使其尺寸精度低于拉深件，一般应在 IT14 级以下，最高精度不高于 IT12 级，同时，其角度公差也较低。具体的公差数值可查阅相关手册。

1.1.4 分析冲压件的材料和生产批量

需要拉深、弯曲、翻边、胀形等成形工序加工的冲压件，材料必须具有良好的塑性，以承受较大的塑性变形。对于拉深件、翻边件，还要求具有较低的屈强比、较大的板厚方向性系数 r 和较小的塑性各向异性；对于弯曲件，则要求有较小的屈模比（屈服强度与弹性模量的比值）。因此，成形工序加工件通常采用具有较大伸长率的金属材料，主要包括普通碳素结构钢、优质碳素结构钢、合金结构钢、不锈钢、电工硅钢等黑色金属，以及铜及其合金、铝及其合金等有色金属。

对于仅需要分离工序加工的冲压件，对材料塑性的要求较低，除了可以加工上述的金属材料外，还可以加工纸板、胶木板、橡胶板、塑料板、纤维板和皮革等非金属材料。

冲压加工的对象为板料，其厚度尺寸相对于长度和宽度尺寸较小。普通冲压板料的厚度一般为 0.2～15 mm，以 0.5～5 mm 居多。

在冲压件生产总成本中，模具制造费用占 10%～30%，生产批量越大，单件成品分摊的模具成本越低，因此，冲压加工适合于大批量生产。冲压中小批量工件时，常采用简易模具以降低模具费用；生产量小的工件，不宜采用冲压方法，需要考虑采用其他加工方法。

冲压件工艺性分析是冲压设计的基础，通过分析冲压工艺性、了解冲压件的基本情况后，设计者能够对冲压设计胸中有数。如果发现冲压件工艺性差，必须初步拟定采取的特殊措施，或会同产品设计者修改冲压件产品设计。对于确实不能采用冲压工艺加工的产品，应当给出明确的结论。

冲压件工艺性分析的结果以设计说明书的形式加以叙述和讨论，这也是设计说明书必不可少的内容之一。

例 1.1 图 1.3 所示的焊片，年产量 10 万件，材料为锡磷青铜，厚度 0.3 mm，分析其冲压工艺性。

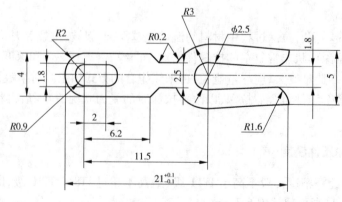

图 1.3 焊片工件图

1) 结构工艺性分析

该工件为冲裁件,形状较简单、对称。零件各部尺寸均较小,需校核右端的槽宽、左端的孔边距及最小圆角。连接处的圆角半径为 0.2 mm,大于表 1.2 规定的 $0.18 t = 0.18$ mm。槽宽为 1.8 mm,不小于 1.5 倍料厚(1.5 mm)。左端长圆孔的孔边距为 $2 - 0.9 = 1.1$ mm,大于 2 倍料厚(0.6 mm)。因此,该工件各部分结构、尺寸均满足冲裁件工艺性要求。

2) 精度工艺性分析

工件图仅对称标注了总长度的公差,其他尺寸未注公差。工件总长度公差为 0.2 mm,对比标准公差表 1.1,虽然达到了 IT12 级精度,但仍低于普通冲裁件允许的经济精度 IT11 级。其他尺寸未注公差,可视为 IT14 级。因此,该工件的尺寸精度在冲压件的经济精度范围内。

工件未提出特殊的断面粗糙度要求,可视为普通冲裁就能满足。

3) 材料和生产批量分析

工件所采用的是锡磷青铜,料厚 0.3 mm,满足普通冲裁要求;10 万件产量,生产批量较大,符合冲压生产大批量的原则。

综上所述,该工件满足冲裁件工艺性要求,可以采用冲压方法生产。但材料较薄,冲裁间隙小,模具零件刚度较差,模具设计时要予以充分考虑。

例 1.2 图 1.4 所示壳体零件,材料为 08 钢,厚度 1.5 mm,年产量 5 万件,分析其冲压工艺性。

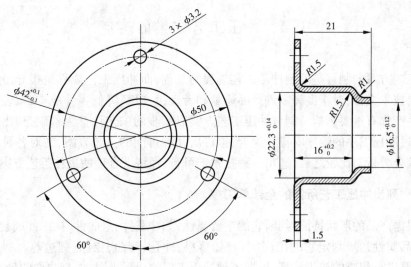

图 1.4 壳体工件图

1) 结构工艺性分析

该工件外形不复杂,整体上属于带凸缘的筒形件。凸缘直径 $d_凸$ 与筒形中心线直径 d 的比值为 $50/23.8 = 2.1 < 3$;相对高度 $h/d = 16/23.8 = 0.67 < 2$,适合拉深成形。但是,拉深件底部与筒壁间的圆角半径为 1.5 mm,不大于 1 倍料厚(1.5 mm);凸缘与筒壁间的圆角半径也为 1.5 mm,小于 2 倍料厚(3.0 mm),需要增加整形工序。

3 个直径为 $\phi 3.2$ mm 的小孔的孔边距仅为 2.4 mm,小于规定的 2 倍料厚,不采用冲孔与切边复合的工序。冲孔与切边分别单独进行,应该能够满足要求。

2）精度工艺性分析

内腔的 $\phi 22.3^{+0.14}_{0}$ mm、$\phi 16.5^{+0.12}_{0}$ mm、$16^{+0.2}_{0}$ mm 三个尺寸,精度等级分别达到了 IT11 级、IT11 级和 IT12 级,高于拉深件的经济精度等级 IT13 级,接近拉深件的最高精度等级 IT11 级,采用整形工序能够达到这一要求。

3 个小孔的位置尺寸 $\phi 42 \pm 0.1$ mm,精度等级达到了 IT11 级,定位精度要求较高,可以采用导正销配合整形后的内腔实现精确定位,3 个孔同时冲出,以保证精度。

未注公差的凸缘直径 $\phi 50$ mm,精度等级可视为 IT14 级,采用切边工序能够获得这一精度;未注公差的高度 21 mm,精度最高只能达到 IT15 级,在没有特定的配合要求条件下,能够满足要求。

3）材料和生产批量分析

工件所采用的材料是 08 钢,伸长率达到了 32%,具有良好的塑性,能够承受较大的塑性变形。料厚为 1.5 mm,满足普通冲裁要求。年产量 5 万件,生产批量较大,符合冲压生产大批量的原则。

综上所述,从结构、尺寸大小及其精度、材料性能等方面看,该带凸缘圆筒形件的冲压工艺性都比较好,可以采用拉深工艺生产。但拉深件的尺寸精度较高,圆角半径较小,需要辅以整形工序。

1.2　冲压工艺方案的确定

冲压工艺方案的制订是编制冲压工艺规程的基础,而冲压工艺规程是指导冷冲压件生产过程的重要技术文件,对于提高零件产品质量和劳动生产率,降低零件成本,减轻劳动强度和保证安全生产都有重要影响。制订冲压工艺方案以初步的工艺计算为基础,列出所需的全部单工序,经过冲压工序的顺序安排和组合,拟订出几种可能的工艺方案,在对各种工艺方案进行周密的综合分析与比较之后,选出一种技术上可行、经济上合理的最佳工艺方案。

1.2.1　列出冲压工艺所需的全部单工序

首先根据产品的形状特征,判断它的主要属性,如冲裁件、弯曲件、拉深件或翻边件等。然后,根据产品属性初步判定它的工序类型,如落料、冲孔、弯曲、拉深、翻边等。确定基本工序时,常常需要进行相应的初步计算,根据各种冲压工序的成形极限,如弯曲件的最小弯曲半径、极限拉深系数、极限翻边系数、起伏最大变形程度、凸肚极限胀形系数、极限缩口系数等,计算出该工序所能加工的极限尺寸,对比、判断采用该工序的可行性。

(1)冲裁件的工序

对尺寸大、精度低、形状规则的毛坯,可以采用剪床剪切下料。除此以外,各种形状的毛坯批量生产时通常采用落料工序落料。因此,大多数冲压件,落料工序都是必需的。

冲裁件上的每一个孔,对应一个冲孔工序。对形状特别复杂的孔,有可能采用组合冲裁,此时,一个孔需要多个相应的冲孔工序。

对平直度要求较高的零件,冲裁后常需增加校平工序。

图 1.5 所示的平板冲裁件,基本工序只有 3 个:1 个落料工序和 2 个冲孔工序。

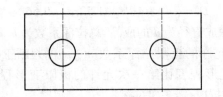

图1.5 冲裁件

(2)弯曲件的工序

对批量较大的各种弯曲件,通常采用弯曲模压弯工艺成形。对形状简单的 V 形、U 形、Z 形弯曲件,可一次弯曲成形。四角弯曲件可两次弯曲成形,也可一次弯曲成形。大直径圆形件可分别采用三次弯曲法、两次弯曲法和一次弯曲法;小直径圆形件可分别采用两次弯曲法和一次弯曲法。形状复杂的弯曲件,可能需要两次弯曲、三次弯曲或多次弯曲成形。

当弯曲件的圆角半径小于板料的最小相对弯曲半径时,为防止弯裂,可采用两次弯曲工艺,第一次弯曲成较大的半径,退火后再按要求弯曲成小半径工件。

为防止弯曲过程中毛坯的偏移,形状复杂或多次弯曲件常在不变形部位设置定位工艺孔;为避免角部畸变和产生裂纹,有些弯曲件需增设工艺孔或切槽,此时存在冲孔工序或切槽工序。

当弯曲件有增设的工艺余料时,弯曲后需采用冲裁工序切除多余的部分。

对于尺寸精度要求较高的工件,常常需要增设整形工序。

图1.6 所示的弯曲件,其基本工序有 4 个:1 个落料工序、2 个冲孔工序和 1 个弯曲工序。

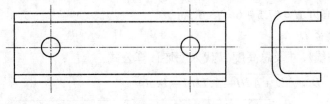

图1.6 弯曲件

(3)拉深件的工序

各类空心件常采用拉深工艺进行一次或多次拉深成形。需要多次拉深成形的工件,每次拉深都是一个单工序,基本工序需要计算才能确定。

图1.7 所示的圆筒形件是最典型的拉深件,其工序计算是在毛坯尺寸计算的基础上确定拉深次数。必须注意,在进行这些计算时,采用的尺寸是应变中性层位置的尺寸。为简化计算,常采用拉深件的中间位置尺寸,如图 1.7 所示的 d、h 和 r。

拉深件毛坯形状与尺寸根据相似原理和体积不变原理来确定。圆筒形件的毛坯形状是圆形,确定尺寸的最常用方法是等面积法。

由于材料塑性的各向异性,拉深件常会出现口部不平

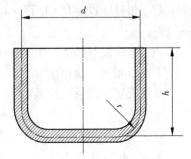

图1.7 圆筒形拉深件

齐,拉深后需要采用切边工序修边。为了满足修边的要求,拉深件必须在制件高度方向上增加一个叫做修边余量的尺寸 Δh,这样,实际拉深件的总高度 H 就等于 $h + \Delta h$。毛坯直径计算为:

$$D = \sqrt{d^2 + 4dH - 1.72rd - 0.56r^2}$$

将直径为 D 的毛坯拉深成直径为 d 的成品,总拉深系数为 $m_{总} = d/D$。对比实际所需的总拉深系数 $m_{总}$ 和首次拉深允许的极限拉深系数 m_{min1},可判断工件能否一次拉成:若 $m_{总} \geq m_{min1}$,说明该工件的实际变形程度比第一次允许的极限变形程度小,工件可一次拉成;若 $m_{总} < m_{min1}$,则工件不能一次拉成,需多次拉深。

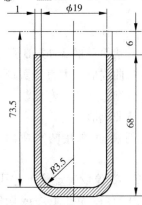

确定多次拉深的拉深次数时,常采用推算法。推算法是根据各次拉深的极限拉深系数 m_{min},计算出各次拉深最小直径,并与工件直径 d 比较,直至 $d_n \leq d$,此时的 n 即为所求的次数。

各次拉深最小直径计算:

$$d_1 = m_{min1} \times D$$
$$d_2 = m_{min2} \times d_1$$
$$\cdots\cdots$$
$$d_n = m_{minn} \times d_{n-1}$$

例 1.3 如图 1.8 所示的圆筒形件,材料为 08 钢,料厚 $t = 1\ mm$,计算其毛坯直径及拉深次数。

图 1.8 圆筒形件

解 1)确定圆筒形件的计算尺寸

圆筒形件工艺计算按中线计算,直径 $d = 20\ mm$,$h = 67.5\ mm$,$r = 4\ mm$。

2)确定修边余量 Δh

$h/d = 67.5/20 \approx 3.4$,$h = 67.5\ mm$,据此,取 $\Delta h = 6\ mm$。

故,拉深件总高度 $H = 67.5 + 6 = 73.5\ mm$。

3)计算毛坯直径 D

将圆筒形件中线尺寸及总高度 H 代入毛坯计算公式:

$$D = \sqrt{d^2 + 4dH - 1.72rd - 0.56r^2}$$
$$= \sqrt{20^2 + 4 \times 20 \times 73.5 - 1.72 \times 4 \times 20 - 0.56 \times 4^2}$$
$$\approx 78\ (mm)$$

4)确定拉深次数

①选取该工件拉深的各道次极限拉深系数

毛坯相对厚度 $t/D = 1/78 = 1.28\%$,材料为 08 钢,带压边圈拉深,选取的各道次极限拉深系数为:

$$m_{min1} = 0.50,\ m_{min2} = 0.75,\ m_{min3} = 0.78,\ m_{min4} = 0.80,\ m_{min5} = 0.82, \cdots$$

②判断能否一次拉成

零件所要求的总拉深系数:

$$m_{总} = d/D = 20/78 = 0.256$$

可见,$m_{总} = 0.256 \leq 0.50 = m_{min1}$,因此,该工件不能一次拉成,需多次拉深。

③确定拉深次数

采用推算法,根据选取的各道次极限拉深系数,推算出各次拉深最小直径:

$d_1 = m_{min1} \times D = 0.50 \times 78 = 39\ (mm)$,大于 20 mm,一次不能拉成;

$d_2 = m_{min2} \times d_1 = 0.75 \times 39 = 29.3\ (mm)$,大于 20 mm,二次不能拉成;

$d_3 = m_{min3} \times d_2 = 0.78 \times 29.3 = 22.8(mm)$，大于 20 mm，三次不能拉成；

$d_4 = m_{min4} \times d_3 = 0.80 \times 22.8 = 18.3(mm)$，小于 20 mm，四次能够拉成；

因此，该工件的拉深次数确定为 4 次。

实际中，常常需要设计带有宽凸缘圆筒形件的冲压工艺，带凸缘圆筒形件的工序计算相对较复杂。在计算出毛坯尺寸、总拉深系数和相对高度的基础上，首先判断能否一次拉成。同时满足条件：①工件的拉深系数大于带凸缘筒形件首次拉深的极限拉深系数；②工件的相对高度小于首次拉深最大相对高度，则该带凸缘筒形件可一次拉成，其拉深工序只有一个。不满足条件①、②，或只满足条件①、②中的一个，则该带凸缘筒形件不能一次拉成，需要多次拉深。拉深次数的计算采用逼近法计算，首先确定第一次拉深工件尺寸，再根据其筒形直径按一般筒形件多次拉深的方法推算出后续的拉深次数。计算过程可参考例 1.5。

其他形状的拉深件，如盒形件、阶梯件、锥形件等，也需要根据各自的成形特点，确定其拉深工艺和拉深次数。

拉深件的每道次拉深对应一个工序，除此以外，通常还有落料工序和切边工序。特别是，筒形件需采用模具结构较复杂的水平切边工序，以切除凸耳。由于切边精度较低，必要时还可以辅以机械加工工序。对于圆角半径特别小、不能满足拉深件结构工艺性要求的拉深件，需要增加整形工序，拉深后进一步整形，得到所需的小圆角。

很多拉深件的形状并不规整，需要辅助以翻边、起伏等局部成形工序才能成形，而采用这些工序能否达到特定的要求，也需要计算才能确定。

（4）翻边件的工序

带凸缘的无底空心件，当直壁口部的平直度及高度尺寸要求不严时，可采用翻边工序达到高度要求。但是否能够翻边成形，需要根据极限翻边高度来确定。

如图 1.9 所示的平板毛坯翻边，一次翻边的极限高度 H_{max} 为：

$$H_{max} = \frac{D}{2}(1 - K_{min}) + 0.43r + 0.72t$$

其中，K_{min} 为极限翻边系数。

若工件的实际高度 H 不大于 H_{max}，可以一次翻边成形。此时，预制孔的尺寸为：

$$d_0 = D - 2(H - 0.43r - 0.72t)$$

若工件的实际高度 H 大于 H_{max}，不能一次翻边成形，可采用拉深、冲底孔、翻边的多工序成形，如图 1.10 所示。此时，应先确定翻边所能达到的最大高度 h_{max}，然后根据 h_{max} 及工件高度 H 来确定拉深高度 h'。

$$h_{max} = \frac{D}{2}(1 - K_{min}) + 0.57\left(r + \frac{t}{2}\right)$$

$$h' = H - h_{max} + r + t$$

$$d_0 = D + 1.14\left(r + \frac{t}{2}\right) - 2h_{max}$$

无底空心件加工也可以采用无翻边工序的工艺路线，即直接拉深到所需高度，再沿直壁内侧将底部整个冲除，或采用车削等机械加工方式切除底部，以得到所需工件。采用这一路线，可省去翻边工序，但是，会增加拉深高度，进而增加毛坯尺寸，降低材料利用率。并且，沿底部圆弧区冲除底部时，会使毛刺更加尖锐和不平整。采用车削切除底部，生产效率低下。

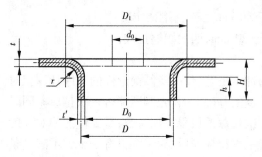

图 1.9 平板毛坯翻边

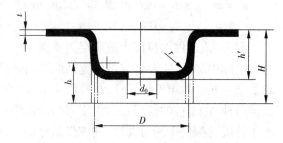

图 1.10 拉深件底部翻边

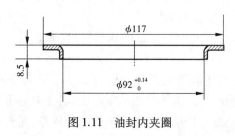

图 1.11 油封内夹圈

例 1.4 如图 1.11 所示的油封内夹圈,材料为 08 钢,厚度及内圆角半径均为 1.0 mm,确定其冲压基本工序。

解 该带凸缘的无底空心件,内圆角半径为 1 mm,尺寸较小,若采用翻边成形,虽接近临界值,但基本上能满足要求。但是,$\phi92$ mm 的公差较小,精度达到了 IT10 级,常规翻边难以满足要求,需要整形工序整形。因此,为有利于翻边成形,将翻边件的内圆角放大到 2 mm,利用后续必需的整形工序整形到 1 mm。翻边件的其他基本尺寸不变。

若采用平板毛坯翻边成形,预制孔直径为:

$$d_0 = D - 2(H - 0.43r - 0.72t)$$
$$= 93 - 2 \times (8.5 - 0.43 \times 2 - 0.72 \times 1)$$
$$\approx 79(\text{mm})$$

根据 $d_0/t = 79/1 = 79$、材质为 08 钢、圆柱形平底凸模等条件,查表得其极限翻边系数 $K_{\min}$ 约为 0.8,则其最大翻边高度为:

$$H_{\max} = \frac{D}{2}(1 - K_{\min}) + 0.43r + 0.72t$$

$$= \frac{93}{2}(1 - 0.8) + 0.43 \times 2 + 0.72 \times 1$$

$$= 10.88(\text{mm})$$

实际高度为 8.5 mm,小于最大高度 10.88 mm,能采用平板毛坯直接翻边工序。因此,加工该内夹圈时,采用落料工序获得 $\phi117$ mm 的圆形毛坯,并冲制 $\phi79$ mm 的圆孔,再翻边到所需的管部尺寸,基本工序有落料、冲孔、圆孔翻边和整形。

(5)起伏成形件的工序

当工件上存在局部的下凹或凸起时,常常采用起伏成形工序。

起伏成形变形程度用工件变形区的伸长率来衡量,其极限变形程度与材料的伸长率 δ 有直接的关系。最大变形程度 $\delta_{\max}$ 与工件变形前后的长度 L_0、l_1 和材料许用伸长率 δ 的关系为:

$$\delta_{\max} = \frac{l_1 - L_0}{L_0} < (0.7 \sim 0.75)\delta$$

如果计算结果满足上述条件,可一次成形。深度较大的工件,不能一次成形时,有两种方法可采用:第一种方法是先用直径较大的球形凸模胀形,以在较大范围内聚料和均化变形,然后再压出工件所需形状;第二种方法是利用成形部位的圆孔,先冲出一个较小直径的预制孔,再扩孔成形,使孔边材料在凸模作用下向外扩张、流动,以缓解材料的局部变薄,实现深度较大的起伏成形。

1.2.2 冲压顺序的初步安排

对于所列各道加工工序,还要根据其变形性质、质量要求、操作的方便性等因素,对工序的先后次序作出安排。其一般原则为:

①对于带有孔或缺口的冲裁件,单工序模中先落料再冲孔或冲缺口,级进模中应将落料作为最后工序。

②对于带孔的弯曲件,如果孔边距足够,可先冲孔再弯曲,在不影响孔的精度的前提下,先冲的孔还可作为弯曲工序的定位孔。

③对于带孔的拉深件,一般应先拉深后冲孔,但当孔的位置在材料的非变形区,且孔径相对较小、精度要求不高时,也可先冲孔后拉深。

④对于多角弯曲件,有多道弯曲工序,一般先弯外角,后弯内角。

⑤对于形状复杂的旋转体拉深件,一般是以由大到小为序进行拉深,先拉深大尺寸的外形,后拉深小尺寸的外形。非旋转体拉深件则与此相反。

⑥对于需要采用多种不同类型工序成形的形状复杂冲压件,一般将变形程度大、变形区域大的成形工序安排在前面,往往先拉深,后局部胀形、翻边、弯曲。

⑦整形、校平等工序安排在相应的基本成形工序之后。

⑧切边工序一般安排在整形、校平等工序之后。

1.2.3 工序的组合

冲压模具可分为单工序模、复合模和连续模三大类,工序组合的目的是确定采用哪类模具进行加工。

(1)采用单工序模

单工序模是一种单工位、单工序的模具,模具结构简单,但生产率低、冲压件累计误差较大。一般来说,厚板料、低精度、小批量、大尺寸的冲压件,宜单工序生产,用单工序模。

(2)采用复合模

复合模是一种单工位、多工序模具。复合模模具结构较复杂,制造精度要求较高,制造难度较大,但一次行程完成多个工序,生产效率高,多个工序之间的位置精度由模具保证,冲压件精度好。因此,对于批量大、形位精度高的产品,可用复合模生产。常见的复合形式有落料 + 冲孔、落料 + 首次拉深、拉深 + 冲孔、落料 + 拉深 + 冲孔、冲孔 + 切边、冲孔 + 翻边、翻边 + 整形等。但是,在工序复合时,必须注意以下几点:

1)凸凹模的壁厚

落料 + 冲孔复合时,凸凹模刃口尺寸与冲裁件尺寸是相近的,如果孔与冲裁件外缘之间的净空尺寸小,模具的有效壁厚也就小,会导致凸凹模的强度不足。

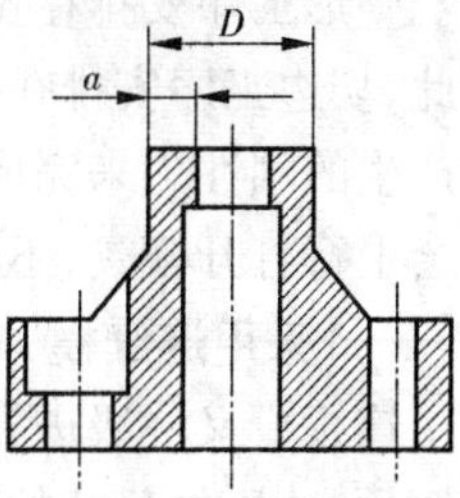

因此,落料冲孔复合时,需考虑凸凹模的壁厚(如图 1.12 所示)。

图 1.12 凸凹模壁厚

若冲裁件尺寸不能满足凸凹模最小壁厚要求,就不能采用复合结构。对于不积聚废料的凸凹模,冲裁黑色金属和硬材料时,最小壁厚约为工件料厚的 1.5 倍(极限值不小于 0.7 mm);冲裁有色金属和软材料时,约等于工件料厚(极限值不小于 0.5 mm)。对于积聚废料的凸凹模,最小壁厚按表 1.4 选取。

表 1.4 凸凹模最小壁厚取值(mm)

料厚 t	0.4	0.5	0.6	0.7	0.8	0.9	1.0	1.2	1.5	1.75
最小壁厚 a	1.4	1.6	1.8	2.0	2.3	2.5	2.7	3.2	3.8	4.0
最小直径 D	15					18			21	
料厚 t	2.0	2.1	2.5	2.75	3.0	3.5	4.0	4.5	5.0	5.5
最小壁厚 a	4.9	5.0	5.8	6.3	6.7	7.8	8.5	9.3	10.0	12.0
最小直径 D	21	25		28		32		35	40	45

2)模具结构

工序复合以后,模具结构变得复杂,有些甚至无法实现。

冲孔 + 翻边复合时,常常采用较大的翻边系数,导致冲孔与翻边的直径相差较小,使凸凹模(冲孔凹模、翻边凸模)的壁厚较小。如果采用凸凹模在下模的倒装结构,还会使从上模将工件推出的推件装置布置困难。如例 1.4 中,若采用冲孔与翻边复合,凸凹模的壁厚仅为 $(92 - 79)/2 = 6.5$ mm,再减去翻边凸模的圆角半径(4~5 倍料厚),有效的冲孔壁厚已经难以满足最小壁厚要求;并且,翻边凹模刃口与冲孔凸模刃口之间的净空仅为 $(94 - 79)/2 = 7.5$ mm,与冲孔凸模配合段之间的净空更小,推件装置难以布置。因此,冲孔 + 翻边的复合要充分考虑模具的壁厚和模具结构,特别是工件尺寸较小时,尤其应该进行相应的验算。

落料 + 弯曲复合时,也会使模具结构复杂,实际中较少使用。

落料 + 拉深是较常见的复合形式。复合模具常采用拉深凸模、落料凹模、压边装置等位于下模的倒装结构,其结构形式是合理的。但在模具尺寸设计时,要使拉深凸模的高度比落料凹模低 2~3 mm,保证拉深在落料完成后立即进行。

拉深 + 冲孔复合时,如果孔的直径较大,凸凹模的壁厚会较小,会产生模具强度问题,且推件装置的布置也有较大的难度。另外,如果筒形件带有凸缘,需要将冲孔安排在拉深末期进行,但仍然存在拉深和冲孔同时进行、模具调整难度加大、出现废品的可能性增加的问题。如果确定采用拉深 + 冲孔复合工艺,模具结构设计时也应保证不带凸缘的筒形件在拉深完成后再冲孔,带凸缘件则在拉深末期才开始冲孔,以避免变形弱区转移至孔的边缘而成为翻边。

整形工序安排在拉深、翻边等成形工序之后。整形过程中,工件会产生少量的尺寸变化,因此,切边工序安排在整形工序之后。但整形与切边工序不能复合。整形依靠模具刚性接触后产生的刚性力来完成,而模具刚性接触时压力机滑块位于下止点。整形完成后,压力机滑块只会上行打开模具,不能够继续下行而提供切边所需要的向下行程。

(3)采用连续模

连续模又称级进模,它是一种多工位、多工序模具。连续模的模具结构较复杂,调整、安装不方便,冲压件尺寸的累计误差较大,但生产率高,易于实现自动操作,主要用于批量大、精度要求不高、不宜采用复合模的工件。

值得注意的是,采用连续模时,有些工位的模具也存在复合结构,如一个工位完成多个冲裁,或同一个工位安排的工序既有冲裁工序又有成形工序。

这样,经过冲压工序的顺序安排和组合,就形成了工艺方案。

1.2.4　工艺方案的对比确定

技术上可行的工艺方案可能不止一个,且各种工艺方案总是各有其优缺点,需要从产品质量和生产率、生产操作安全方便、经济效益等多方面深入研究,认真分析,反复比较,从中筛选出一个最佳方案。

需要强调的是,工艺方案的确定是冲压工艺与模具设计的最重要的环节。工艺方案设计的失败意味着整个设计的失败,必须高度重视。

例 1.5　分析图 1.4 所示壳体零件的冲压工序,并确定其冲压工艺方案。

解　1)底部 $\phi16.5_{\ 0}^{+0.12}$ mm 通孔的成型方法选择

该通孔可以采用拉深成阶梯形再车去底部、拉深成阶梯形再冲去底部、拉深后冲底孔再翻边等方法成形。由于翻边成形工艺简单、节省材料,且零件高度尺寸未注公差,精度要求低,用翻孔的方法能够满足要求,因此,首先考虑采用翻边成形。

采用翻边成形,需要计算确定能否一次翻成。

将 $t=1.5$ mm, $r=1$ mm, $H=(21-16)=5$ mm, $D=(16.5+1.5)=18$ mm 代入公式,得预冲孔直径 d_0 为:

$$d_0 = D - 2(H - 0.43r - 0.72t) = 11(\text{mm})$$

实际翻边系数为:

$$k = d_0/D = 11/18 = 0.61$$

根据 $d_0/t = 11/1.5 = 7.33$,查相关资料,用平底凸模冲制底孔的极限翻边系数为 $K_{\min} = 0.50$,实际翻边系数大于极限翻边系数,可以一次翻孔成形。

因此,工件底部 $\phi16.5_{\ 0}^{+0.12}$ mm 通孔采用翻边工序,预制孔直径为 $\phi11$ mm。

2)确定带凸缘筒形件的拉深次数

冲孔翻边前的工序件如图 1.13 所示,为一带凸缘筒形件。该筒形件的拉深工艺需要详细计算。

①毛坯直径计算

根据凸缘相对直径

$$d_t/d = 50/(22.3 + 1.5) = 2.1$$

查相关资料,得拉深件的修边余量为 $\Delta R = 1.8$ mm,取 2 mm。

因此,图 1.13 所示的筒形件凸缘直径应该加上 $2 \times \Delta R$,即 $d_t = 54$ mm。

按料厚中线尺寸展开,用相关公式计算,得毛坯直径为 $D_0 = 65$ mm。

②判断能否一次拉深成形

根据凸缘相对直径 $d_t/d = 54/(22.3 + 1.5) = 2.27$ 和毛坯相对厚度 $t/D_0 = 1.5/65 = 2.3\%$,查相关资料,得首次拉深的极限相对高度为 $(h_1/d_1)_{\max} = 0.35$,而工序件的实际相对高度为 $(h_1/d_1)_{实际} = 16/23.8 = 0.67 > 0.35$,故不能一次拉深成形,需多次拉深。

③试算首次拉深尺寸

确定首次拉深直径时,其拉深系数和相对拉深高度都必须不超过极限值。

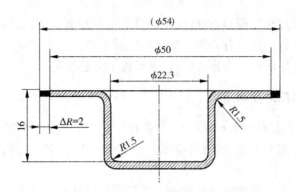

图 1.13 冲孔翻边前筒形件示意图

A. 首次拉深系数 m_1

采用逼近法确定首次拉深系数,不妨取首次拉深直径为:

$$d_1 = d_t/1.5 = 54/1.5 = 36(\text{mm})$$

查相关资料,得首次极限拉深系数为 $m_{1\text{min}} = 0.47$,而实际首次拉深系数为 $m_1 = d_1/D_0 = 36/65 = 0.55$。从拉深系数计算,直径 36 mm 能够拉深得出。

B. 首次拉深相对高度

必须计算出首次拉深高度后,才能计算和校核其相对高度。

根据凸缘件拉深原则,首次拉深流入凹模的坯料面积增加 3%,而增加的这部分材料在后续拉深时逐步转移到零件口部凸缘上来,使凸缘增厚。

首次拉深的凹模圆角半径为:

$$R_{\text{凹}1} = 0.8\sqrt{(D_0 - d_1) \times t} = 0.8 \times \sqrt{(65 - 36) \times 1.5} = 5.3(\text{mm})$$

取 $R_{\text{凹}1} = 5$ mm。

取首次拉深的凸模圆角半径:

$$R_{\text{凸}1} = 0.8 \times 5 = 4(\text{mm})$$

工序件凸缘平面的材料面积为:

$$A_t = \frac{\pi}{4}\left\{d_t^2 - \left[d_1 + 2\left(R_{\text{凹}1} + \frac{t}{2}\right)\right]^2\right\} = \frac{\pi}{4}\left\{54^2 - \left[36 + 2\left(5 + \frac{1.5}{2}\right)\right]^2\right\} = \frac{\pi}{4} \times 660(\text{mm}^2)$$

首次拉入凹模的材料面积为:

$$A_{\text{in}} = \frac{\pi}{4} \times D_0^2 - A_t = \frac{\pi}{4}(65^2 - 660) = \frac{\pi}{4} \times 3\,565(\text{mm}^2)$$

实际多拉入 3%,应为:

$$A_{\text{in 实际}} = \frac{\pi}{4} \times 3\,565 \times 1.03 = \frac{\pi}{4} \times 3\,672(\text{mm}^2)$$

毛坯总面积为:

$$A = A_t + A_{\text{in 实际}} = \frac{\pi}{4} \times (660 + 3\,672) = \frac{\pi}{4} \times 4\,332(\text{mm}^2)$$

毛坯直径应为:

$$D_0 = \sqrt{4\,332} = 65.8(\text{mm}),\text{取 66 mm}$$

这时,可计算首次拉深工序件的高度为:

$$h_1 = \frac{0.25}{d_1}(D^2_0 - d_t^2) + 0.43\left(R_{凸1} + \frac{t}{2} + R_{凹1} + \frac{t}{2}\right) + \frac{0.14}{d_1}\left[\left(R_{凸1} + \frac{t}{2}\right)^2 - \left(R_{凹1} + \frac{t}{2}\right)^2\right]$$

$$h_1 = \frac{0.25}{36}(66^2 - 54^2) + 0.43(4 + 5 + 1.5) + \frac{0.14}{36}\left[(4.75)^2 - (5.75)^2\right] = 14.5(\text{mm})$$

C. 校验首次拉深的工艺参数

拉深系数:$m_1 = d_1/D_0 = 36/66 = 0.545$,大于 $m_{1min} = 0.47$;

相对高度:$h_1/d_1 = 14.5/36 = 0.40 > 0.35$。

显然,所选数据超过了极限变形程度,不合适,需要重新选定。

④重新计算首次拉深尺寸

A. 首次拉深系数 m_1

试取首次拉深直径为 40 mm,$d_t/d_1 = 1.35$,查相关资料,得首次极限拉深系数为 $m_{1min} = 0.47$,而实际首次拉深系数为 $m_1 = d_1/D_0 = 40/65 = 0.62$。从拉深系数计算,直径 40 mm 能够拉出。

B. 首次拉深相对高度

凹模圆角半径为:

$$R_{凹1} = 0.8\sqrt{(D_0 - d_1) \times t} = 0.8 \times \sqrt{(65 - 40) \times 1.5} = 4.9(\text{mm})$$

取 $R_{凹1} = 5$ mm。

取凸模圆角半径:

$$R_{凸1} = 0.8 \times 5 = 4 \text{ mm}$$

工序件凸缘平面的材料面积为:

$$A_t = \frac{\pi}{4}\left\{d_t^2 - \left[d_1 + 2\left(R_{凹1} + \frac{t}{2}\right)\right]^2\right\} = \frac{\pi}{4}\left\{54^2 - \left[40 + 2\left(5 + \frac{1.5}{2}\right)\right]^2\right\} = \frac{\pi}{4} \times 264(\text{mm}^2)$$

首次拉入凹模的材料面积为:

$$A_{in} = \frac{\pi}{4} \times D^2_0 - A_t = \frac{\pi}{4}(65^2 - 264) = \frac{\pi}{4} \times 3\ 961(\text{mm}^2)$$

实际多拉入3%,应为:

$$A_{in\ 实际} = \frac{\pi}{4} \times 3\ 961 \times 1.03 = \frac{\pi}{4} \times 4\ 080(\text{mm}^2)$$

毛坯总面积为:

$$A = A_t + A_{in\ 实际} = \frac{\pi}{4} \times (264 + 4\ 080) = \frac{\pi}{4} \times 4\ 344(\text{mm}^2)$$

毛坯直径应为:

$$D_0 = \sqrt{4\ 344} = 65.9(\text{mm}),取 66 \text{ mm}$$

这时,可计算首次拉深工序件的高度为:

$$h_1 = \frac{0.25}{d_1}(D^2_0 - d_t^2) + 0.43\left(R_{凸1} + \frac{t}{2} + R_{凹1} + \frac{t}{2}\right) + \frac{0.14}{d_1}\left[\left(R_{凸1} + \frac{t}{2}\right)^2 - \left(R_{凹1} + \frac{t}{2}\right)^2\right]$$

$$h_1 = \frac{0.25}{40}(66^2 - 54^2) + 0.43(4 + 5 + 1.5) + \frac{0.14}{40}\left[(4.75)^2 - (5.75)^2\right] = 13.5(\text{mm})$$

C. 校验首次拉深的工艺参数

拉深系数:$m_1 = d_1/D_0 = 40/66 = 0.61$,大于 $m_{1min} = 0.47$;

相对高度：$h_1/d_1 = 13.5/40 = 0.34$，小于$(h_1/d_1)_{max} = 0.35$。

因此，重新计算的首次拉深直径 40 mm，符合要求。

⑤确定后续拉深次数

凸缘件后续拉深的极限拉深系数与筒形件的后续拉深相同，从相关资料中可得到后续各次拉深的极限拉深系数为：$m_{2min} = 0.73$，$m_{3min} = 0.76$，$m_{4min} = 0.78$。推算拉深次数：

$$d_2 = m_{2min} \times d_1 = 0.73 \times 40 = 29.2 \text{ mm}$$

$$d_3 = m_{3min} \times d_2 = 0.76 \times 29.2 = 22.2 \text{ mm}$$

已经小于筒形件尺寸 $d = 22.3 + 1.5 = 23.8$ mm，不必再继续拉深。

所以，该凸缘筒形件的总拉深次数为 3 次。

3）基本工序及其顺序安排

从上述计算可知，该工件需 3 次拉深；拉深前有落料；工件的圆角半径小于规定的最小值，筒形部位尺寸精度要求高，需要整形工序；底部需要冲预制孔和翻边；3 个 $\phi 3.2$ mm 的孔需要冲制；凸缘外形需要切边。该工件的冲压需要 9 道单工序，即：落料、首次拉深、第二次拉深、第三次拉深、整形、冲翻孔预制孔、翻孔、冲 3 个小孔、切边。

安排工序的先后次序时，将整形工序安排在成形工序之后；将预制孔的冲孔安排在拉深工序之后；3 个小孔的冲制和切边工序也必须安排在整形工序之后。

4）工序组合

对上面列出的 9 道单工序，作可行的组合，得到以下 5 种冲压工艺方案：

A 方案：落料与首次拉深复合，其余按基本单工序。

B 方案：落料与首次拉深复合，冲 3 个 $\phi 3.2$ mm 的孔与切边复合，冲 $\phi 11$ mm 底孔与翻孔复合，其余按基本单工序。

C 方案：落料与首次拉深复合，冲 3 个 $\phi 3.2$ mm 的孔与冲 $\phi 11$ mm 底孔复合，翻孔与切边复合，其余按基本单工序。

D 方案：落料与首次拉深和冲 $\phi 11$ mm 底孔复合，其余按基本单工序。

E 方案：采用级进模或多工位压力机生产。

5）最佳工艺方案的确定

比较上述 5 个方案，E 方案效率最高，但模具结构复杂，制造成本高，周期长，或需要多工位压力机，而本例零件批量不太大，不适合用此方案。

D 方案在首次拉深时复合冲出 $\phi 11$ mm 的翻孔预制孔，在后续拉深工序中，材料的变形区将有所变化，底部材料会参与变形，$\phi 11$ mm 的孔径会变大，最终影响翻孔的高度。

C 方案中，由于 3 个 $\phi 3.2$ mm 的孔与底部 $\phi 11$ mm 的翻孔预制孔不在同一平面，并且，这两个平面的距离要求为 $16_{0}^{+0.2}$ mm，此时整形工序已完成并保证了该尺寸，若将这两道冲孔工序复合，模具制造和维修的难度加大，尤其两平面磨损不一致。切边与翻孔的复合也存在同样的问题，故此方案也要放弃。

B 方案将冲 3 个 $\phi 3.2$ mm 的孔与切边复合，冲 $\phi 11$ mm 底孔与翻孔复合。但是，冲 3 个小孔与切边复合后的凸凹模壁厚为 $4 - 1.6 = 2.4$ mm，冲底孔与翻孔复合后的凸凹模壁厚为 $8.25 - 5.5 = 2.75$ mm，均小于规定的最小壁厚 3.8 mm，模具壁厚太薄，极易损坏，此方案仍不适合。

A 方案避开了上述所有缺点，但工序复合程度低，生产率也较低，不过模具结构简单，制造费用低,正与本件的中小批量生产相适应,因此决定选用 A 方案。本方案中,第三次拉深和翻孔工序对零件都兼起整形作用。至于将切边工序安排在最后,是因为若切边后再冲 3 个 ϕ3.2 mm孔,孔边距为 2.4 mm,已小于最小极限值 3 mm(2 倍料厚),冲孔时存在变形的可能。

这样,最后确定的冲压方案为:落料及首次拉深→第二次拉深→第三次拉深及整形→冲翻孔预制孔→翻孔及整形→冲 3 个小孔→切边。

1.3　冲压工艺计算

工艺方案确定后,要对每道工序进行详细的工艺计算,其内容主要包括毛坯形状及尺寸设计、排样设计、半成品形状与尺寸计算、各种冲压力及压力中心的计算。

1.3.1　排样设计

冲裁件在条料上的布置方法称为排样。冲压工艺设计时,带有落料工序的模具通常都会需要进行排样设计。

(1)排样方式的选择

冲裁件在条料上的布置方式主要有直排、斜排、对排、多排及混合排等。对于形状较复杂的冲裁件,要进行多方案比较,综合考虑材料利用率、模具结构、工人操作是否方便等因素,从中选择一个比较合理的方案。

(2)搭边值的确定

搭边是指冲裁件与冲裁件之间、冲裁件与条料侧边之间的工艺余料,分别用 a、a_1 表示。搭边能补偿误差、改善受力,作为送料载体保证送料顺畅。

搭边的数值必须合理,不能过大,也不能过小。搭边的合理数值主要决定于材料厚度、材料种类、冲裁件的大小以及冲裁件的轮廓形状等。一般说来,材料越软以及冲裁件尺寸越大,形状越复杂,则搭边值 a 与 a_1 也应越大。板料越厚,冲裁间隙越大,搭边越大;板厚很小时,虽然间隙较小,但为了保证刚度,通常也需要较大的搭边。相关手册列出了搭边值,设计时根据实际选取。

(3)送料步距与条料宽度的计算

条料在模具上每次送进的距离称为送料步距,简称步距或进距。每个步距可以冲出一个零件,也可以冲出几个零件。送料步距的大小应为条料上两个对应冲裁件的对应点之间的距离。每次只冲一个零件,步距 A 与平行于送料方向的冲裁件宽度 D 和搭边值 a 的关系为:

$$A = D + a$$

条料是由板料剪裁下料而得,为保证送料顺利,规定条料剪裁的上偏差为零,下偏差为负值($-\Delta$),Δ 的取值可参照表 1.5。

当导料板之间有侧压装置时,或人工将条料紧贴单边导料板时,或人工将条料紧贴两个单边导料销时,条料宽度按下式计算:

$$B = (D + 2a_1 + \Delta)_{-\Delta}^{0}$$

当条料在无侧压装置的导料板之间送料时,条料与导料板之间可能存在间隙 b_0,此时的条料宽度应为:

$$B = (D + 2a_1 + 2\Delta + b_0)_{-\Delta}^{0}$$

表 1.5　条料的宽度公差　　　　　　　　　　　　（mm）

条料厚度	条料宽度			
	≤50	>50 ~ 100	>100 ~ 200	>200 ~ 400
≤1	0.5	0.5	0.5	1.0
>1 ~ 3	0.5	1.0	1.0	1.0
>3 ~ 4	1.0	1.0	1.0	1.5
>4 ~ 6	1.0	1.0	1.5	2.0

(4)材料的利用率

材料利用率是衡量排样经济性与合理性的主要指标,是排样方式选择的主要依据。

材料利用率通常是以一个步距内零件的实际面积与所用毛坯面积的百分率来表示:

$$\eta = \frac{S_1}{S_0} \times 100\% = \frac{S_1}{A \times B} \times 100\%$$

式中,S_1 为一个步距内零件的实际面积;S_0 为一个步距内所需毛坯面积,为送料步距 A 与条料宽度 B 的乘积。

要得到准确的利用率,还应考虑料头、料尾,此时条料的总利用率 η_0 为:

$$\eta_0 = \frac{n \times S_1}{L \times B} \times 100\%$$

式中,n 为条料上实际冲裁的零件数;L 为条料长度;B 为条料宽度。

实际采用的板料或卷料尺寸是总利用率 η_0 计算的依据,供货厂家不同,长方形板料纵向和横向的尺寸也不同,但大多数尺寸范围为横向 900 ~ 1 500 mm、纵向 1 500 ~ 2 000 mm,可据此按照 100 mm 进级设定一个板料尺寸,如 1 000 × 1 800 mm,进行相关设计和计算。

(5)排样图

排样设计用排样图表达,画在模具装配图的右上角。排样图上应标注条料宽度及其公差、送料步距、搭边 a 和 a_1 值、斜排的倾斜角度等,如图 1.14 所示。排样图中的冲裁件,只需画出外形,而不必画出内孔,如图 1.14(b)所示。

1.3.2　弯曲工艺计算

弯曲工艺计算主要包括毛坯尺寸的计算和弯曲力的计算,其中弯曲力的计算见后续内容。

弯曲件毛坯宽度一般为成品的宽度,长度等于中性层展开长度。

圆角半径为 $r(>0.5\,t)$ 的弯曲件,毛坯展开尺寸等于弯曲件直线部分长度和圆弧部分长度的总和。

$$L = \sum l_{直线} + \sum l_{圆弧}$$

式中,$l_{圆弧}$ 为圆弧长度,它与弯曲带中心角 φ、中性层曲率半径 ρ、中性层系数 x、料厚 t 的关系为:

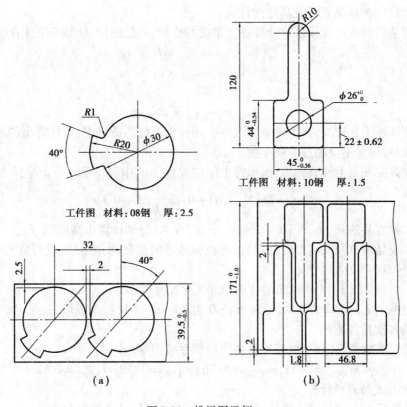

图 1.14　排样图示例

$$l_{圆弧} = \frac{2\pi\rho}{360}\varphi = \frac{\pi\varphi}{180}(r + x \times t)$$

1.3.3　拉深工艺计算

在制订工艺方案时,已经进行了毛坯尺寸的计算和拉深次数的确定,在此主要进行半成品尺寸的计算,作为相应模具的设计依据。

(1)筒形件各次拉深的半成品尺寸计算

1)各次实际拉深系数的确定

多次拉深时,以极限拉深系数拉深第 n 次后,拉深直径往往会小于工件的实际直径 d,意味着第 n 次拉深的变形程度有富余。富余的变形量应该相对均匀地调整到各个道次,使各个道次的实际拉深系数 $m_{实际}$ 均大于极限拉深系数,以均衡各个拉深工序的变形负荷。拉深系数的调整以极限拉深系数为基础,遵从以下几点:

①各次采用的实际拉深系数逐次增加,即:

$$m_{实际1} < m_{实际2} < m_{实际3} < \cdots < m_{实际n}$$

②各次拉深变形程度的富余量适当均衡,即:

$$m_{实际1} - m_{min1} \approx m_{实际2} - m_{min2} \approx \cdots\cdots \approx m_{实际n} - m_{min\,n}$$

③各次采用的实际拉深系数的乘积必须等于工件拉深的总拉深系数,即:

$$m_{实际1} \times m_{实际2} \times m_{实际3} \times \cdots \times m_{实际n} = m_{总} = d/D$$

2)各次拉深半成品直径及高度的计算

根据调整后的各次拉深系数计算各次半成品直径,并最终使 d_n 等于工件直径 d。即:

$$d_1 = m_{实际1} \times D$$
$$d_2 = m_{实际2} \times d_1$$
$$\cdots\cdots$$
$$d_n = m_{实际n} \times d_{n-1}$$

为方便其他工艺计算,在不大幅度改变实际拉深系数的前提下,对计算出的各半成品直径数值适当取整,尽量不要超过 1 位小数。

筒形件高度 h 与毛坯直径 D、筒形件中间位置直径 d、中间位置内圆角半径 r 的关系为:

$$h = 0.25\left(\frac{D^2}{d} - d\right) + 0.43\,\frac{r}{d}(d + 0.32r)$$

以各次半成品的 $d_1, d_2, \cdots, d_n$ 和 $r_1, r_2, \cdots, r_n$ 代入,分别计算出高度 $h_1, h_2, \cdots, h_n$。

各次半成品的直径及高度计算出后,再根据确定的模具圆角半径,就可以画出工序图,表示出拉深全过程中尺寸的变化。

例 1.6　计算如图 1.8 所示筒形件的中间工序尺寸。

解　根据例 1.3 计算的结果,毛坯直径 D 为 78 mm,4 次拉深成形。

1)调整各次拉深系数

根据拉深系数调整原则,试算后将各次拉深系数调整为:

$$m_{实际1} = 0.53, m_{实际2} = 0.76, m_{实际3} = 0.79, m_{实际4} = 0.82$$

2)各次半成品直径计算

根据调整后的各次拉深系数,计算出各次拉深的直径,并适当取整为:

$$d_1 = m_{实际1} \times D\ 0.53 \times 78 = 41.34 \approx 41(\mathrm{mm})$$
$$d_2 = m_{实际2} \times d_1 = 0.76 \times 41 = 31.16 \approx 31(\mathrm{mm})$$
$$d_3 = m_{实际3} \times d_2 = 0.79 \times 31 = 24.49 \approx 24.5(\mathrm{mm})$$
$$d_4 = m_{实际4} \times d_3 = 0.82 \times 24.5 = 20.09 \approx 20(\mathrm{mm})$$

3)各次半成品圆角半径选取

取各次的 $r_{凸}$(即半成品底部的内圆角半径)分别为

$$r_{凸1} = 5\ \mathrm{mm}, r_{凸2} = 4.5\ \mathrm{mm}, r_{凸3} = 4\ \mathrm{mm}, r_{凸4} = 3.5\ \mathrm{mm}$$

则各次圆角中线处的圆角半径分别为

$$r_1 = 5.5\ \mathrm{mm}, r_2 = 5\ \mathrm{mm}, r_3 = 4.5\ \mathrm{mm}, r_4 = 4\ \mathrm{mm}$$

4)各次半成品拉深高度计算

将拉深道次的半成品 d、r 代入公式 $h = 0.25\left(\frac{D^2}{d} - d\right) + 0.43\,\frac{r}{d}(d + 0.32r)$,可计算出各次的拉深高度:

$$h_1 = 0.25 \times \left(\frac{78^2}{41} - 41\right) + 0.43 \times \frac{5.5}{41} \times (41 + 0.32 \times 5.5) = 29.3(\mathrm{mm})$$

$$h_2 = 0.25 \times \left(\frac{78^2}{31} - 31\right) + 0.43 \times \frac{5}{31} \times (31 + 0.32 \times 5) = 43.6(\mathrm{mm})$$

$$h_3 = 0.25 \times \left(\frac{78^2}{24.5} - 24.5\right) + 0.43 \times \frac{4.5}{24.5} \times (24.5 + 0.32 \times 4.5) = 58(\mathrm{mm})$$

$$h_4 = 73.5(\mathrm{mm})$$

5）画出工序图

工序图如图1.15所示。

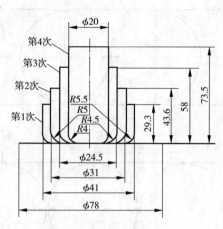

图1.15 筒形件拉深工序图

（2）带凸缘筒形件各次拉深的半成品尺寸计算

带凸缘筒形件首次拉深后，工件的凸缘直径就确定了，后续拉深过程中，凸缘直径保持不变。后续拉深的主要任务是减小筒形直径、增大筒形高度、减小圆角半径，因此带凸缘筒形件的后续拉深与一般筒形件相同。

拉深次数根据一般筒形件的极限拉深系数推算，方法与一般筒形件相同。拉深次数确定后，在均衡负荷、调整实际拉深系数的基础上，可计算出各次拉深的半成品直径。圆角半径按依次减小的原则，根据第一次拉深的圆角半径确定，半成品高度也按公式计算。

计算时，注意逐次返还到凸缘部分的面积。

例1.7 设计图1.4所示壳体零件的排样图，并计算其中间工序件尺寸。

解 根据例1.5计算和分析的结果，该壳体零件的冲压方案为：落料及首次拉深→第二次拉深→第三次拉深及整形→冲翻孔预制孔→翻孔及整形→冲3个小孔→切边。

中间工序件主要包括各次拉深、预制孔冲制、翻边、冲孔及切边等工序后的半成品。工序件尺寸均为料厚中心层位置的尺寸。

1）落料件尺寸及排样设计

根据例1.5计算结果，圆形毛坯的直径为66 mm。

最可能的排样方式是单行排和多行错排，如图1.16所示。

采用单排排样，$a = 1.0$ mm；$a_1 = 1.2$ mm，取1.25 mm；$\Delta = 1.0$ mm；两个导料销导料，人工压紧。步距A和条料宽度B为：

$$A = D + a = 66 + 1 = 67 \text{（mm）}$$

$$B = (D + 2a_1 + \Delta)_{-\Delta}^{0} = (66 + 2.5 + 1)_{-1}^{0} = 69.5_{-1}^{0} \text{（mm）}$$

采用1 800 mm×900 mm×1.5 mm的冷轧钢板。采用纵裁的方式，每块钢板可裁出13根1 800 mm×69.5 mm×1.5 mm的条料（部分条料按下偏差下料），每根条料可冲裁26个毛坯，每块钢板冲裁毛坯338个。

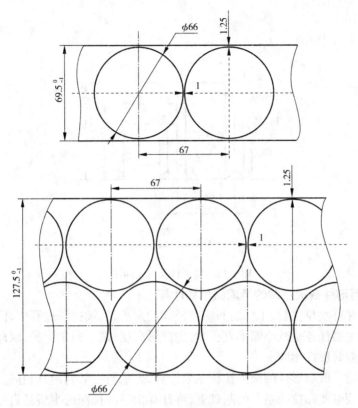

图 1.16 排样设计

条料的总利用率为：

$$\eta_0 = \frac{n \times S_2}{L \times B} \times 100\% = \frac{26 \times 3\ 420}{1\ 800 \times 69.5} \times 100\% = 71.1\%$$

每块钢板的总利用率为：

$$\eta_0 = \frac{n \times S_2}{L \times B} \times 100\% = \frac{338 \times 3\ 420}{1\ 800 \times 900} \times 100\% = 71.3\%$$

采用双行错排时,步距不变,但条料宽度约为 127.5 mm(含下料偏差 1 mm),每块钢板可裁出 7 根 1 800 mm×127.5 mm×1.5 mm 的条料,每根条料可冲裁 26+25=51 个毛坯,每块钢板冲裁毛坯 357 个。

条料的总利用率为：

$$\eta_0 = \frac{n \times S_2}{L \times B} \times 100\% = \frac{51 \times 3\ 420}{1\ 800 \times 127.5} \times 100\% = 76\%$$

每块钢板的总利用率为：

$$\eta_0 = \frac{n \times S_2}{L \times B} \times 100\% = \frac{357 \times 3\ 420}{1\ 800 \times 900} \times 100\% = 75.3\%$$

可见,双行错排使材料的总利用率提高。但是,双行错排操作不够方便,特别是第二行第一个工件定位难度较大。因此,采用单行排样设计。

2)首次拉深的工序件尺寸

按照例 1.5 计算并确定的尺寸,高度为 13.5 mm,筒形部分中心层直径为 40 mm。实际尺寸为筒形内径 38.5 mm,总高度 15 mm,凹模圆角半径 5 mm,凸模圆角半径 4 mm,凸缘直径 54 mm,如图 1.17 所示。

3)后续拉深直径

①调整拉深系数。

根据例 1.5 计算结果,采用极限拉深系数拉深 3 道之后,筒形最小直径为 22.2 mm,小于所需的 23.8 mm,表明拉深变形量有富余。计算第二次、第三次拉深直径时,适当调整拉深系数,以均衡负荷。

根据拉深系数调整原则,第二次、第三次拉深的拉深系数分别加大为 $m_2 = 0.75$,$m_3 = 0.793$,则:

$$d_2 = m_2 \times d_1 = 0.75 \times 40 = 30(\text{mm})$$
$$d_3 = m_3 \times d_2 = 0.793 \times 30 = 23.8(\text{mm})$$

②第二次拉深工序件尺寸。

由于第三次拉深后工件的圆角半径为 1.5 mm,第二次拉深的圆角半径也不能太大,取为:$R_{凹2} = R_{凸2} = 2.5$ mm。

设第二次拉深时多拉入凹模的材料面积为 2%,其余 1% 返回凸缘使其增厚,则第二次拉深进入凹模的假想坯料面积为:

$$A_{\text{in 假想}} = \frac{\pi}{4} \times 3\,961 \times 1.02 = \frac{\pi}{4} \times 4\,040(\text{mm}^2)$$

假想坯料的总面积为:

$$A_{假想} = A_t + A_{\text{in 假想}} = \frac{\pi}{4} \times (264 + 4\,040) = \frac{\pi}{4} \times 4\,304(\text{mm}^2)$$

假想坯料的直径为:

$$D_{假想} = \sqrt{4\,304} = 65.6(\text{mm})$$

则,工序件的高度为:

$$h_2 = \frac{0.25}{d_2}(D_{假想}^2 - d_t^2) + 0.43\left(R_{凸2} + \frac{t}{2} + R_{凹2} + \frac{t}{2}\right)$$
$$= \frac{0.25}{30}(65.6^2 - 54^2) + 0.43(2.5 + 2.5 + 1.5) = 14.4(\text{mm})$$

据此,第二次拉深工序件高度为 14.4 mm,筒形部分中心层直径为 30 mm。实际尺寸为筒形内径 28.5 mm,总高度 15.9 mm,凸模、凹模圆角半径均为 2.5 mm,凸缘直径 54 mm,如图1.17 所示。

③第三次拉深及整形工序件尺寸。

第三次拉深及整形后,工序件尺寸为冲孔翻边前的尺寸,筒形内径 $\phi 22.3_{0}^{+0.14}$ mm,总高度 $16_{0}^{+0.2}$ mm,凸模、凹模圆角半径均为 1.5 mm,凸缘直径 54 mm,如图 1.17 所示。

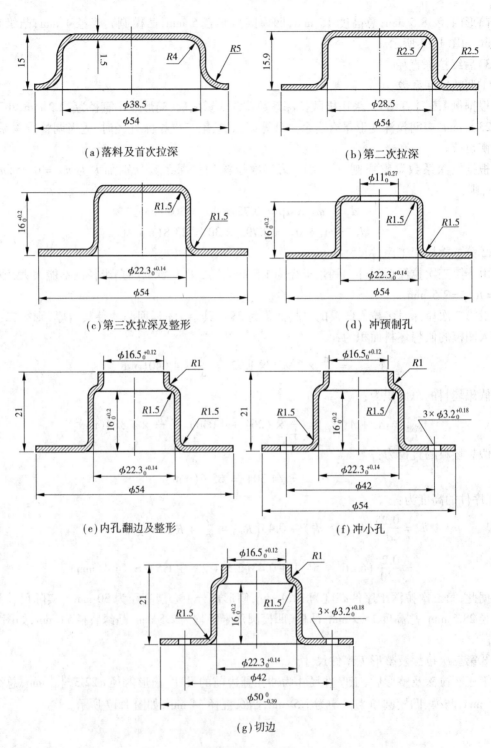

(a)落料及首次拉深

(b)第二次拉深

(c)第三次拉深及整形

(d) 冲预制孔

(e)内孔翻边及整形

(f)冲小孔

(g)切边

图 1.17　壳体零件中间工序件尺寸示意图

4)其他工序件尺寸

①冲翻孔预制孔。

根据计算结果,预制孔的直径为 $\phi11$ mm,孔的尺寸精度设定为 IT13 级,冲孔尺寸为

$\phi 11^{+0.27}_{0}$ mm，其余尺寸不变，如图 1.17 所示。

②翻孔及整形。

利用翻边凸模、凹模的尺寸及其精度，保证底部通孔的尺寸为 $\phi 16.5^{+0.12}_{0}$ mm；利用模具的刚性接触整形和翻边凹模的圆角半径，保证 $R1$ 的小圆角尺寸；高度 21 mm 为自由尺寸，如图 1.17 所示。

③冲 3 个小孔。

对于 3 个 $\phi 3.2$ mm 的小孔，按照 IT13 级精度，3 个小孔的尺寸为 $\phi 3.2^{+0.18}_{0}$ mm。孔的节圆直径 $\phi 42 \pm 0.1$ mm 及相互间夹角 120°由模具尺寸来保证。工件的其余尺寸不变。

④切边。

按照 IT13 级精度，凸缘的外形尺寸为 $\phi 50^{+0}_{-0.39}$ mm。

5) 工序图

落料及首次拉深、第二次拉深、第三次拉深及整形、冲翻孔预制孔、翻孔及整形、冲 3 个小孔、切边等整个冲压过程的工序件尺寸，如图 1.17 所示。

1.3.4　冲压力的计算及压力机的选择

冲压力的计算及压力机的选择是针对每一副模具分别进行的，也就是根据每一副模具所承担的工序计算冲压力，并据此选择压力机。对于冲压力不对称的工件，还需要计算压力中心，并据此确定工作零件的位置。

(1) 冲裁工序冲压力计算

1) 冲裁力计算

普通平刃口冲裁的冲裁力 $F(N)$ 为：

$$F = K \times L \times t \times \tau = L \times t \times \sigma_b$$

式中，L 为同时冲裁的轮廓线长度(mm)，复合冲裁时为落料和冲孔轮廓线之和；t 为板料厚度(mm)；K 为安全系数，通常取 1.3；τ 为材料的抗剪强度(MPa)；σ_b 为材料的抗拉强度(MPa)。

2) 卸料力、推件力和顶件力的计算

除冲裁力外，还有从凸模上卸下板料所需的卸料力 $F_{卸}$、从凹模内向下推出工件或废料所需的推件力 $F_{推}$、从凹模内向上顶出工件或废料所需的顶件力 $F_{顶}$，分别计算为：

$$F_{卸} = K_{卸} \times F$$

$$F_{推} = n \times K_{推} \times F$$

$$F_{顶} = K_{顶} \times F$$

式中，$K_{卸}$、$K_{推}$ 与 $K_{顶}$ 分别为卸料力系数、推件力系数、顶件力系数，n 为滞留在凹模内的冲件数，$n = h/t$，h 为凹模洞口直壁的高度，其尺寸大小参见图 2.10 和表 2.4，t 为料厚。

3) 总冲压力计算

在计算冲裁所需的总冲压力时 $F_{总}$ 时，需要根据模具的具体结构，对 $F_{卸}$、$F_{推}$ 与 $F_{顶}$ 进行取舍。

采用弹性卸料装置和自然漏料方式时：

$$F_{总} = F + F_{卸} + F_{推}$$

采用弹性卸料装置和弹性顶件装置时：

$$F_{总} = F + F_{卸} + F_{顶}$$

采用刚性卸料装置和自然漏料方式时：

$$F_{总} = F + F_{推}$$

4）压力机的选择

冲裁常用的压力机主要有开式压力机和闭式压力机两大类。开式压力机是小型压力机，结构简单，三面敞开使操作方便，但会产生角变形而影响冲裁质量和模具寿命。闭式压力机是中、大型压力机，设备刚度好、变形小，但结构较复杂。

所选择的压力机吨位 $F_{压力机}$ 等于或大于冲裁的总冲压力 $F_{总}$，就能满足要求。

$$F_{压力机} \geqslant F_{总}$$

除此以外，还要验算相关尺寸能否满足要求。以选用开式压力机为例，前后送料时，料宽不大于压力机立柱间距；左右送料时，料宽不大于压力机喉深的 2 倍；工作台孔的尺寸大于工件或废料尺寸，但小于下模座的尺寸；模柄的直径、长度与压力机模柄孔直径、深度匹配。

（2）弯曲工序冲压力计算

1）自由弯曲的弯曲力

若弯曲件只存在自由弯曲，其弯曲力（N）为：

$$F_{自由} = \frac{C \times K \times B \times t^2 \times \sigma_b}{r + t}$$

式中，C 为与弯曲形式有关的系数，V 形件弯曲取 0.6，U 形件弯曲取 0.7；K 为安全系数，取 1 ~ 1.3；B 为板料宽度（mm）；r 为弯曲件的内弯曲半径（mm）；σ_b 为材料的抗拉强度（MPa）；t 为板料厚度（mm）。

2）校正弯曲的弯曲力

为减小回弹，弯曲件常需要校正弯曲。校正弯曲时，校正力比弯曲力大得多，一般只计算校正力 $F_{校正}$（N）。

$$F_{校正} = A \times p$$

式中，A 为校正部分的投影面积（mm^2）；p 为产生校正弯曲所需的最小单位面积校正力（MPa），其值见表 1.6。

表 1.6 单位面积最小校正力 p（MPa）

材 料	料厚 t/mm		材 料	料厚 t/mm	
	≤3	>3 ~ 10		≤3	>3 ~ 10
铝	30 ~ 40	50 ~ 60	25 ~ 35 钢	100 ~ 120	120 ~ 150
黄 铜	60 ~ 80	80 ~ 100	钛合金（BT1）（BT3）	160 ~ 180	180 ~ 210
10 ~ 20 钢	80 ~ 100	100 ~ 120		160 ~ 200	200 ~ 260

3）弯曲时压力机吨位的确定

自由弯曲时，压力机吨位 $F_{压力机}$ 为：

$$F_{压力机} \geqslant F_{自由} + F_Q$$

式中，F_Q 为顶件力（或压料力），取自由弯曲力的 30% ~ 80%。

校正弯曲时,弯曲力远远大于顶件力,顶件力可忽略不计,即:

$$F_{压力机} \geq F_{校正}$$

(3)拉深工序冲压力计算

1)拉深力计算

拉深件的形状不同,拉深力 $F(\mathrm{N})$ 的计算公式也不同。

筒形件首次拉深: $\qquad F = k_1 \times \pi \times d_1 \times t \times \sigma_b$

筒形件后续各次拉深: $\qquad F = k_2 \times \pi \times d_n \times t \times \sigma_b$

宽凸缘筒形件首次拉深: $\qquad F = k_3 \times \pi \times d_1 \times t \times \sigma_b$

式中,d_1、d_n 为筒形部分的第一次、后续第 n 次拉深工序直径(mm);t 为料厚(mm);σ_b 为材料抗拉强度(MPa);k_1、k_2、k_3 为相关系数,可参照相关手册选取。

2)压边力计算

采用压边圈是解决拉深过程中起皱最常用的方法。如果变形量较小、毛坯厚度较大,起皱的可能性较小,不设置压边圈也不会起皱。压边圈除了起压边作用外,还起顶件作用,将拉深件顶出拉深凸模。

不采用压边圈条件为:

$$t/D \geq (0.09 \sim 0.17) \times (1 - m)$$

否则,须采用压边圈,施加大小适当的压边力 F_Q。

压边力 $F_Q(\mathrm{N})$ 为:

$$F_Q = A \times p$$

式中,p 为材料不产生起皱的最小单位面积压边力(MPa);A 为压边面积,是拉深开始时毛坯与凹模的有效接触面积。

3)拉深时压力机吨位选择

采用单动压力机拉深时,压边力与拉深力同时产生,所以,计算总拉深力 $F_总$ 时应包括压边力。即:

$$F_总 = F + F_Q$$

选择压力机的吨位时,应根据压力机许用负荷图与冲压实际压力曲线综合考虑,保证整个冲压工序的实际压力均不超过压力机许用负荷。

在无法获取压力机许用负荷图的情况下,为了选用方便,一般只需留出足够的安全系数就能满足要求,粗略计算为:

浅拉深时:$F_总 \leq (0.7 \sim 0.8)F_{压力机}$

深拉深时:$F_总 \leq (0.5 \sim 0.6)F_{压力机}$

式中,$F_总$ 根据工序实际选取:①只进行拉深的工序,$F_总$ 为拉深力和压边力总和;②落料拉深复合冲压,工序过程是落料完成后再拉深,落料力与拉深力不会叠加,但落料力远大于拉深力,且落料力出现在压力角较大的位置。因此,$F_总$ 为落料工序的冲压力,弹性卸料时等于落料冲裁力和卸料力之和,刚性卸料时等于落料冲裁力,安全系数按深拉深选取。

4)拉深功与功率验算

冲压时,根据冲压力选择的压力机一般不需要进行功与功率的验算,但对于拉深,特别是深拉深,由于拉深工作行程较长,消耗功较多,需要进行压力机的电机功率验算。

拉深功 $W(J)$ 为:

$$W = F_{平均} \times h \times 10^{-3} = C \times F_{max} \times h \times 10^{-3}$$

式中, F_{max} 为最大拉深力(N); $F_{平均}$ 为平均拉深力(N); h 为拉深深度(mm); $C = F_{平均}/F_{max}$,一般取 $C \approx 0.6 \sim 0.8$ 。

拉深功率 P (kW)为:

$$P = \frac{W \times n}{60 \times 750 \times 1.36}$$

所需的压力机电机功率 $P_{电}$ (kW)为:

$$P_{电} = \frac{K \times W \times n}{60 \times 750 \times 1.36 \times \eta_1 \times \eta_2}$$

式中, K 为不平衡系数,取 $1.2 \sim 1.4$; η_1 为压力机效率,取 $0.6 \sim 0.8$; η_2 为电机效率,取 $0.9 \sim 0.95$; n 为压力机每分钟的行程次数。

如果计算出的所需功率 $P_{电}$ 大于所选取的压力机实际功率,则所选取的压力机不能满足要求,需要重新选取电机功率较大的压力机,并以重新选取的压力机作为模具设计的依据。

(4)翻边工序冲压力计算

采用圆柱形平底凸模时,翻边力 F (N)可按下式计算:

$$F = 1.1\pi(D - d_0) \times t \times \sigma_s$$

式中, D 为按中线计算的翻边后直径(mm); d_0 为翻边预制孔直径(mm); t 为材料厚度(mm); σ_s 为材料的屈服强度(MPa)。

采用球形凸模翻边,翻边力可比小圆角圆柱凸模的翻边力降低约 50% 。无预制孔的翻边力比有预制孔的翻边力大 $1.33 \sim 1.75$ 倍。

翻边时的压边力应该足够大,以保证凸缘部位的材料不进入凹模,压边力的计算尚无统一公式,可参照拉深压边力计算公式计算,但单位面积压边力必须大于拉深时的单位面积压边力,且凸缘最小宽度不小于 2 倍翻边高度,以保证足够的压边面积。

翻边工序的总翻边力为翻边力与压边力之和,再根据总翻边力,参照拉深工序确定压力机吨位的方法,确定翻边工序压力机吨位。

(5)模具压力中心的确定

冲压力合力的作用点称为模具的压力中心。对于中小型模具,压力中心必须与模柄中心线大体重合;对于大型模具,压力中心必须位于压力机滑块中心线附近的允许范围内。

压力中心的计算采用力矩平衡原则,即合力对某轴之力矩等于各分力对同轴的力矩之和。

对于冲裁而言,在板材厚度及抗剪强度相等的条件下,用冲裁轮廓线的尺寸大小来代替冲裁力的大小。形状简单而对称的工件,如圆形、正多边形、矩形等,冲裁的压力中心就是冲裁件的几何中心。形状复杂的工件、多凸模冲裁的压力中心则用解析法或作图法来确定。表 1.7 列出了单凸模复杂形状冲裁、多凸模冲裁解析法计算压力中心的公式。

表 1.7　冲裁模压力中心计算

简　图	计算公式	说　明
	$$x = \frac{l_1 x_1 + l_2 x_2 + \cdots + l_n x_n}{l_1 + l_2 + \cdots + l_n}$$ $$y = \frac{l_1 y_1 + l_2 y_2 + \cdots + l_n y_n}{l_1 + l_2 + \cdots + l_n}$$	视冲裁力为均布线载荷，(x_1, y_1) 为刃口段 l_1 的合力中心坐标，其余类推。(x, y) 为压力中心坐标
	$$x = \frac{L_1 x_1 + L_2 x_2 + \cdots + L_n x_n}{L_1 + L_2 + \cdots + L_n}$$ $$y = \frac{L_1 y_1 + L_2 y_2 + \cdots + L_n y_n}{L_1 + L_2 + \cdots + L_n}$$	$(x_1 y_1)$ 为已知图形的冲裁合力中心坐标，L_1 为相应图形的刃口周边长，其余类推。(x, y) 为压力中心坐标

　　多工位连续模压力中心计算也根据力矩平衡的原则，但不能以冲压轮廓线的尺寸大小来代替冲压力的大小。计算时，先根据各个工位的不同冲压工序，计算该工位的冲压力 F_n 和该工位的压力中心坐标 (X_{C_n}, Y_{C_n})。将各工位冲压力相加，计算出总冲压力 $(F_1 + F_2 + \cdots + F_n)$，再根据下式计算出总冲压力的坐标位置 (X, Y)，即：

$$X = \frac{F_1 \times X_{C_1} + F_2 \times X_{C_2} + \cdots + F_n \times X_{C_n}}{F_1 + F_2 + \cdots + F_n}$$

$$Y = \frac{F_1 \times Y_{C_1} + F_2 \times Y_{C_2} + \cdots + F_n \times Y_{C_n}}{F_1 + F_2 + \cdots + F_n}$$

1.3.5　编制冲压工艺卡

　　将方案选择、工艺计算等冲压工艺设计的相关内容，填入表格，形成卡片，使整个工艺过程清楚、明晰。

第 **2** 章
冲压模具设计

本章介绍冲压模具设计的步骤、方法和原则。

2.1 冲压模具总体结构设计

根据结构特征,冲压模具可以分为不同的类别。在模具总体结构设计时,可以根据各类模具的特点及冲压工艺的要求,选择合适的模具结构。

按照工序性质,冲压模具可分为冲裁模和成形模。冲裁模主要包括落料模、冲孔模、切边模、切口模、切断模等,成形模主要包括拉深模、弯曲模、翻边模、胀形模、整形模等。

按工序的组合方式,冲压模具可分为单工序模、复合模和连续模。在组合工序、确定方案时,就应该根据工序确定采用何种模具。

按照凸模、凹模的布置方式,冲压模具可分为正装模和倒装模。另外,刚性卸料和弹性卸料等卸料方法,固定挡料和活动挡料等定位方式,以及上下模的导向方式,均可作为模具分类的依据。其中,凸模、凹模的布置方式直接关系到模具的卸料装置、顶件结构、压边装置设计,还关系到定位零件的设计,是模具总体结构设计中的主要内容,应该加以足够的重视。

对于单工序的冲裁模或拉深模,凸模在上的模具为正装模,反之为倒装模;对于带有落料工序的复合模,落料凹模位于下模的模具为正装模,反之为倒装模。

单工序冲裁模多采用凸模在上的正装结构,如图 2.1 所示。这种正装冲裁模,工件或冲孔废料均可通过模具的漏料孔排出,结构简单,操作方便。外形尺寸较大的凹模位于下模,有足够的尺寸安装固定卸料板,板料或半成品定位装置的安装也较方便。正装冲裁模采用弹性卸料板卸料时,弹性卸料板也安装在上模,如图 2.2 所示。对于厚度较薄、材质较软的冲裁件,也可以设置弹性顶件机构将工件从凹模中顶出,再人工取下,以获得较平整的工件。

单工序拉深模多采用凸模在下模的倒装结构。这种倒装拉深模,工件从上模的拉深凹模中由刚性推件装置推出,上模不需要设置弹性机构,只需在下模设置一套弹性机构,起压边和顶件的双重作用,结构比较简单,如图 2.3 所示。

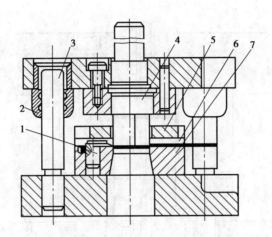

图 2.1　单工序正装冲裁模

1—挡料销;2—导套;3—导柱;4—凸模;
5—刚性卸料板;6—导料板;7—凹模

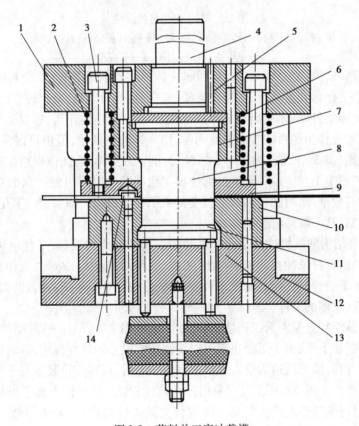

图 2.2　落料单工序冲裁模

1—上模座;2—卸料弹簧;3—卸料螺钉;4—模柄;5—止转销;6—垫板;
7—凸模固定板;8—落料凸模;9—卸料板;10—落料凹模;11—顶件板;
12—下模座;13—顶杆;14—固定挡料销

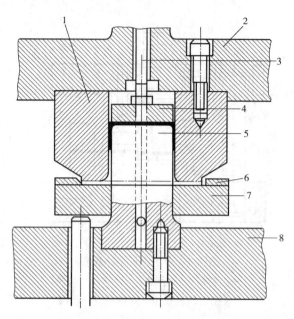

图 2.3　单工序倒装拉深模

1—拉深凹模;2—上模座;3—打杆;4—推件板;5—拉深凸模;

6—定位板;7—压边圈;8—下模座

　　倒装结构的落料冲孔复合模如图 2.4 所示。这种结构的模具,冲孔废料能直接通过模具的漏料孔、压力机工作台孔自动落下,操作方便、安全,生产效率高,应用较广泛。对于较软、较薄的工件,可在上模推件块 18 后面加装橡皮,使推件块具有压料作用,以提高工件的平整性和尺寸精度。采用橡皮作为卸料装置的弹性元件,模具结构较简单,但也可以采用弹簧,以延长使用寿命。定位销(共 3 个,2 个导料 1 个挡料)为固定式结构,为保证板料在卸料板和落料凹模之间被压紧,凹模 7 上与定位销对应的部位加工出了凹窝,但是,此凹窝的存在减小了落料凹模相应位置的有效壁厚,对凹模刃口的强度带来了不利影响。如果定位销是弹性结构,凹模上就不用加工凹窝,这一缺陷将会被弥补。

　　图 2.5 为正装结构的落料冲孔复合模示意图。这种结构的模具,工件由顶件装置顶出落料凹模,冲孔废料由打杆从冲孔凹模中打出,工件、废料均需要人工取出,操作相对较麻烦。但是,落料凹模位于下模,导料、挡料装置布置较容易,定位精度也较高;冲裁时,顶件装置有压料作用,适合于较软、较薄的工件。

　　筒形件落料拉深复合模常采用正装结构,如图 2.6、图 2.7 所示。这种结构的模具,拉深凸模及压边圈均布置在下模,由于下模底部可以设置较大尺寸的弹性机构,以对压边圈提供较大的压边力和工作行程,满足压边需要。落料凹模位于下模,板料定位装置易于布置。拉深工件由刚性推件装置推出。图 2.6 所示模具采用弹性卸料装置从凸凹模上卸下板料,其卸料板、卸料弹簧、卸料螺钉均安于上模上。对于厚度较大的工件,也可以采用刚性卸料板,如图 2.7所示,卸料板直接安装在落料凹模上,结构相对简单。

　　带有凸缘的筒形件,也常常采用正装结构的落料拉深复合模,其结构形式与图 2.6 所示的模具类似。

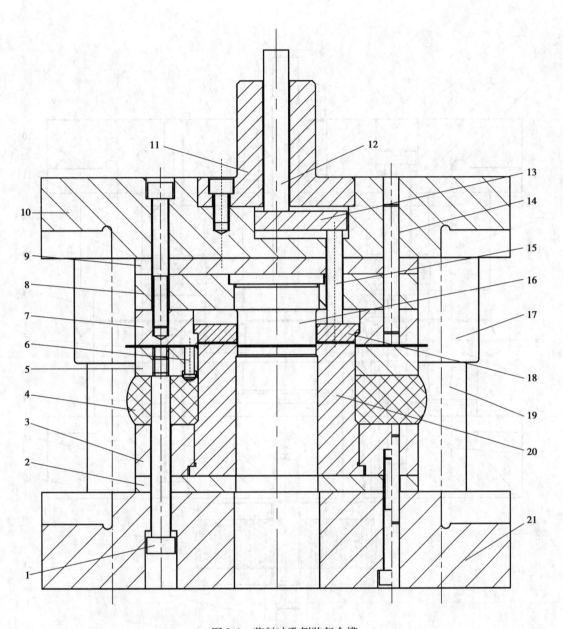

图 2.4　落料冲孔倒装复合模

1—卸料螺钉;2—下模垫板;3—凸凹模固定板;4—橡皮;5—卸料板;

6—橡胶弹顶挡料销;7—凹模;8—凸模固定板;9—上模垫板;10—上模座;

11—模柄;12—打杆;13—推板;14—销钉;15—推杆;16—凸模;

17—导套;18—推件块;19—导柱;20—凸凹模;21—下模座

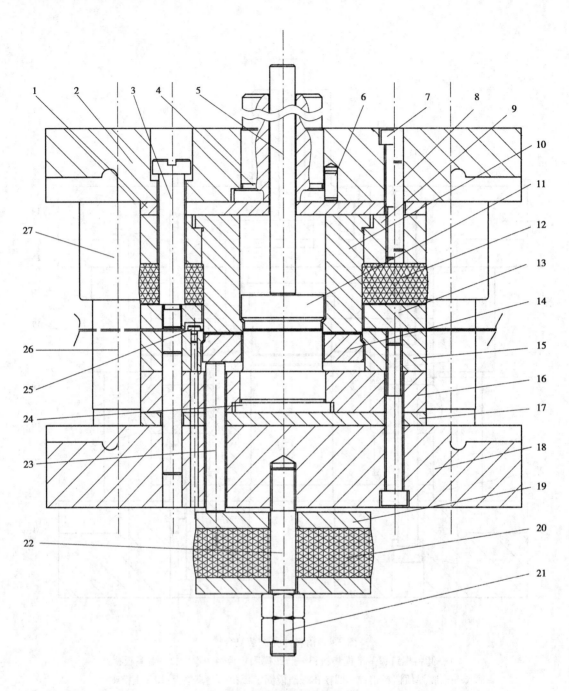

图 2.5　落料冲孔正装复合模

1—上模垫板;2—上模座;3—卸料螺钉;4—模柄;5—打杆;6—止转销;7—连接螺钉;8—销钉;
9—凸凹模固定板;10—凸凹模;11—推件块;12—橡皮;13—卸料板;14—顶件块;15—凹模;
16—凸模固定板;17—下模垫板;18—下模座;19—托板;20—橡皮;21—调节螺帽;
22—双头螺柱;23—顶杆;24—凸模;25—固定挡料销;26—导柱;27—导套

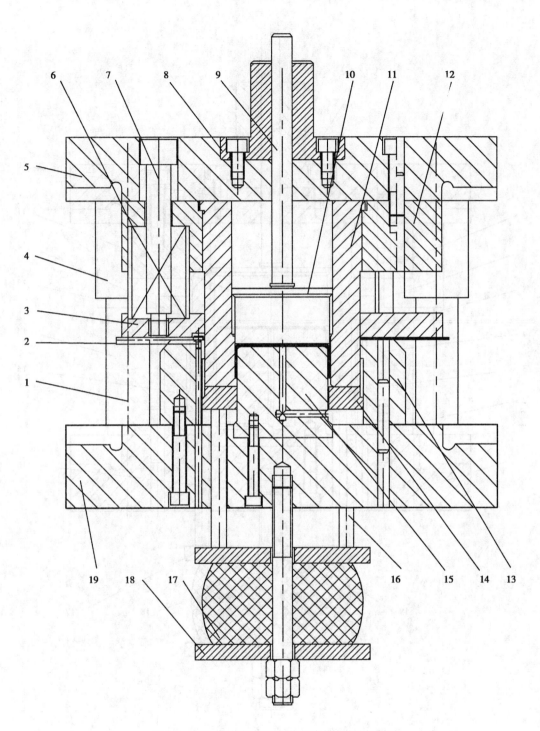

图 2.6 筒形件落料拉深正装复合模(弹性卸料)

1—导柱;2—固定挡料销;3—卸料板;4—导套;5—上模座;6—卸料弹簧;

7—卸料螺钉;8—模柄;9—打杆;10—推件块;11—凸凹模;12—固定板;

13—落料凹模;14—压边圈;15—拉深凸模;16—顶杆;

17—橡皮;18—托板;19—下模座

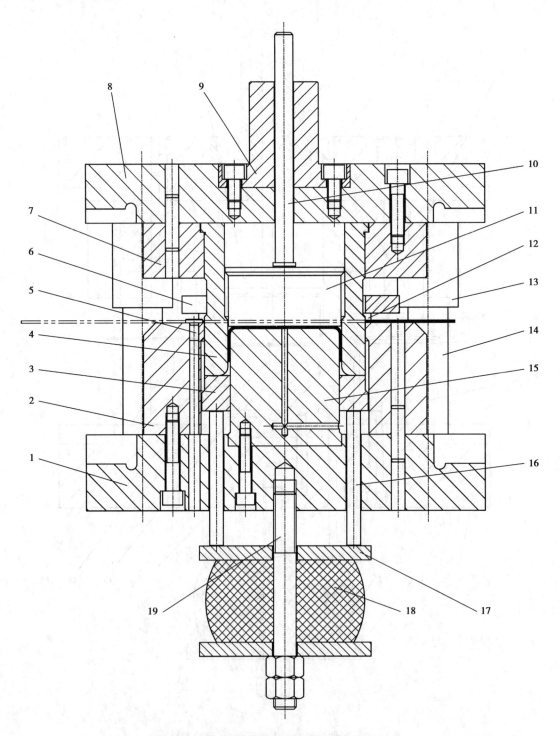

图 2.7 筒形件落料拉深正装复合模(刚性卸料)

1—下模座;2—落料凹模;3—压边圈;4—凸凹模;5—固定挡料销;

6—固定卸料板;7—固定板;8—上模座;9—模柄;10—打杆;11—推件块;

12—导料板;13—导套;14—导柱;15—拉深凸模;16—顶杆;

17—托板;18—橡皮;19—双头螺柱

2.2 冲压模具零件分类及常用材料

2.2.1 冲压模具零件的分类

冲压模具是由多个零件组合而成的,根据各个零件在模具中所起的作用,分为工作零件、定位零件、卸料与推件零件、导向零件、固定连接零件五部分。

根据零件的性质,模具零件又分为标准件和非标准件。非标准件主要是与冲压件直接相关的零件,需要根据冲压件的形状和尺寸进行专门的设计和制造。标准件是已经标准化了的零件。所谓模具标准化,就是将模具的典型零件、典型组合及典型结构实行标准系列,并组织专业化生产,像普通工具一样在市场上销售,供用户选用。

目前,2008 年 7 月 1 日起正式实施的冲模国家标准共 23 项,2008 年 10 月 1 日起正式实施的冲模机械行业标准共 72 项,这些标准均为推荐性标准。标准根据模具类型、导向方式、送料方向、凹模形状等不同,规定了若干种典型组合形式。每一种典型组合中,又规定了多种凹模周界尺寸(长×宽)以及相配合的凹模厚度、凸模高度、模架类型和尺寸,以及固定板、卸料板、垫板、导料板等零件的具体尺寸,还规定了选用标准件的种类、规格、数量、位置及有关的尺寸。这样,在进行模具设计时,仅设计直接与冲压件有关的非标准件,其余都可从标准中选取,从而简化模具设计,缩短设计周期,降低模具制造成本。

有关冲模的 23 项推荐性国家标准,主要包括冲模术语(GB/T 8845),冲模技术条件(GB/T 14662),模架(GB/T 2851、GB/T 2852),模座(GB/T 2855、GB/T 2856),导向装置(GB/T 2861.1~11)等。

有关的 72 项推荐性机械行业标准,主要包括冲模凸模(JB/T 5825~JB/T 5830),冲模模板(JB/T 7643~JB/T 7644),冲模导向装置(JB/T 7645),冲模模柄(JB/T 7646),冲模导正销(JB/T 7647),冲模侧刃和导料装置(JB/T 7648),冲模挡料和弹顶装置(JB/T 7649),冲模卸料装置(JB/T 7650),冲模废料切刀(JB/T 7651),冲模限位支承装置(JB/T 7652),冲模零件技术条件(JB/T 7653,JB/T 8050,JB/T 8070,JB/T 8071)等。

除以上冲模国家和行业标准外,还有 15 项冲模典型组合机械行业标准(JB/T 8065~JB/T 8069),这些标准于 1995 年制定、实施,目前仍然在执行。

2.2.2 冲压模具零件的常用材料

冲压凸模和凹模常在强压、连续使用和冲击大的条件下工作,且伴有温度的升高,工作条件较恶劣。因此,凸模、凹模的材料必须具有良好的耐磨性、耐冲击性、淬透性和切削性,热处理硬度大、变形小,价格低廉。

选用模具材料时,在满足使用条件下,应尽量节省成本。

国家或行业标准列出了各冲压模具零件的推荐材料及热处理要求,见表 2.1。

表 2.1 冲压模具零件的推荐材料及热处理要求

零件名称	推荐材料	热处理硬度/HRC	标准号(参考)
冲孔凸模	Cr12MoV,Cr12，CrWMn	58～62	JB/T 5825,JB/T 5826
	Cr6WV	56～60	
冲孔凹模	Cr12MoV,Cr12，Cr6WV，CrWMn	58～62	JB/T 5830
弯曲凸模、凹模	T10A,Cr6WV,Cr12MoV,Cr12，CrWMn	58～62	
拉深凸模、凹模	T10A,Cr6WV,Cr12MoV,Cr12，CrWMn	58～62	
上模座	HT 200		GB/T 2855.1
下模座	HT 200		GB/T 2855.2
压入式模柄	Q235A,45		JB/T 7646.1
凸缘式模柄	Q235A,45		JB/T 7646.3
导柱(滑动)	20Cr	渗碳/58～62	GB/T 2861.1
	GCr15	58～62	
导套(滑动)	20Cr	渗碳/58～62	GB/T 2855.2
	GCr15	58～62	
固定板	45	28～32	
垫板	45(一般)	43～48	
	T10A(重载)	56～60	
卸料板	45	43～48	
推件板	45	43～48	
顶板	45	43～48	JB/T 7650.4
顶杆	45	43～48	JB/T 7650.3
推杆	45	43～48	JB/T 7650.1
侧压板	45	43～48	JB/T 7649.3
始用挡块	45	43～48	JB/T 7649.1
导料板	45	28～32	JB/T 7648.5
导正销	9Mn2V	52～56	JB/T 7647.1～4
挡料销、导料销(活动)	45	43～48	JB/T 7649.9
挡料销、导料销(固定)	45	43～48	JB/T 7649.10
侧刃	T10A	56～60	JB/T 7648.1
侧刃挡块	T10A	56～60	JB/T 7648.2～4
废料切刀(圆形)	T10A	56～60	JB/T 7651.1
废料切刀(方形)	T10A	56～60	JB/T 7651.2
圆柱螺旋压缩弹簧	65Mn,60Si2Mn		
圆柱头卸料螺钉	45	35～40	JB/T 7650.5
圆柱头内六角卸料螺钉	45	35～40	JB/T 7650.6
螺钉	45	35～40	GB/T 2089
销钉	45	35～40	

2.3 模具工作零件设计与计算

冲压模具的工作零件主要是凸模、凹模和凸凹模,除了少量的圆形冲裁模具是标准件外,大多数凸模、凹模和凸凹模均为非标准件,必须通过尺寸计算和结构设计绘出零件图,再根据零件图制造、装配。

2.3.1 冲裁模具工作零件设计

(1)刃口尺寸计算

制造模具时,常用以下两种方法来保证合理间隙,一种是分别加工法,另一种是配合加工法。分别加工法就是分别规定凸模和凹模的尺寸和公差,分别进行制造,用凸模和凹模的尺寸及公差来保证间隙要求。配合加工法是用凸模和凹模相互单配的方法来保证合理间隙。

1)分别加工法凸模和凹模尺寸的计算

分别加工法适用于形状简单、间隙较大的模具,因此,选用这种加工法的模具,必须同时满足两个条件:①形状简单,主要包括圆形、矩形、方形等冲裁件模具;②模具间隙较大,模具制造公差与间隙满足下述关系:

$$|\delta_{凸}| + |\delta_{凹}| \leqslant Z_{\max} - Z_{\min}$$

①冲孔模计算

设工件孔的尺寸为 $d_{\ 0}^{+\Delta}$,则:

$$d_{凸} = (d + x \times \Delta)_{-\delta_{凸}}^{\ 0}$$

$$d_{凹} = (d_{凸} + Z_{\min})_{\ 0}^{+\delta_{凹}} = (d + x \times \Delta + Z_{\min})_{\ 0}^{+\delta_{凹}}$$

②落料模计算

设落料件的外形尺寸为 $D_{\ -\Delta}^{\ 0}$,则:

$$D_{凹} = (D - x \times \Delta)_{\ 0}^{+\delta_{凹}}$$

$$D_{凸} = (D_{凹} - Z_{\min})_{-\delta_{凸}}^{\ 0} = (D - x \times \Delta - Z_{\min})_{-\delta_{凸}}^{\ 0}$$

③孔心距计算

当工件上需要冲制多个孔时,孔心距的尺寸精度由凹模孔心距来保证。凹模孔心距的基本尺寸取在工件孔心距公差带的中点上,按双向对称偏差标注,则:

$$L_{凹} = (L_{\min} + \Delta/2) \pm \Delta/8$$

式中,$d_{凸}$、$d_{凹}$ 分别为冲孔凸模和凹模的基本尺寸;$D_{凹}$、$D_{凸}$ 分别为落料凹模和凸模的基本尺寸;Δ 为冲裁件的公差,按入体原则标注。计算孔心距时,Δ 为工件孔心距的公差;x 为磨损系数,其值应为 0.5~1,与冲裁件精度有关,可参阅相关手册;$\delta_{凹}$、$\delta_{凸}$ 分别为凹模和凸模的制造偏差,简单形状(圆形、方形)模具可查阅相关手册,也可以比冲裁件高 2~4 级精度选取,还可以直接取工件公差 Δ 的 1/4~1/3。

2)配合加工法凸模和凹模尺寸的计算

不满足分开加工条件时,模具制造需要采用配合加工法。配合加工又叫单配加工,在作为基准模的零件图上标注尺寸与公差,在相配的非基准模的零件图上只标注与基准模相同的基本尺寸,而不必标注公差,但应注明按基准模的实际尺寸配作,保证间隙值位于 $Z_{min} \sim Z_{max}$ 范围内。这种方法模具制造公差要求低,应用较广泛。

①模具尺寸性质的区分

在计算复杂形状的凸模和凹模工作部分的尺寸时,往往会发现在一个凸模或凹模上,会同时存在着三类不同性质的尺寸,这些尺寸需要区别对待。

第一类:凸模或凹模在磨损后会增大的尺寸;

第二类:凸模或凹模在磨损后会减小的尺寸;

第三类:凸模或凹模在磨损后基本不变的尺寸。

②落料模计算

落料模以凹模为基准,因此,先确定凹模尺寸:

$$第一类尺寸 = (工件最大极限尺寸 - x \times \Delta)^{+\delta_凹}_0$$

$$第二类尺寸 = (工件最小极限尺寸 + x \times \Delta)^{0}_{-\delta_凹}$$

$$第三类尺寸 = 工件上该尺寸的中间尺寸 \pm \delta_凹 /2$$

凸模尺寸按凹模尺寸配制,保证双面间隙在 $Z_{max} \sim Z_{min}$ 范围内。$\delta_凹$ 通常取 Δ 的 1/4。

③冲孔模计算

冲孔模以凸模为基准,因此,先确定凸模尺寸:

$$第一类尺寸 = (工件最小极限尺寸 + x \times \Delta)^{0}_{-\delta_凸}$$

$$第二类尺寸 = (工件最小极限尺寸 - x \times \Delta)^{+\delta_凸}_0$$

$$第三类尺寸 = 工件上该尺寸的中间尺寸 \pm \delta_凸 /2$$

凹模尺寸按凸模尺寸配制,保证双面间隙在 $Z_{max} \sim Z_{min}$ 范围内。$\delta_凸$ 通常取 Δ 的 1/4。

必须注意,在上述计算过程中,落料件以凹模为基准,冲孔件以凸模为基准。但在实际中,由于设备、加工习惯等原因,往往不遵从这一原则,颠倒了模具制造基准,这时就必须进行凸模和凹模之间的尺寸换算。相应的计算方法可参照相关手册。

在计算过程中,还经常遇到工作部分属于半边磨损尺寸的计算。所谓半边磨损尺寸,是指从某几何要素中心到某轮廓线之间距离的尺寸,在尺寸线箭头所指的两个几何要素中,只有一个要素(表面)发生磨损,另一个不发生磨损。此类尺寸的计算方法与双面磨损的尺寸计算方法相同,但必须将冲裁间隙、磨损量及模具制造公差减半。

例 2.1 采用落料冲孔复合模具冲裁图 1.3 所示的焊片,计算该复合模具的凸、凹模工作部分尺寸。

解 根据焊片材质锡磷青铜和料厚 0.3 mm,查相关手册,冲裁间隙为 $Z_{max} = 0.05$ mm,$Z_{min} = 0.02$ mm,$Z_{max} - Z_{min} = 0.03$ mm。

除尺寸 21 已经标注公差外,零件其余尺寸均未标注公差,计算时均按 IT14 级精度确定这些尺寸的公差,查表得出的公差值见表 2.2 和表 2.3。

凸模、凹模的刃口尺寸公差数值按照零件相应尺寸公差的 1/4 选取,公差值也列在表 2.2 和表 2.3 中。

尺寸 21 的精度等级达到了 IT12 级,磨损系数 x 取 0.75;其余尺寸的精度等级为 IT14 级,磨损系数 x 取 0.5。

1）选取凸模和凹模的制造方法

对于落料的凸模和凹模，由于落料件的外形复杂，不符合分开加工的条件，故应采用配合加工法制造凸模和凹模。

对于冲孔的凸模和凹模，由于冲孔的形状属于复杂形状，也不符合分开加工的条件，因此同样采用配合加工法制造凸模和凹模。

2）落料凹模尺寸计算

落料模配合加工时，以凹模为基准，凸模根据凹模配制，各尺寸分别计算如下，计算结果列于表 2.2 中。

①尺寸 4：磨损后凹模尺寸增大，属于落料模第一类尺寸。
$$A_{凹4} = （工件最大极限尺寸 - x \times \Delta)^{+\delta_{凹}}_{0}$$
$$= (4 - 0.5 \times 0.3)^{+0.3/4}_{0} = 3.85^{+0.08}_{0}（mm）$$

②尺寸 $R2$：属于半边尺寸，为了使其能与尺寸 4 mm 相切，取尺寸 4 mm 的一半。
$$A_{凹R2} = 1.93^{+0.04}_{0}（mm）$$

③尺寸 6.2：磨损后凹模尺寸增大，属于落料模第一类尺寸；且该尺寸为只有一个表面发生磨损的半边尺寸，模具的磨损量及制造公差减半。
$$A_{凹6.2} = （工件最大极限尺寸 - x \times \Delta/2)^{+\delta_{凹}}_{0}$$
$$= (6.2 - 0.5 \times 0.36/2)^{+0.36/8}_{0} = 6.11^{+0.05}_{0}（mm）$$

④尺寸 11.5：磨损后尺寸不变，属于落料模第三类尺寸。
$$C_{凹11.5} = 工件上该尺寸的中间尺寸 \pm \delta_{凹}/2$$
$$= 11.5 \pm 0.43/8 = 11.5 \pm 0.05（mm）$$

⑤尺寸 $R1.6$：磨损后凹模尺寸增大，属于落料模第一类尺寸；且该尺寸为只有一个表面发生磨损的半边尺寸，模具的磨损量及制造公差减半。
$$A_{凹R1.6} = （工件最大极限尺寸 - x \times \Delta/2)^{+\delta_{凹}}_{0}$$
$$= (1.6 - 0.5 \times 0.25/2)^{+0.25/8}_{0} = 1.54^{+0.03}_{0}（mm）$$

⑥尺寸 1.8：磨损后凹模尺寸减小，属于落料模第二类尺寸。
$$B_{凹1.8} = （工件最小极限尺寸 + x \times \Delta)^{0}_{-\delta_{凹}}$$
$$= (1.8 + 0.5 \times 0.25)^{0}_{-0.25/4} = 1.93^{0}_{-0.06}（mm）$$

⑦尺寸 5：磨损后凹模尺寸增大，属于落料模第一类尺寸。
$$A_{凹5} = （工件最大极限尺寸 - x \times \Delta)^{+\delta_{凹}}_{0}$$
$$= (5 - 0.5 \times 0.3)^{+0.3/4}_{0} = 4.85^{+0.08}_{0}（mm）$$

⑧尺寸 $\phi2.5$：磨损后凹模尺寸减小，属于落料模第二类尺寸。
$$B_{凹\phi2.5} = （工件最小极限尺寸 + x \times \Delta)^{0}_{-\delta_{凹}}$$
$$= (2.5 + 0.5 \times 0.25)^{0}_{-0.25/4} = 2.63^{0}_{-0.06}（mm）$$

⑨尺寸 $R3$：磨损后凹模尺寸增大，属于落料模第一类尺寸；且该尺寸为只有一个表面发生磨损的半边尺寸，模具的磨损量及制造公差减半。
$$A_{凹R3} = （工件最大极限尺寸 - x \times \Delta/2)^{+\delta_{凹}}_{0}$$
$$= (3 - 0.5 \times 0.25/2)^{+0.25/8}_{0} = 2.94^{+0.03}_{0}（mm）$$

⑩尺寸2.5:磨损后凹模尺寸增大,属于落料模第一类尺寸。

$$A_{凹2.5} = (工件最大极限尺寸 - x \times \Delta)_0^{+\delta_凹}$$

$$= (2.5 - 0.5 \times 0.25)_0^{+0.25/4} = 2.38_0^{+0.06}(mm)$$

⑪尺寸21:该尺寸已经标注了公差,按入体原则将其转化为$21.1_{-0.2}^{0}$ mm,磨损后凹模尺寸增大,属于落料模第一类尺寸。

$$A_{凹21} = (工件最大极限尺寸 - x \times \Delta)_0^{+\delta_凹}$$

$$= (21.1 - 0.5 \times 0.2)_0^{+0.2/4} = 21_0^{+0.05}(mm)$$

凸凹模的落料凸模刃口按落料凹模配作,保证双面间隙为0.02～0.05 mm,半边尺寸的凸模、凹模间隙按双面间隙值减半。

表2.2　落料凹模刃口尺寸计算

尺寸名称	工件公差 Δ/mm	工件尺寸 /mm	刃口尺寸公差 δ/mm	磨损后尺寸变化	刃口尺寸 /mm
4	0.30	$4_{-0.30}^{0}$	0.08	增大	$(4 - 0.5 \times 0.3)_0^{+0.3/4} = 3.85_0^{+0.08}$
$R2$	0.15	$R2_{-0.15}^{0}$	0.04	增大	$1.93_0^{+0.04}$
6.2	0.18	$6.2_{-0.36}^{0}$	0.05	增大	$(6.2 - 0.5 \times 0.36/2)_0^{+0.36/8} = 6.11_0^{+0.05}$
11.5	0.43	11.5 ± 0.22	0.10	不变	$11.5 \pm 0.43/8 = 11.5 \pm 0.05$
$R1.6$	0.13	$R1.6_{-0.13}^{0}$	0.03	增大	$(1.6 - 0.5 \times 0.25/2)_0^{+0.25/8} = 1.54_0^{+0.03}$
1.8	0.25	$1.8_0^{+0.25}$	0.06	减小	$(1.8 + 0.5 \times 0.25)_{-0.25/4}^{0} = 1.93_{-0.06}^{0}$
5	0.30	$5_{-0.30}^{0}$	0.08	增大	$(5 - 0.5 \times 0.3)_0^{+0.3/4} = 4.85_0^{+0.08}$
$\phi2.5$	0.25	$\phi2.5_0^{+0.25}$	0.06	减小	$(2.5 + 0.5 \times 0.25)_{-0.25/4}^{0} = 2.63_{-0.06}^{0}$
$R3$	0.13	$R3_{-0.13}^{0}$	0.03	增大	$(3 - 0.5 \times 0.25/2)_0^{+0.25/8} = 2.94_0^{+0.03}$
2.5	0.25	$2.5_{-0.25}^{0}$	0.06	增大	$(2.5 - 0.5 \times 0.25)_0^{+0.25/4} = 2.38_0^{+0.06}$
21	0.2	$21.1_{-0.2}^{0}$	0.05	增大	$(21.1 - 0.5 \times 0.2)_0^{+0.2/4} = 21_0^{+0.05}$

3)冲孔凸模尺寸计算

冲孔模配合加工时,以凸模为基准,凹模根据凸模配制,各尺寸分别计算如下,计算结果列于表2.3中。

①尺寸1.8:磨损后凸模尺寸减小,属于冲孔模第二类尺寸。

$$B_{凸1.8} = (工件最大极限尺寸 - x \times \Delta)_0^{+\delta_凸}$$

$$= (2.05 - 0.5 \times 0.25)_0^{+0.25/4} = 1.93_0^{+0.06}(mm)$$

②尺寸$R0.9$:属于半边尺寸,为了使其能与尺寸1.8 mm相切,取尺寸1.8 mm的一半。

$$B_{凸R0.9} = 0.96_0^{+0.03}(mm)$$

③尺寸2:磨损后尺寸不变,属于冲孔模第三类尺寸

$$C_{凸2} = 工件上该尺寸的中间尺寸 \pm \delta_凸/2$$

$$= 2 \pm 0.25/8 = 2 \pm 0.03(mm)$$

凸凹模的冲孔凹模刃口按冲孔凸模配作,保证双面间隙为 0.02 ~ 0.05 mm。

表 2.3 冲孔凸模刃口尺寸计算

尺寸 名称	工件公差 Δ/mm	工件尺寸 /mm	刃口尺寸 公差 δ/mm	磨损后 尺寸变化	刃口尺寸 /mm
1.8	0.25	$1.8_{0}^{+0.25}$	0.06	减小	$(2.05 - 0.5 \times 0.25)_{0}^{+0.25/4} = 1.93_{0}^{+0.06}$
$R0.9$	0.13	$0.9_{0}^{+0.13}$	0.03	减小	$0.96_{0}^{+0.03}$
2	0.25	2 ± 0.13	0.03	不变	$2 \pm 0.25/8 = 2 \pm 0.03$

落料凹模和冲孔凸模的截面形状和尺寸,如图 2.8 所示。

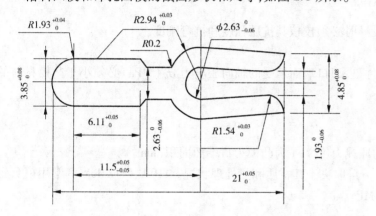
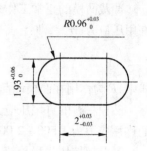

图 2.8 落料凹模和冲孔凸模的截面形状和尺寸

(2)凸模的结构设计

1)凸模的常用结构

按照凸模工作刃口的形状,凸模主要有圆凸模和非圆凸模两种;按照凸模的制造和安装方式,凸模又分为直通式凸模和台阶式凸模。

凸模最常用的结构是三段式,如图 2.9(a)所示,凸模由刃口段 d、固定段 D 和台肩 D_1 三部分组成。刃口段的形状和尺寸决定于冲裁件的形状和尺寸,由刃口计算确定。固定段和台肩一般为简单的圆形或矩形,以方便凸模及其固定板型孔的加工。根据模具尺寸的大小,固定段的直径或边长一般比刃口段大 2 ~ 6 mm,台阶处圆弧连接,且固定段有 2 ~ 3 mm 的一段尺寸稍小,以便于压入固定板型孔。台肩的直径或边长一般比固定段大 3 ~ 6 mm,台阶处加工出退刀槽,清角后便于固定板能够紧紧地压住凸模。退刀槽常用的尺寸为 2 mm × 1 mm、2 mm × 0.5 mm 和 1 mm × 0.5 mm。但模具尺寸较小、退刀槽影响模具强度的情况下,可以不加工退刀槽,台阶采用 $R0.2 ~ 0.5$ mm 的圆弧连接,如图 2.9(b)所示,模具装配时在固定板的相应位置倒角。凸模总长度 L 一般为 45 ~ 100 mm,常见的长度为 50 ~ 60 mm,相关标准规定的系列长度为 45、50、56、63、71、80、90、100 mm,设计时根据模具总体结构选取适当的长度。台肩的高度 h 一般取 5 ~ 6 mm,小型模具若采用装配后铆接的形式来固定,h 取 3 mm。

三段式凸模适用于冲裁 $\phi 3$ mm 以上孔的中小型模具,当冲裁 $\phi 3$ mm 以下的小孔时,为改善其强度,在刃口段增加了过渡段,变成了四段,如图 2.9(b)所示。过渡段的形状可采用与固定段相同的圆形或矩形,尺寸稍小于固定段。

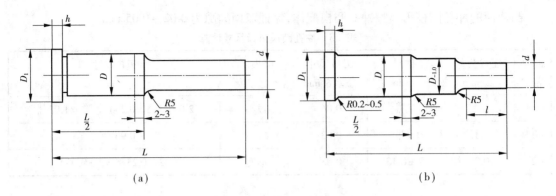

图 2.9　凸模结构示意图

2）凸模强度与刚度校核

对于特别细长的凸模，设计时必须校核其抗压强度和抗弯刚度。

①凸模抗压强度校核

冲裁凸模的正常工作条件是：刃口端面承受的轴向压应力 σ_p（MPa）必须小于凸模材料的许用压应力 $[\sigma_c]$，即：

$$\sigma_p = \frac{F}{A} \leqslant [\sigma_c]$$

式中，F 为作用在凸模端面的冲裁力（N）；A 为凸模刃口端面面积（mm^2）。

凸模材料的许用压应力 $[\sigma_c]$ 取决于其材质和热处理状况，T10A、Cr12MoV 等常用模具钢的许用应力为 1 500 ~ 2 000 MPa。

②凸模抗压失稳校核

长度较大、截面尺寸较小的细长凸模，在冲裁力作用下容易发生失稳而弯曲，因此，必须根据凸模最小横截面的惯性矩 J 和作用在凸模端面的冲裁力 F（N）进行稳定性校核。

无导向装置的一般形状凸模，不发生失稳的最大自由长度 l_{max} 为：

$$l_{max} \leqslant 425\sqrt{\frac{J}{F}}$$

无导向装置、直径为 d_p 的圆形凸模，不发生失稳弯曲的最大自由长度 l_{max} 为：

$$l_{max} \leqslant 95\frac{d_p^2}{\sqrt{F}}$$

有导向装置的一般形状凸模，不发生失稳的最大自由长度 l_{max} 为：

$$l_{max} \leqslant 1\ 200\sqrt{\frac{J}{F}}$$

有导向装置、直径为 d_p 的圆形凸模，不发生失稳弯曲的最大自由长度 l_{max} 为：

$$l_{max} \leqslant 270\frac{d_p^2}{\sqrt{F}}$$

③凸模固定端面抗压强度校核

凸模所受冲裁力由凸模固定端的尾部端面传至模座，当模座受力面承受的压应力超过模座材料的许用压应力 $[\sigma_c]$ 时，应在凸模固定板与模座之间加垫板，以保护模座。

模座承受的压应力 σ_p' 与受力面面积 A' 的关系为：

$$\sigma'_{p} = \frac{F}{A'} \leqslant [\sigma_{c}]$$

模座材料一般为铸铁或铸钢,铸铁的许用压应力为 90~140 MPa,铸钢为 110~150 MPa。

3)凸模的其他要求

形状简单的凸模,常选用 T10A 等工具钢制造;形状复杂、淬火变形大的凸模应选用合金工具钢(如 Cr12、Cr12MoV、CrWMn、Cr6WV 等)制造,热处理硬度达到 58~62 HRC。凸模工作部分的表面粗糙度 R_a 常取 0.8~0.4 μm,固定部分取 1.6~0.8 μm。

(3)凹模的结构设计

1)凹模的常见结构

凹模洞口的基本形式主要有直壁式、斜壁式和凸台式,以直壁式最为常用。如图 2.10 所示,直壁式凹模孔壁垂直于顶面,刃口尺寸不随修磨而增大,冲裁件尺寸精度较高,刃口强度较好,制造容易,应用最广泛。

凹模刃口下方设有漏料孔,以使工件或废料漏出。简单形状的冲裁件,漏料孔的形状与刃口形状一致,直径或边长大 1.0~4.0 mm;复杂形状的冲裁件,漏料孔的形状与刃口相近,但周边尺寸稍大以留出漏料空隙。为简化模具加工,复杂形状的冲裁件也可以采用圆形或矩形漏料孔,但是,要避免受力的刃口相对凹模底部的支撑位置产生过大的力臂,以提高刃口的强度。漏料孔与刃口之间,一般采用 45°斜角连接,以减小连接处的应力集中,降低热处理及使用过程中出现裂纹的可能性。

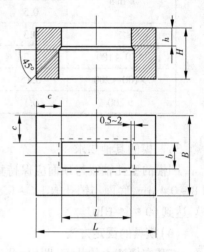

图 2.10　冲裁凹模的结构与尺寸

2)凹模的尺寸

根据工件的形状和尺寸进行计算,可获得凹模洞口的截面形状和尺寸。直壁式凹模的高度 h 不能太大,以免积聚过多的工件或废料而增大推件力和胀模力,h 也不能太小,以增加修磨次数。h 一般为 5~10 倍料厚,也可根据表 2.4 确定。

表 2.4　直壁凹模洞口高度

板料厚度/mm	≤0.5	>0.5~1	>1~2.5	>2.5
h/mm	≥4	≥5	≥6	≥8

凹模外形一般有矩形与圆形两种,其外形尺寸应保证凹模有足够的强度、刚度和所需的修磨量。根据冲裁件的最大外形尺寸和厚度,凹模的高度和壁厚可以用经验公式计算确定,如图 2.10 所示。

凹模厚度:$H = K \times l$　　但须 ≥ 15 mm;

凹模壁厚:$c = (1.5 \sim 2) \times H$　　但须 ≥ 30~40 mm。

式中,l 为冲裁件的最大外形尺寸,圆形件为直径,非圆形件为长度;K 为系数,根据不同的板厚选取,见表 2.5。

根据凹模壁厚,可计算出凹模外形尺寸的长 L 和宽 B,或外圆直径 D。

$$L = l + 2 \times c$$

$$B = b + 2 \times c$$
$$D = l + 2 \times c$$

按上述方法确定的凹模外形尺寸,可以保证凹模有足够的强度和刚度,一般可不必再进行校核。

加工凹模所用的凹模板,形状和尺寸已趋标准化,可根据计算结果选用。

计算所得的凹模长和宽 $L \times B$,或外圆直径 D,也是选取模架规格的依据。

表 2.5　K 值的选取

l/mm	料　厚　t/mm				
	0.5	1	2	3	>3
≤50	0.3	0.35	0.42	0.5	0.6
>50~100	0.2	0.22	0.28	0.35	0.42
>100~200	0.15	0.18	0.2	0.24	0.3
>200	0.1	0.12	0.15	0.18	0.22

3)凹模的其他要求

凹模的型孔轴线与顶面应保持垂直,底面与顶面应保持平行,型孔的表面粗糙度 R_a 常取 0.8~0.4 μm,底面与销孔取 1.6~0.8 μm。凹模的材料与凸模一致,其热处理硬度应略高于凸模,达到 60~64 HRC。

(4)模具的固定方法

安装在模座上的凸模、凹模、凸凹模,其固定方法主要有直接固定、固定板固定、铆接、粘结、热装和焊接等,而固定板固定是最常用的方法,如图 2.11 所示。固定板与凸模、凹模、凸凹模之间按 H7/m6 或 H7/n6 过渡配合。模具上设置台阶结构,以限制轴向移动,台阶结构尺寸如图 2.11 所示,ΔD 取 1.5~3 mm,H 取 5~6 mm,台肩与固定板之间的净空取 0.5 mm。

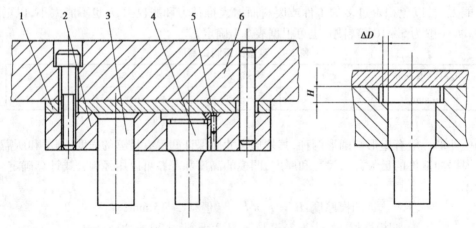

图 2.11　固定板固定示意图
1—垫板;2—凸模固定板;3、4—凸模;5—防转销;6—上模座

2.3.2　弯曲模具工作零件设计

弯曲模具工作零件设计,主要是确定凸模和凹模的圆角半径、凹模深度、U 形弯曲模具间隙及尺寸等工作部分结构参数。

(1)凸模的圆角半径

当弯曲件的弯曲系数较小时($k < 5$),弯曲半径的回弹较小,凸模圆角半径设计时可以忽略回弹,此时,凸模的圆角半径等于弯曲件的弯曲半径。

当弯曲系数较大($k \geqslant 5$)时,工件不仅角度有回弹,弯曲半径也有较大的回弹,凸模圆角半径 $r_凸$ 和角度 $\alpha_凸$ 与工件的圆角半径 r 和角度 α 的关系为:

$$r_凸 = \frac{r}{1 + 3\dfrac{\sigma_s \times r}{E \times t}} = \frac{1}{\dfrac{1}{r} + 3\dfrac{\sigma_s}{E \times t}}$$

$$\alpha_凸 = \alpha - (180° - \alpha)\left(\frac{r}{r_凸} - 1\right)$$

式中,t 为毛坯的厚度(mm);E 为弯曲材料的弹性模量(MPa);σ_s 为弯曲材料的屈服强度(MPa)。

(2)凹模的圆角半径

图 2.12 所示为弯曲凸模和凹模的结构尺寸。

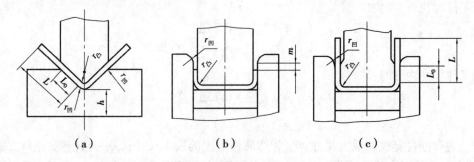

（a）　　　　　　　　　（b）　　　　　　　　　（c）

图 2.12　弯曲模结构尺寸

U 形件弯曲时,两边的凹模圆角半径 $r_凹$ 应一致,以减小弯曲时毛坯的偏移。实际中,常按材料的厚度 t 决定 U 形件弯曲凹模圆角半径:

$$t < 0.5 \text{ mm} \qquad r_凹 = (6 \sim 12)t;$$
$$t = 0.5 \sim 2 \text{ mm} \qquad r_凹 = (3 \sim 6)t;$$
$$t = 2 \sim 4 \text{ mm} \qquad r_凹 = (2 \sim 3)t;$$
$$t > 4 \text{ mm} \qquad r_凹 = (1.5 \sim 2.5)t;$$

当板料厚度较小时取大值,反之取小值。

对于 V 形件凹模,其底部可开槽,或取 $r_凹 = (0.6 \sim 0.8)(r_凸 + t)$。

(3)凹模的深度

凹模深度决定了板料的进模深度。对于常见的 V 形、U 形弯曲件,直边部分不需要全部进入凹模。只有直边长度较小且尺寸精度要求高的工件,才要求直边全部进入凹模,如图 2.12(b)所示。

V 形件弯曲凹模深度 L_0 及底部最小厚度 h、U 形件弯曲凹模深度 L_0、深度裕量 m 等结构参数,可参照相关手册确定。

(4)凸模和凹模之间的间隙

V 形弯曲件凸模和凹模之间的间隙是由调节压力机的装模高度来控制的,模具设计时不需考虑。

U 形弯曲件的模具间隙直接影响弯曲件的回弹、表面质量和弯曲力。精度要求一般时,凸模和凹模单边间隙 Z(如图 2.13(c)所示)与材料厚度基本尺寸 t、材料厚度的上偏差 Δ 以及间隙系数 c 的关系为:

$$Z = t_{max} + c \times t = t + \Delta + c \times t$$

式中的间隙系数 c 可参照相关手册选取。

工件精度要求较高时,间隙值应适当减小,取 $Z = t$。

实际中,还可以根据弯曲件材质粗略地确定单边间隙,冷轧钢板为 1.05 t,热轧钢板不小于 1.1 t。

(5)U 形件弯曲凸模和凹模的宽度计算

U 形件弯曲凸模和凹模宽度尺寸,与工件尺寸的标注形式有关,计算原则是:工件标注外形尺寸(如图 2.13(a)所示),则模具以凹模为基准件,间隙取在凸模上;工件标注内形尺寸(如图 2.13(b)所示),则模具以凸模为基准件,间隙取在凹模上。

当工件标注外形时:

$$L_{凹} = \left(L_{max} - 0.75\Delta \right)_{0}^{+\delta_{凹}}$$

$$L_{凸} = \left(L_{凹} - 2Z \right)_{-\delta_{凸}}^{0}$$

当工件标注内形时:

$$L_{凸} = \left(L_{min} + 0.75\Delta \right)_{-\delta_{凸}}^{0}$$

$$L_{凹} = \left(L_{凸} + 2Z \right)_{0}^{+\delta_{凹}}$$

式中,L_{max} 为弯曲件宽度的最大尺寸;L_{min} 为弯曲件宽度的最小尺寸;$L_{凸}$ 为凸模宽度;$L_{凹}$ 为凹模宽度;Δ 为弯曲件宽度的尺寸公差;$\delta_{凸}$、$\delta_{凹}$ 分别为凸模和凹模的制造偏差,一般按 IT7 ~ IT9 级选用,且凸模比凹模高一级。

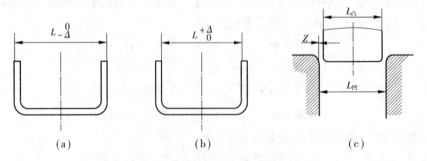

图 2.13 弯曲件的标注及宽度尺寸

2.3.3 拉深模具工作零件设计

(1) 拉深模工作部分结构参数

1) 凹模圆角半径 $R_{凹}$

筒形件首次拉深 $R_{凹}$ 可以由经验公式计算:

$$R_{凹 1} = 0.8\sqrt{(D - d_1) \times t}$$

以后各次拉深的 $R_{凹}$ 逐次减小:

$$R_{凹 n} = (0.6 \sim 0.8)R_{凹(n-1)}$$

计算的结果要保证最小 $R_{凹}$ 不能小于 $2t$，否则很难拉成。对于带凸缘工件，最后一次拉深的凹模圆角半径 $R_{凹}$ 与工件此处的圆角半径相等。此时，若工件此处的圆角半径小于 $2t$，先按不小于 $2t$ 拉深，拉深后再整形获得小圆角。

2) 凸模圆角半径 $R_{凸}$

$R_{凸}$ 一般与该道次的 $R_{凹}$ 相等，或略小一些:

$$R_{凸} = (0.7 \sim 1.0)R_{凹}$$

最后的拉深道次，$R_{凸}$ 与工件底部圆角半径相等，但数值必须不小于料厚 t。若工件底部的圆角半径小于 t，先拉深出较大的圆角，拉深后再整形获得小圆角。

3) 拉深模的间隙 Z

拉深模的间隙是指单边间隙。间隙值一般稍大于毛坯厚度。

① 不用压边圈时，筒形件拉深间隙 Z 稍大于料厚的上限值 t_{max}:

$$Z = (1 \sim 1.1)t_{max}$$

末次拉深或精密拉深件，间隙取小值，中间拉深取大值。

② 用压边圈时，其间隙按表 2.6 选取。

表 2.6 有压边圈拉深的单边间隙

总拉深次数	拉深工序	单边间隙 Z	总拉深次数	拉深工序	单边间隙 Z
1	第一次拉深	$(1 \sim 1.1)t$	4	第一、二次拉深	$1.2t$
				第三次拉深	$1.1t$
2	第一次拉深	$1.1t$		第四次拉深	$(1 \sim 1.05)t$
	第二次拉深	$(1 \sim 1.05)t$			
3	第一次拉深	$1.2t$	5	第一、二、三次拉深	$1.2t$
	第二次拉深	$1.1t$		第四次拉深	$1.1t$
	第三次拉深	$(1 \sim 1.05)t$		第五次拉深	$(1 \sim 1.05)t$

(2) 拉深凸模和凹模工作部分的尺寸及其制造公差

1) 首次及中间工序模具尺寸

工件的尺寸精度取决于最后一道工序的凸、凹模尺寸及其公差，因此，除最后一道工序拉深模设计需要考虑尺寸公差外，首次及中间工序的模具尺寸公差和半成品尺寸公差不需要严格限制，模具的尺寸只需等于中间毛坯的尺寸即可。由于半成品工件尺寸精度较低，模具制造公差 $\delta_{凸}$ 和 $\delta_{凹}$ 可按 IT10 级选取。

若以凹模为基准,凹模直径 $D_{凹}$、凸模直径 $D_{凸}$ 与拉深件外径 D、模具制造公差 $\delta_{凸}$ 和 $\delta_{凹}$ 的关系为:

凹模尺寸: $D_{凹} = D_{0}^{+\delta_{凹}}$

凸模尺寸: $D_{凸} = (D - 2Z)_{-\delta_{凸}}^{0}$

2)末次工序模具尺寸

拉深件的尺寸标注分为标注外形尺寸和标注内形尺寸两种,如图 2.14 所示。

当工件要求外形尺寸时(如图 2.14(a)所示),以凹模尺寸为基准进行计算,即

凹模尺寸: $D_{凹} = (D - 0.75\Delta)_{0}^{+\delta_{凹}}$

凸模尺寸: $D_{凸} = (D - 0.75\Delta - 2Z)_{-\delta_{凸}}^{0}$

当工件要求内形尺寸时(如图 2.14(b)所示),以凸模尺寸为基准进行计算,即

凸模尺寸: $d_{凸} = (d + 0.4\Delta)_{-\delta_{凸}}^{0}$

凹模尺寸: $d_{凹} = (d + 0.4\Delta + 2Z)_{0}^{+\delta_{凹}}$

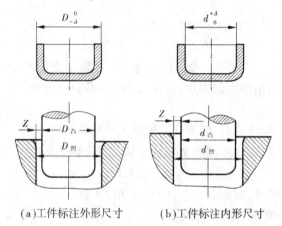

(a)工件标注外形尺寸　　　　(b)工件标注内形尺寸

图 2.14　拉深件尺寸与模具尺寸

末次拉深模具制造公差 $\delta_{凸}$ 和 $\delta_{凹}$ 可参照表 2.7 取值,也可根据工件的公差选取。IT13 级以上的工件,凸模、凹模的制造公差为 IT6 ~ IT8 级;IT14 级以下的工件,凸模、凹模的制造公差取 IT10 级。

表 2.7　末次拉深模具制造公差 $\delta_{凸}$ 和 $\delta_{凹}$

材料厚度 t	拉深件直径					
	≤20		20 ~ 100		>100	
	$\delta_{凹}$	$\delta_{凸}$	$\delta_{凹}$	$\delta_{凸}$	$\delta_{凹}$	$\delta_{凸}$
≤0.5	0.02	0.01	0.03	0.02	—	—
>0.5 ~ 1.5	0.04	0.02	0.05	0.03	0.08	0.05
>1.5	0.06	0.04	0.08	0.05	0.10	0.06

(3)凸模和凹模高度

拉深凸模和凹模的高度,首先要满足拉深件的高度尺寸的要求,特别是不带凸缘的拉深件,要保证直壁完全进入凹模,且超过凹模圆角处一定尺寸(3 ~ 5 mm)。其次,拉深凸模和凹

模的高度要满足压边圈、卸料板、弹性元件等模具其他部件的安装要求。

如图 2.3 所示的单工序倒装拉深模,拉深凸模的高度大约为工件高度、3~5 mm 的裕量、凹模圆角半径、压边圈厚度、压边圈与下模座之间的安全距离、配合段长度等尺寸之和,其中压边圈厚度一般为 15~30 mm,压边圈与下模座之间的安全距离一般为 10~20 mm,配合段长度为 8~10 mm。凹模高度大约为工件高度、凹模圆角半径、推件板厚度、推件板 与上模座之间的安全距离等之和,其中推件板厚度可稍小于压边圈厚度。

采用弹性卸料的筒形件落料拉深正装复合模,如图 2.6 所示。拉深凸模的高度也约为工件高度、3~5 mm 的裕量、凹模圆角半径、压边圈厚度、压边圈与下模座之间的安全距离、配合段长度等尺寸之和。为了保证先落料后拉深,落料凹模刃口高度必须比拉深凸模高出 2~3 mm,意味着落料凹模的高度比拉深凸模大 2~3 mm。采用弹性卸料装置的复合模,为了安装弹性元件,凸凹模的长度较大,约为凸凹模的工作行程、被压缩后的弹簧长度(或橡皮厚度)、固定板厚度、卸料板厚度等尺寸之和。其中,凸凹模的工作行程约为工件高度、3~5 mm 的裕量、凹模圆角半径、落料凹模与拉深凸模的高度差(2~3 mm)等尺寸之和;被压缩后的弹簧长度(或橡皮厚度)为自由高度减去预压缩长度、工作行程及凸凹模修磨量(4~10 mm)。若弹簧部分埋入了固定板和卸料板,凸凹模的长度可减小相应的埋入部分的尺寸。

料厚较大(1 mm 以上)的筒形件,落料拉深正装复合模也可以采用刚性卸料,其拉深凸模和落料凹模的高度与弹性卸料复合模类似,凸凹模的高度约为工作行程、卸料板和导料板的厚度、固定板厚度及安全距离(15~20 mm)等尺寸之和。

(4)拉深模具结构的其他要求

①为防止推件时工件与拉深凸模之间形成真空,高度较高的凸模还需设置出气孔,气孔直径根据凸模尺寸大小确定,一般为 5~8 mm。

②落料与拉深复合时,一般先落料后拉深,且落料凹模磨损大于拉深凸模,因此,落料凹模应比拉深凸模高出 2~3 mm。

③模具工作表面不允许有砂眼、孔洞、机械损伤等。凹模内侧表面粗糙度一般为 R_a 0.8 μm,凹模圆角处为 R_a 0.4 μm,凸模为 R_a 1.6~0.8 μm。

2.3.4　翻边模具工作零件设计

翻边模具结构与拉深模相似,其工作部分的尺寸及其制造公差可采用与拉深凸模和凹模相同的公式计算。与拉深模不同的是:

①翻边模的凸模圆角半径相对较大,平底凸模的最小圆角半径为:

当 $t \leq 2$ mm 时,$r_凸 = (4 \sim 5)t$;

当 $t > 2$ mm 时,$r_凸 = (2 \sim 3)t$。

②翻边模凹模圆角半径一般对翻边成形影响不大,可等于工件的圆角半径。

③如果对翻边后的工件形状和尺寸无特殊要求,翻边凸模和凹模间的单边间隙 Z 可等于或稍大于毛坯厚度,以降低翻边力;若要求翻边件孔壁与端面垂直,单边间隙 Z 小于料厚,一般为 $0.85 \times t$。

2.4　模具定位和卸料零件的设计与选用

与工作零件一样,模具的定位和卸料零件也属于工艺零件。模具设计时,需要对这些零件进行设计和选用。

2.4.1　定位零件的设计与选用

冲模的定位零件用以控制条料的送料方向和步距、单个毛坯在模具中的位置。用于送料定距的有挡料销、导正销、侧刃;用于送进导向的零件有导料销、导料板;用于工序件定位的有定位销、定位板、导正销等。

(1)挡料销

使用条料的单工序模或复合模,对送进的定距定位要求不高时,最常用的方法是使用挡料销。当送进板料所带的废料孔前端或后端与挡料销的定位侧面接触时,停止送进,得到所需的送进量。挡料销主要有固定挡料销和活动挡料销两种,连续模中还常常用到始用挡料销。

1)固定挡料销

图2.15示出了固定挡料销结构及其工作原理。送进时,人工抬起条料越过挡料销顶面,并将挡料销套入下一个孔中,向前移送,直到挡料销抵住搭边而定位,结构简单,使用方便,广泛用于各类冲裁模具。对于落料凹模位于下模的正装复合模,采用固定挡料销需要注意下列事项:

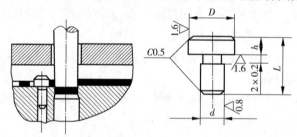

图2.15　固定挡料销及其工作原理

①固定挡料销是标准件,规格选用的主要根据是料厚:当料厚3 mm以下时,h应大于料厚1 mm左右;当料厚3~5 mm时,h与料厚相当;当料厚大于5 mm时,h可小于料厚1~2 mm。

②固定挡料销安装在下模的凹模上,挡料销与凹模刃口之间的净空距离,与工件之间的搭边值相当。

③挡料销的安装孔如果离凹模刃口太近,可能会影响凹模强度。因此,为了增大它们之间的有效壁厚,可适当选用D较大的挡料销,或选用钩式挡料销。

④固定挡料销安装端d按H7/m6与凹模过渡配合,凹模上的安装孔一般做成通孔,其至模座的相应位置也设置过孔,以方便挡料销的拆卸。

⑤采用弹性卸料板时,为保证卸料板的压料作用,常常需要在弹性卸料板上与挡料销对应的位置设置凹坑。

2)活动挡料销

对于落料凹模位于上模的倒装复合模,导料销装设在下模的弹性卸料板上,为保证弹性卸料板对板料的压料作用,需要在凹模的相应位置加工凹坑。但凹坑的存在往往会减小凹模刃口的有效壁厚,影响凹模寿命。这种情况下,导料销通常采用活动导料销,导料销的尾端设有弹性元件,随凹模的运动而压缩或伸长。活动挡料销结构如图 2.16 所示。当卸料板的弹性元件是橡皮时,挡料销可直接由橡皮弹顶,否则,需要增设弹簧,并由螺塞固定。弹性挡料销直径 d 为 3~10 mm,根据料厚和工件大小确定,长度 L 与卸料板的厚度有关,要保证挡料销顶部高出卸料板上表面 2~4 mm。

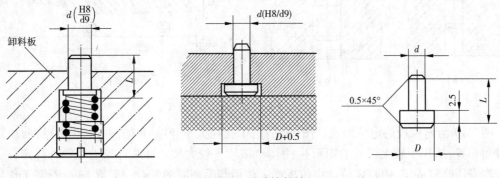

图 2.16　活动挡料销

(2)导料销

采用导料销导料,从右向左送料时,在后侧一左一右装设两个导料销;从前向后送料时,在左侧一前一后装设两个导料销,人工施加侧向力使条料紧靠在导料销上,两个导料销就保证条料平行地向前送进。导料销导向结构简单,制造容易,多用于单工序模和复合模,特别是采用弹性卸料板的模具。

导料销的选用,可以参照挡料销的设计。

(3)导料板

采用固定卸料板卸料的模具,常常采用导料板导向。导料板又称为导尺,标准导料板结构如图 2.17 所示。从右向左送料时,与条料相靠的基准导料板装在后侧;从前向后送料时,基准导料板装在左侧。为使条料顺利通过,导料板间的距离应等于条料的最大宽度加上间隙值(一般为 0.5~1.5 mm)。采用挡料销定距时,导料板的厚度 H 为板料厚度 t 的 2.5~4 倍,但必须保证最小厚度为 4~6 mm。

导料板与固定卸料板可分开制造,也可制成整体式,兼具卸料与导向的功能。

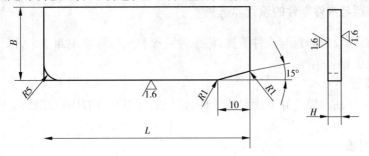

图 2.17　标准导料板

(4)定位销与定位板

定位销或定位板一般用作单个毛坯或半成品件的定位,以保证前后工序相对位置精度,或工件内孔与外缘的位置精度。

图 2.18 为定位销的定位形式,图(a)、图(b)分别适用小于 15 mm、15~30 mm 的圆孔。大型工件或毛坯以外缘定位时,定位销的布置如图(c)所示。

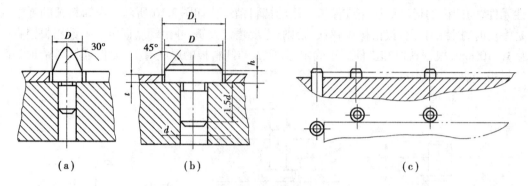

图 2.18　定位销

图 2.19 为定位板的定位形式。图(a)适用于孔径大于 30 mm 的圆孔;图(b)将两块定位板对角布置,适用于较大尺寸的矩形孔;图(c)适用于较大尺寸冲裁件或毛坯的外缘定位。定位板本身用螺钉固定、销钉定位。定位板或定位销与毛坯间的配合一般取 H9/h9,其工作部分的高度尺寸 h 根据板料厚度 t 确定。当 t 小于 1 mm 时,h 取($t+2$);t 为 1~3 mm 时,h 取($t+1$);t 为 3~6 mm 时,h 取为 t。

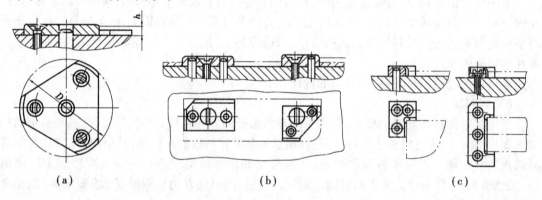

图 2.19　定位板

2.4.2　卸料与推件零件的设计和选用

冲压模具必须设置卸料与推件装置,将工件或废料从模具中脱卸下来,以保证冲压过程能够连续、顺利地进行。

(1)卸料装置

卸料装置用于从凸模上卸下废料或工件,常用的卸料装置有固定卸料板、弹性卸料装置和废料切刀。

1)固定卸料板

凹模位于下模,固定卸料板安装在凹模上,借助凸模的向上运动,将废料从凸模上卸下。固定卸料板具有结构简单、卸料力大的特点,但由于没有压料作用,板料容易产生变形,常用于较硬、较厚(厚度大于 1.5 mm)的工件。

常用的固定卸料板如图 2.20(a)所示,条料较窄(小于 50 mm)时可将卸料板与导料板做成整体式,如图 2.20(b)所示。卸料板只起卸料作用时,卸料板型孔与凸模之间的单面间隙取为 0.1 ~ 0.5 倍料厚。在导板式模具中,卸料板兼作导板,卸料板型孔与凸模之间采用 H7/h6 间隙配合。固定卸料板的厚度与工件厚度和卸料板的形式有关,一般取 5 ~ 10 mm,也可以根据表 2.8 选取,其紧固螺钉规格也列于表 2.8 中。

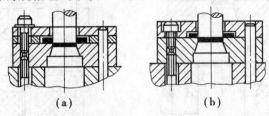

图 2.20 固定卸料板

表 2.8 固定卸料板厚度(mm)

料 厚	条料宽度				
	≤25	25 ~ 50	50 ~ 100	100 ~ 150	150 ~ 200
	整体式卸料板厚度		分离式卸料板厚度		
≤0.6	3	3	4	6.5	8
0.6 ~ 1.0	3	4	5.5	7	9
1.0 ~ 1.6	4	5	6.5	8	10
1.6 ~ 2.3	6	7	8	10	12
2.3 ~ 3.5	8	9	10	12	14
3.5 ~ 4.5	10	11	12	14	16
>4.5	11	13	15	16	18
紧固螺钉	M5、M6	M6、M8	M8	M10	M10

2)弹性卸料装置

弹性卸料装置一般由卸料板、弹性元件(弹簧或橡皮)和卸料螺钉组成,安装在凸模一侧,如图 2.21 所示。冲裁时弹性元件受力而被压缩,使卸料板与凸模之间产生相对运动,开模时被压缩的弹性元件张开,使卸料板相对凸模产生相反的运动,从而将卡紧在凸模上的板料卸下,卸料螺钉用于卸料板弹开时的限位。

弹性卸料装置结构较复杂,卸料力较小,但有压料作用,可防止冲裁件翘曲,常用于厚度小于 1.5 mm 的板料。

图 2.21(a)、(b)所示的弹性卸料装置装于上模,导料板或导料销的高度一般都大于料厚。为保证压料作用,卸料板需要做成凸台形式,或设置凹坑,使卸料板直接接触板料。图 2.21(c)的弹性卸料装置装于下模座底部,伸入压力机工作台孔内,导料销安装在卸料板上。为保证压料,常采用活动导料销。

弹性卸料板型孔与凸模之间的单面间隙通常取 0.05 ~ 0.15 mm,卸料板的厚度与卸料力和卸料尺寸有关。中小型冲裁件一般取 5 ~ 10 mm,也可以根据表 2.9 选取,卸料板的外形及尺寸可与凹模相似。

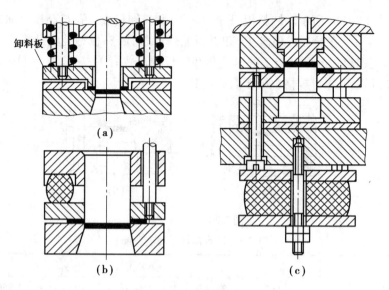

图 2.21　弹性卸料装置

表 2.9　弹性卸料板厚度(mm)

料　厚	条料宽度				
	≤50	50～80	80～125	125～200	>200
≤0.8	8	10	12	14	16
0.8～1.5	10	12	14	16	18

3)废料切刀

　　大、中型零件的修边模,或成形工件的切边模,常采用废料切刀卸料。如图 2.22 所示,紧靠凸模安装若干个间隔一定距离的废料切刀。凹模向下运动的过程中,在完成切边冲裁的同时,将环绕在凸模上的废料推向废料切刀。废料在刃口处被切成若干段,从凸模上脱落,加以人工清理,达到卸料的目的。

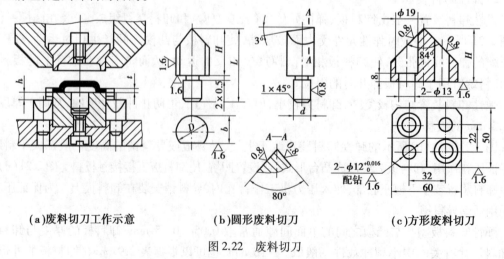

(a)废料切刀工作示意　　　　(b)圆形废料切刀　　　　(c)方形废料切刀

图 2.22　废料切刀

小型模具和圆形凸模常采用圆形废料切刀,如图2.22(b)所示。选取 D、H 时,保证废料切刀刃口长度稍大于废料宽度,刃口高度低于凸模,使刃口与凹模之间存在 3~5 根废料。大型模具或切断的废料较厚时,常采用方形废料切刀,如图2.22(c)所示,高度 H 根据凸模高度选取。

(2)推件装置

1)刚性推件装置

安装于上模中,利用压力机滑块提供的刚性力,顺冲压方向将工件从上模的凹模型孔中推出。这种装置推件力大,可靠性高,但无压料作用。

如图2.23所示,推件装置有图(a)、(b)两种形式。当模柄中心位置有冲孔凸模时,采用图(a)形式,否则就用简单的图(b)形式。图(a)形式的推件装置,由打杆、推板、推杆、推件板组成,压力机打料横梁与挡头螺钉产生的撞击力,通过打杆、推板、推杆、推件板传递到工件上,实现推件。

推件板一般为非标准件,其形状按被推下的工件形状来设计。厚度根据模具结构设计,但要大于推板的厚度。为保证开模状态下推件板不从上模中滑落,推件板常采用台阶限位,也可采用打杆与推件板螺纹连接、横销限位。台阶限位时,推件板尺寸根据凹模刃口尺寸设计,它们之间的单边间隙取 0.1~0.5 mm,推件板大端直径(或边长)比小端大 4~6 mm,大端与小端之间用45°斜角连接,凹模相应位置也加工成45°斜角,以减小应力集中,如图2.23(a)所示。

推板可采用与推件板相似的形状,但是,为了减小推板在上模座上设置的安装孔截面尺寸、保证冲孔凸模的支承刚度和强度,推板可采用"三爪"或"四爪"形结构,如图2.24所示,或设计成其他不规则形状。推板尺寸 D 根据模具结构确定,保证推杆与凸模不干涉即可;厚度 H 等尺寸根据 D 确定,参见表2.10。

表2.10 推板厚度(mm)

推板外形直径 D	≤25	25~35	35~50	50~70	70~90	90~125	125~160	>160
推板厚度 H	4	5	6	7	9	12	16	18

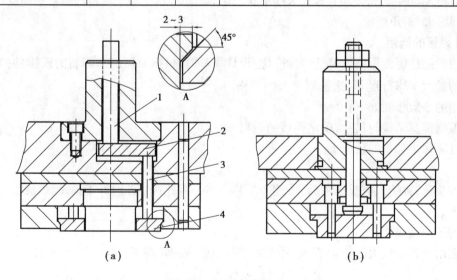

图2.23 刚性推件装置
1—打杆;2—推板;3—推杆;4—推件板

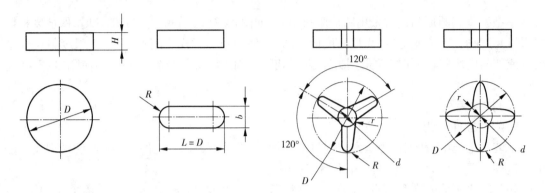

图 2.24　推板形式

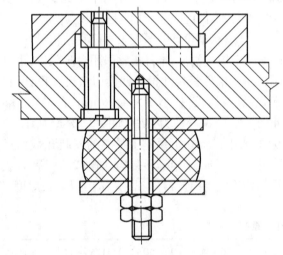

图 2.25　弹性顶件装置

2)弹性顶件及压边装置

正装结构的落料冲孔复合模,需要在下模设置弹性顶件装置,逆冲压方向将工件或废料从下模的凹模型孔中向上顶出。如图 2.25 所示,为防止顶件块从模具中弹出,常用卸料螺钉或台阶限位。

正装结构的落料拉深复合模,也需要在下模设置弹性装置,除顶件外还为压边圈提供压边力。压边圈位于拉深凸模与落料凹模之间,内径和外径根据模具尺寸确定,但需留出 0.1 ~ 0.3 mm 的单边间隙,压边圈厚度一般为 15 ~ 30 mm,由 3 ~ 4 根顶杆传递压边力。采用台阶限位的压边圈,厚度方向分成小端和大端两部分,小端直径比大端小 6 ~ 10 mm,小端厚度等于落料凹模直壁高度,大端与小端之间为 45°斜角连接。

(3)弹簧的选用

常用的圆柱螺旋压缩弹簧已经标准化,设计模具时,根据所需的总卸料力或推件力 $F_{卸}$ 以及所需的最大工作行程 $h_{工}$ 来选取弹簧的规格。

选用的一般步骤如下:

①根据模具结构与尺寸,确定弹簧的数目 n。

②计算每个弹簧的负荷 F_0:

$$F_0 = F_{卸} / n$$

必须注意,弹簧只有被压缩后,才能产生弹性力。因此,F_0 必须等于弹簧预压缩后产生的预压力 $F_{预}$。

③初选弹簧规格。

所选用的弹簧最大工作负荷 F_n 必须大于每个弹簧的负荷 F_0,即:

$$F_n > F_0 = F_{预}$$

④校核弹簧的压缩量。

校核的依据是初选弹簧的刚度 F' 和最大工作变形量 f_n。

a.计算弹簧的预压缩量。

$$h_预 = F_预 / F'$$

也就是说,弹簧必须被压缩 $h_预$ 的高度后,才能产生 $F_预$ 的反弹力。

b.计算卸料板或顶件时所需的最大工作行程 $h_工$。

冲裁时,最大工作行程 $h_工$ 近似等于卸料板与凸模间的相对运动量,它与料厚 t 的关系近似为:

$$h_工 = t + 1(mm)$$

落料拉深时,最大工作行程 $h_工$ 近似等于落料凸模进入凹模的深度。

c.计算弹簧的总压缩量 $h_总$。

$$h_总 = h_预 + h_工 + h_修磨$$

其中,$h_修磨$ 为凸、凹模的修磨量,一般取 4～10 mm。

d.校验所选弹簧

若 $f_n \geqslant h_总$,初选的弹簧能满足作用力与行程要求,是合适的。

若 $f_n < h_总$,初选的弹簧不能满足行程要求,必须重新选取。

值得注意的是,落料拉深复合模设计时,由于卸料板工作行程 $h_工$ 较大,往往造成 $h_总$ 较大。特别是板料厚度较大时,较大的卸料力导致 $F_预$ 增大,$h_预$ 和 $h_总$ 也随之增大,必须选用 f_n 较大的弹簧才能满足使用要求,但这又会导致模具高度尺寸的加大。因此,板料厚度较大时应该考虑选用固定卸料板。

弹簧的安装方式如图 2.26 所示,采用图(a)的形式有利于缩短凸模或凹模的高度;当卸料螺钉数目与弹簧数目相同时,常采用图(b)的形式;若弹簧数多于卸料螺钉数,则多出的弹簧可采用图(c)的形式安装。

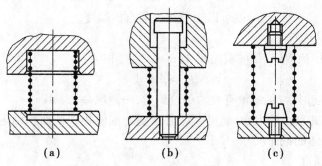

(a)　　　　　　　(b)　　　　　　　(c)

图 2.26　弹簧的安装方式

例 2.2　采用如图 2.4 所示的倒装落料冲孔复合模冲制垫圈,工件厚度为 0.8 mm,垫圈外径为 32 mm,材质为 20 钢。若采用弹簧作为卸料弹性元件,试选取该模具的卸料弹簧。

解　1)计算卸料力

材质为 20 钢的板料,σ_b 取 420 MPa,$K_卸$ 取 0.05,卸料力为:

$$F_卸 = K_卸 \times F_落料 = 0.05 \times 3.14 \times 32 \times 0.8 \times 420 = 1\ 688(N)$$

2)确定弹簧的数目及其负荷

根据模具结构与尺寸,拟选用 6 个弹簧,每个弹簧的负荷 F_0 为:

$$F_0 = F_卸 / n = 1\ 688 \div 6 \approx 282(N)$$

3)初选弹簧规格

从圆柱螺旋压缩弹簧的相关标准中,初步选用最大工作负荷 F_n 为 587 N 的弹簧,其主要参数:钢丝直径为 3.5 mm,弹簧中径为 18 mm,自由高度 H_0 为 58 mm,最大工作变形量 f_n 为 20 mm,刚度 F' 为 30 N/mm。

4)校核所选弹簧

弹簧的预压缩量:

$$F_预 = F_0 = 282 \text{ N}$$

$$h_预 = F_预 / F' = 282/30 = 9.4(\text{mm})$$

卸料板的最大工作行程 $h_工$:

$$h_工 = t + 1 = 0.8 + 1 = 1.8(\text{mm})$$

凸凹模修磨量 $h_{修磨}$ 取 6 mm,则弹簧的总压缩量 $h_总$ 为:

$$h_总 = h_预 + h_工 + h_{修磨} = 9.4 + 1.8 + 6 = 17.2(\text{mm})$$

而 f_n 为 20 mm,大于 $h_总 = 17.2$ mm,因此,所选取的弹簧是合适的。

(4)橡皮的选用

橡皮选用的依据是卸料力和总压缩量,其步骤为:

1)确定橡皮的压缩量及厚度

橡皮的最大压缩量 L 有一定限制,不能太大,一般为橡皮自由厚度 h 的 35% ~ 45%,即:

$$L = (0.35 \sim 0.45)h$$

为了使其产生弹性力,模具安装时必须对橡皮进行预压缩,预压缩量 L_0 一般取其自由厚度 h 的 10% ~ 15%,即:

$$L_0 = (0.10 \sim 0.15)h$$

因此,橡皮的许可工作行程 L_1 与自由厚度 h 的关系:

$$L_1 = L - L_0 \approx (0.25 \sim 0.30)h$$

反过来,根据所需工作行程,就可以确定橡皮的自由厚度。

2)确定橡皮的截面尺寸

橡皮产生的压力 $F(\text{N})$ 与其横截面积 $A(\text{mm}^2)$ 直接相关:

$$F = p \times A$$

其中,p 为与橡皮形状、压缩量有关的单位压力,一般取 2 ~ 3 MPa。

因此,根据所需卸料力的大小,就可以算出橡皮的截面积。截面积确定后,再根据选定的橡皮形式,确定其具体的截面尺寸。

3)校验橡皮的高度

橡皮的自由高度 h 与截面直径 D 应有适当比例,一般应保持如下关系:

$$0.5 \leq \frac{h}{D} \leq 1.5$$

如 h 过小,可适当放大预压缩量重新计算;如 h 过大,则应将橡皮分成若干段,每段的 h/D 保持在上式范围内,并在两块橡皮之间加垫钢圈,以免其失稳弯曲。

2.5 模具结构零件的设计与选用

冲裁模具中除了工作零件、定位零件、卸料零件等工艺零件外,还有起模具连接与安装、运动导向等作用的结构零件。

2.5.1 模架

模架由上模座、下模座、模柄及导柱、导套组成,是上、下模之间的定位连接体,用于固定模具零件、承受和传递冲压力。模架的上模座通过模柄与压力机滑块相连,下模座用螺柱和压板固定在压力机工作台面上,上、下模之间靠模架的导向装置来导向。常用的模架已列入相关标准,设计时尽量选用标准模架。

(1)模架的形式及规格

标准模架中,应用最广的是用导柱、导套作为导向装置的模架。根据导柱、导套之间的导向方式,模架分为滑动模架和滚动模架两类;根据导柱、导套的不同配置方式,模架有后侧导柱模架、中间导柱模架、对角导柱模架和四导柱模架四种基本形式,如图 2.27 所示。其中,后侧导柱模架的导柱安装在后侧,送料和操作方便,且可纵向、横向送料,适用于一般精度要求的小型模具,应用最为广泛。国家标准中列出的滑动导向后侧导柱模架,见表 2.11。

模架规格大小可直接从标准中选取,选取依据是凹模的周界尺寸,即计算出的凹模外形长和宽 $L \times B$,或外圆直径 D。一般而言,选用的凹模为圆形时,模座的直径 D_0 应该比凹模大 $30 \sim 70$ mm;选用的凹模为矩形时,模座的长度 L 应该比凹模大 $40 \sim 70$ mm,宽度 B 应与凹模相同,或稍大于凹模。

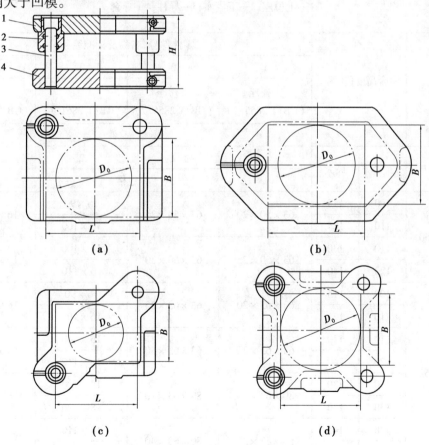

图 2.27　模架的基本形式

1—上模座;2—导套;3—导柱;4—下模座

表 2.11　冲模滑动导向模架　后侧导柱模架(mm)

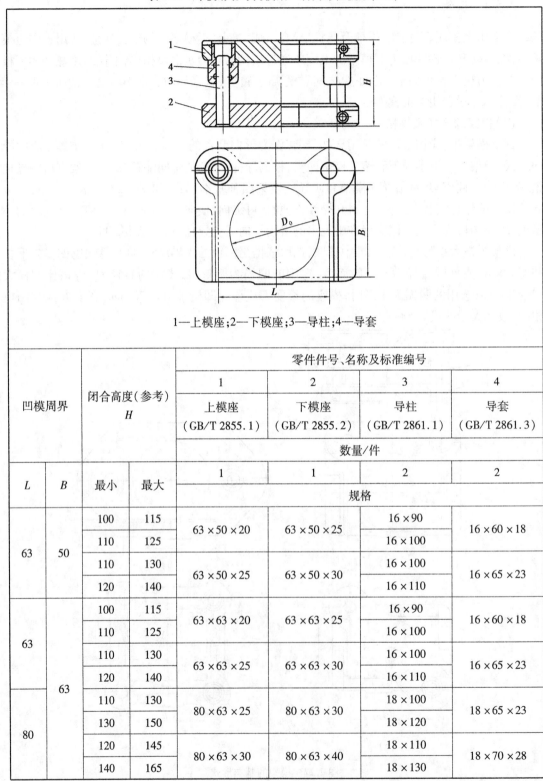

1—上模座;2—下模座;3—导柱;4—导套

凹模周界		闭合高度(参考)H		零件件号、名称及标准编号			
				1	2	3	4
				上模座 (GB/T 2855.1)	下模座 (GB/T 2855.2)	导柱 (GB/T 2861.1)	导套 (GB/T 2861.3)
				数量/件			
				1	1	2	2
L	B	最小	最大	规格			
63	50	100	115	$63 \times 50 \times 20$	$63 \times 50 \times 25$	16×90	$16 \times 60 \times 18$
		110	125			16×100	
		110	130	$63 \times 50 \times 25$	$63 \times 50 \times 30$	16×100	$16 \times 65 \times 23$
		120	140			16×110	
63	63	100	115	$63 \times 63 \times 20$	$63 \times 63 \times 25$	16×90	$16 \times 60 \times 18$
		110	125			16×100	
		110	130	$63 \times 63 \times 25$	$63 \times 63 \times 30$	16×100	$16 \times 65 \times 23$
		120	140			16×110	
80	63	110	130	$80 \times 63 \times 25$	$80 \times 63 \times 30$	18×100	$18 \times 65 \times 23$
		130	150			18×120	
		120	145	$80 \times 63 \times 30$	$80 \times 63 \times 40$	18×110	$18 \times 70 \times 28$
		140	165			18×130	

续表

凹模周界		闭合高度（参考）H		零件件号、名称及标准编号			
				1	2	3	4
				上模座（GB/T 2855.1）	下模座（GB/T 2855.2）	导柱（GB/T 2861.1）	导套（GB/T 2861.3）
				数量/件			
				1	1	2	2
L	B	最小	最大	规格			
100	63	110	130	100×63×25	100×63×30	18×100	18×65×23
		130	150			18×120	
		120	145	100×63×30	100×63×40	18×110	18×70×28
		140	165			18×130	
80		110	130	80×80×25	80×80×30	20×100	20×65×23
		130	150			20×120	
		120	145	80×80×30	80×80×40	20×110	20×70×28
		140	165			20×130	
100	80	110	130	100×80×25	100×80×30	20×100	20×65×23
		130	150			20×120	
		120	145	100×80×30	100×80×40	20×110	20×70×28
		140	165			20×130	
125		110	130	125×80×25	125×80×30	20×100	20×65×23
		130	150			20×120	
		120	145	125×80×30	125×80×40	20×110	20×70×28
		140	165			20×130	
100		110	130	100×100×25	100×100×30	20×100	20×65×23
		130	150			20×120	
		120	145	100×100×30	100×100×40	20×110	20×70×28
		140	165			20×130	
125	100	120	150	125×100×30	125×100×35	22×110	22×80×28
		140	165			22×130	
		140	170	125×100×35	125×100×45	22×130	22×80×33
		160	190			22×150	
160		140	170	160×100×35	160×100×40	25×130	25×85×33
		160	190			25×150	
		160	195	160×100×40	160×100×50	25×150	25×90×38
		190	225			25×180	

续表

凹模周界		闭合高度（参考）H		零件件号、名称及标准编号			
				1	2	3	4
				上模座（GB/T 2855.1）	下模座（GB/T 2855.2）	导柱（GB/T 2861.1）	导套（GB/T 2861.3）
				数量/件			
				1	1	2	2
L	B	最小	最大	规格			
200	100	140	170	200×100×35	200×100×40	25×130	25×85×33
		160	190			25×150	
		160	195	200×100×40	200×100×50	25×150	25×90×38
		190	225			25×180	
125	125	120	150	125×125×30	125×125×35	22×110	22×80×28
		140	165			22×130	
		140	170	125×125×35	125×125×45	22×130	22×85×33
		160	190			22×150	
160	125	140	170	160×125×35	160×125×40	25×130	25×85×33
		160	190			25×150	
		170	205	160×125×40	160×125×50	25×160	25×95×38
		190	225			25×180	
200	125	140	170	200×125×35	200×125×40	25×130	25×85×33
		160	190			25×150	
		170	205	200×125×40	200×125×50	25×160	25×95×38
		190	225			25×180	
250	125	160	200	250×125×40	250×125×45	28×150	28×100×38
		180	220			28×170	
		190	235	250×125×45	250×125×55	28×180	28×110×43
		210	255			28×200	
160	160	160	200	160×160×40	160×160×45	28×150	28×100×38
		180	220			28×170	
		190	235	160×160×45	160×160×55	28×180	28×110×43
		210	255			28×200	
200	160	160	200	200×160×40	200×160×45	28×150	28×100×38
		180	220			28×170	
		190	235	200×160×45	200×160×55	28×180	28×110×43
		210	255			28×200	

续表

凹模周界		闭合高度（参考）H		零件件号、名称及标准编号			
				1	2	3	4
				上模座（GB/T 2855.1）	下模座（GB/T 2855.2）	导柱（GB/T 2861.1）	导套（GB/T 2861.3）
				数量/件			
				1	1	2	2
L	B	最小	最大	规格			
250	160	170	210	250×160×45	250×160×50	32×160	32×105×43
		200	240			32×190	
		200	245	250×160×50	250×160×60	32×190	32×115×48
		220	265			32×210	
200	200	170	210	200×200×45	200×200×50	32×160	32×105×43
		200	240			32×190	
		200	245	200×200×50	200×200×60	32×190	32×115×48
		220	265			32×210	
250	200	170	210	250×200×45	250×200×50	32×160	32×105×43
		200	240			32×190	
		200	245	250×200×50	250×200×60	32×190	32×115×48
		220	265			32×210	
315	200	190	230	315×200×45	315×200×55	35×180	35×115×43
		220	260			35×210	
		210	255	315×200×50	315×200×65	35×200	35×125×48
		240	285			35×230	
250	250	190	230	250×250×45	250×250×55	35×180	35×115×43
		220	260			35×210	
		210	255	250×250×50	250×250×65	35×200	35×125×48
		240	285			35×230	
315	250	215	250	315×250×50	315×250×60	40×200	40×125×48
		245	280			40×230	
		245	290	315×250×55	315×250×70	40×230	40×140×53
		275	320			40×260	
400	250	215	250	400×250×50	400×250×60	40×200	40×125×48
		245	280			40×230	
		245	280	400×250×55	400×250×70	40×230	40×140×53
		275	320			40×260	

(2)模座

上、下模座用于安装模具零件和传递冲压力,因此,必须有足够的强度和刚度,否则,工作时模座会产生严重的弹性变形而导致模具工作零件的迅速磨损或破坏,降低模具使用寿命。设计模具时,按相关标准和选定的模架确定模座的类型和尺寸大小。标准模座通常有厚型和薄型两种,冲压力较大的厚料冲压时,或上模座需要装设推板时,或卸料螺钉行程较大时,宜采用厚型模座。图2.28、图2.29分别示出了滑动导向后侧导柱上模座、下模座的形状,表2.12、表2.13分别列出了它们的具体尺寸。

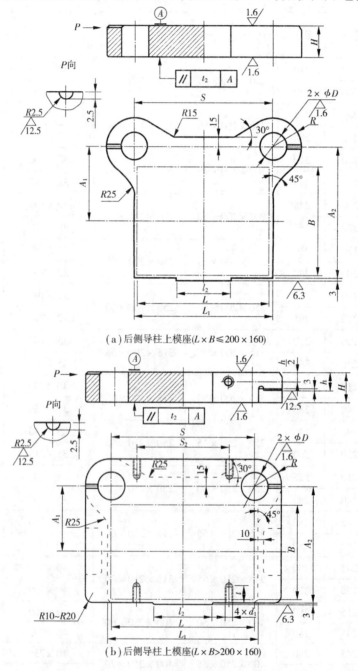

(a)后侧导柱上模座($L \times B \leqslant 200 \times 160$)

(b)后侧导柱上模座($L \times B > 200 \times 160$)

图2.28　滑动导向后侧导柱上模座

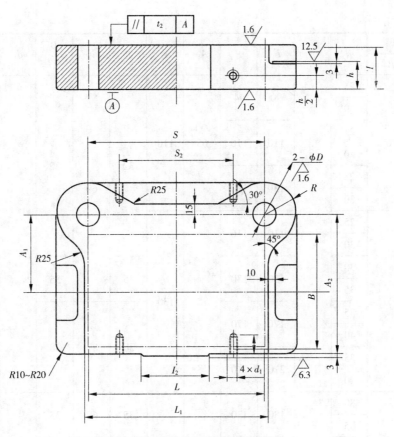

图 2.29　滑动导向后侧导柱下模座

当凹模尺寸较大、超出标准列出的规格范围时,不能使用标准模座,需要自行设计非标准模座,设计时应尽量参考标准模座的有关主要几何参数。

模座一般为铸造件,以利用铸造件制造成本低、减震性能好的优点,材质为灰铸铁或铸钢。

表 2.12　冲模滑动导向模架　后侧导柱上模座尺寸(mm)

凹模周界		H	h	L_1	S	A_1	A_2	R	l_2	D H7	d_1	t	s_2
L	B												
63	50	20		70	70	45	75	25	40	25			
		25											
63		20		70	70								
		25											
80	63	25	—	90	94	50	85	28	60	28	—	—	—
		30											
100		25		110	116								
		30											

续表

凹模周界 L	B	H	h	L_1	S	A_1	A_2	R	l_2	D H7	d_1	t	s_2
80	80	25	—	90	94			32	60	32	—	—	—
80	80	30											
100	80	25		110	116	65	110						
100	80	30											
125	80	25		130	130								
125	80	30											
100	100	25	—	110	116						—	—	—
100	100	30						35	60	35			
125	100	30		130	130	75	130						
125	100	35											
160	100	35		170	170			38	80	38			
160	100	40											
200	100	35		210	210								
200	100	40											
125	125	30	—	130	130			35	60	35	—	—	—
125	125	35											
160	125	35		170	170	85	150	38	80	38			
160	125	40											
200	125	35		210	210								
200	125	40											
250	125	40		260	250				100				
250	125	45											
160	160	40	30	170	170			42	80	42	M14-6H	28	
160	160	45											
200	160	40		210	210	110	195						
200	160	45											
250	160	45		260	250				100				150
250	160	50											
200	200	45	30	210	210	130	235	45	80	45	M14-6H	28	120
200	200	50											
250	200	45		260	250				100				150
250	200	50											

续表

凹模周界 L	B	H	h	L₁	S	A₁	A₂	R	l₂	D H7	d₁	t	s₂
315	200	45	30	325	305	130	235	50		50	M14-6H	28	200
315	200	50	30	325	305	130	235	50		50	M14-6H	28	200
250	200	45	30	260	250	130	235	50	100	50	M14-6H	28	140
250	200	50	30	260	250	130	235	50	100	50	M14-6H	28	140
315	250	50	35	325	305	160	290	55	100	55	M16-6H	32	200
315	250	55	35	325	305	160	290	55	100	55	M16-6H	32	200
400	250	50	35	410	390	160	290	55	100	55	M16-6H	32	280
400	250	55	35	410	390	160	290	55	100	55	M16-6H	32	280

表 2.13　冲模滑动导向模架　后侧导柱下模座尺寸(mm)

凹模周界 L	B	H	h	L₁	S	A₁	A₂	R	l₂	D H7	d₁	t	s₂
63	50	25	20	70	70	45	75	25	40	16			
63	50	30	20	70	70	45	75	25	40	16			
63	50	25	20	70	70	45	75	25	40	16			
63	50	30	20	70	70	45	75	25	40	16			
80	63	30	20	90	94	50	85	28	60	18	—	—	—
80	63	40	20	90	94	50	85	28	60	18	—	—	—
100	63	30	20	110	116	50	85	28	60	18	—	—	—
100	63	40	20	110	116	50	85	28	60	18	—	—	—
80	80	30	20	90	94	65	110	32	60	20	—	—	—
80	80	40	20	90	94	65	110	32	60	20	—	—	—
100	80	30	20	110	116	65	110	32	60	20	—	—	—
100	80	40	20	110	116	65	110	32	60	20	—	—	—
125	80	30	25	130	130	65	110	32	60	20	—	—	—
125	80	40	25	130	130	65	110	32	60	20	—	—	—
100	100	30	25	110	116	65	110	32	60	20	—	—	—
100	100	40	25	110	116	65	110	32	60	20	—	—	—
125	100	35	25	130	130	75	130	35	60	22	—	—	—
125	100	40	25	130	130	75	130	35	60	22	—	—	—
160	100	40	30	170	170	75	130	38	80	25	—	—	—
160	100	50	30	170	170	75	130	38	80	25	—	—	—
200	100	40	30	210	210	75	130	38	80	25	—	—	—
200	100	50	30	210	210	75	130	38	80	25	—	—	—

续表

凹模周界		H	h	L₁	S	A₁	A₂	R	l₂	D H7	d₁	t	s₂
L	B												
125	125	35	25	130	130			35	60	22			
		45											
160		40	30	170	170	85	150	38	80	25	—	—	—
		50											
200		40		210	210								
		50											
250		45		260	250				100				
		55											
160	160	45	35	170	170	110	195	42	80	28			
		55											
200		45		210	210								
		55											
250		50		260	250				100				150
		60											
200	200	50	40	210	210	130	235	45	80	32	M14-6H	28	120
		60											
250		50		260	250								150
		60											
315		55		325	305								200
		65						50	35				
250	250	55		260	250	160	290		100				140
		65											
315		60	45	325	305					M16-6H	32		200
		70						55	40				
400		60		410	390								280
		70											

(3)模架安装尺寸的校核

通过设计和计算确定的模具高度、标准模架的闭合高度及外形尺寸、压力机的相关安装尺寸等,必须符合一定的尺寸关系,因此有必要校核模架及压力机的相关尺寸,如图2.30所示。

1)校核模架闭合高度

闭合状态下,模具高度方向的尺寸、模具工作行程、垫板厚度、上下模座厚度等决定了模具的合模高度。

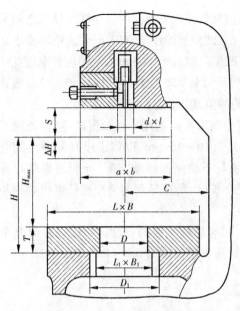

图 2.30　压力机的安装尺寸

模具的合模高度应该介于模架的最小闭合高度与最大闭合高度之间。当设计的模具合模高度小于模架的最小闭合高度时,可适当增大模具高度方向的尺寸,以增大模具合模高度;当设计的模具合模高度大于模架的最大闭合高度时,可以在满足要求的前提下适当减小模具高度方向的尺寸,或选用更大规格的模架,或采取增设导柱座或导套座的措施,增大模架的最大闭合高度。

2)校核压力机装模高度

当压力机位于下止点时,滑块的下表面至工作台垫板上表面的距离称为装模高度。带有装模高度调节装置的压力机,滑块调整至最高位置时(即连杆调至最短时),装模高度达到最大值,此值即为最大装模高度 H_{max};滑块调整至最低位置时(即连杆调至最长时),装模高度达到最小值,此值即为最小装模高度 H_{min}($H_{min} = H_{max} - \Delta H$)。

模具的合模高度 $H_{模具}$ 应该介于压力机的最大装模高度 H_{max} 和最小装模高度 H_{min} 之间,其关系为:

$$H_{min} + 10 \text{ mm} \leqslant H_{模具} \leqslant H_{max} - 5 \text{ mm}$$

若 $H_{模具}$ 超过了 H_{max},所选压力机无法使用,必须选择规格更大、H_{max} 满足要求的压力机;若 $H_{模具}$ 小于 H_{min},则可以通过增加垫板的方式,使其满足要求。

3)校核压力机平面安装尺寸

①上模座的外形尺寸小于滑块下表面尺寸 $a \times b$;

②模柄直径与模柄孔直径 d 一致;

③下模座的外形尺寸小于工作台板上平面尺寸 $L \times B$,且每边留出 50 ~ 70 mm,以固定模具;

④工作台孔尺寸 $L_1 \times B_1$,或 D_1,必须大于制件或废料尺寸,必须大于顶料装置的外形尺寸,必须小于下模座外形尺寸;

⑤模具前后送料时,双柱压力机的立柱内侧面间距必须大于条料宽度。

2.5.2　导柱及导套

生产批量大的冲压模具,一般均设置导向装置。导向装置用于上、下模之间的定位连接和运动导向,以保证凸模、凹模之间的间隙均匀,提高模具的使用寿命和冲裁件精度。常用的导向装置有导板式、导柱导套式和滚珠导向式。

如图 2.31 所示的导柱导套式导向装置,结构简单,滑动导向刚度大,精度高,稳定性好,是应用最广泛的导向装置。

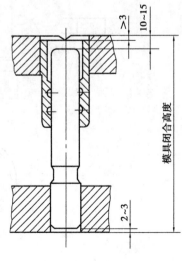

图 2.31　导柱导套式导向装置

导柱安装在下模座,导套安装在上模座,采用 H7/r6 过盈配合压入安装孔内。导柱与导套之间采用间隙配合,配合间隙应小于冲裁凸、凹模的间隙值。凸、凹模间隙小于 0.03 mm,或精度要求高的I级精度模架,导柱与导套之间采用 H6/h5 配合;凸、凹模间隙大于 0.03 mm,或精度要求较低的II级精度模架,或一般的成形工序模具,导柱与导套之间采用 H7/h6 配合。导柱导套式导向装置常采用两副导柱导套,大型冲模或冲裁件精度要求高的冲模,用四副或六副导柱导套。

导柱、导套结构与尺寸可直接从冷冲模国家标准中选取。在选用导柱长度时,应保证模具闭合状态下导柱上端面与上模座上平面之间的距离大于 10 ~ 15 mm,以留出模具修磨后闭合高度减小的裕量,如图 2.31 所示。其装配段长度必须与下模座的厚度匹配;导套的规格与导柱是匹配的,但相同直径的导套有不同的总长度和配合长度,所选导套的装配段长度也必须与上模座的厚度匹配。

导柱导套间相对滑动,要求配合表面坚硬、耐磨,同时具有足够的韧性,因此,导柱导套常用 20 钢制造,表面渗碳淬火处理,硬度为 HRC58 ~ 62,渗碳层深度为 0.8 ~ 1.2 mm。

2.5.3　模柄

大型模具的上模座常用螺柱、压板直接固定在滑块上,而中小型模具则需要通过模柄与压力机滑块连接。模柄的结构形式主要有整体式、压入式、旋入式、凸缘式和浮动式,中小型模具广泛采用压入式模柄和凸缘式模柄。

图 2.32 所示为压入式模柄,压入式模柄通过 H7/m6 或 H7/n6 过渡配合被压入上模座,并

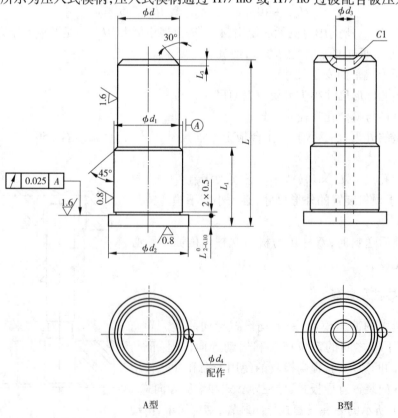

图 2.32　压入式模柄

用止转销防止转动。这种模柄易于保证其与上模座的垂直度要求,适用于中小型冲压模具。表2.14列出了压入式模柄的具体结构尺寸。选用时,直径 d 等于所选压力机的模柄孔直径,配合段长度 L_1 等于上模座厚度,模柄中间设有打杆(如图2.23(b)所示)时,选用 B 型。

当模具较大时,或上模座中安装有推板(如图2.23(a)所示)时,常选用凸缘式模柄。图2.33示出了凸缘式模柄的结构,模柄的凸缘与上模座的安装窝孔采用 H7/Js6 过渡配合,用 3 或 4 个螺钉固定,表2.15列出了凸缘式模柄的具体结构尺寸。选用时,直径 d 等于所选压力机的模柄孔直径。为了使螺钉与推板互不干扰,根据推板的形状和尺寸来选用 3 个螺钉的 B 型模柄,或 4 个螺钉的 C 型模柄。

表 2.14　冲模压入式模柄(mm)

d js10	d_1 m6	d_2	L	L_1	L_2	L_3	d_3	d_4 H7
20	22	9	60	20		2	7	6
			65	25				
			70	30				
25	26	33	65	20	4			
			70	25		2.5		
			75	30				
			80	35				
32	34	42	80	25	5		11	
			85	30		3		
			90	35				
			95	40				
40	42	50	100	30	6	4		
			105	35				
			110	40				
			115	45				
			120	50				
60	62	71	115	40	8	5	15	8
			120	45				
			125	50				
			130	55				
			135	60				
			140	65				
			145	70				

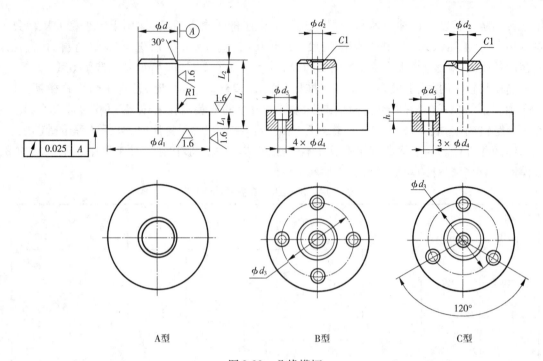

A型　　　　　　　　　B型　　　　　　　　　C型

图 2.33　凸缘模柄

表 2.15　冲模凸缘模柄(mm)

d js10	d_1	L	L_1	L_2	d_2	d_3	d_4	d_5	h
20	67	58	18	2	11	44	9	14	9
25	82	63		2.5		54			
32	97	79		3		65			
40	122	91	23	4		81			
50	132					91	11	17	11
60	142	96		5	15	101	13	20	13
70	152	100				110			

2.5.4　固定板与垫板

(1)固定板

凸模、凹模、凸凹模等工作零件的通用固定方式是固定板固定。固定板将凸模、凸凹模、凹模按一定相对位置固定成一个整体,再与模座连接。凸模、凹模、凸凹模与固定板之间按 H7/m6 或 H7/n6 过渡配合,压入后磨平。

固定板的外形轮廓和尺寸应与相应的整体凹模一致,凸模固定板的厚度取凸模长度的40% ,凹模固定板的厚度取凹模厚度的 60% ~80% 。

(2)垫板

一般而言,当凸模尾端承力面的压应力大于 100 MPa 时,为防止凸模尾端压损模座,在凸模与模座之间需要安装淬硬磨平的垫板。

垫板的厚度一般为 4～12 mm，外形轮廓和尺寸与固定板相同。

2.5.5 螺钉与销钉

冲压模具中，通常采用螺钉和销钉进行连接，螺钉用于紧固，销钉用于定位。

内六角圆柱头螺钉是广泛使用的螺钉，螺钉直径为 4～20 mm，根据模具厚度选择，其中 6～12 mm 最为常用。表 2.16 列出了不同厚度凹模对应的螺钉直径，最小间距和最大间距用于确定螺钉数量，合适的螺钉数量应该保证螺钉间距介于最大间距与最小间距之间。

销钉直径与螺钉相近，数量为 2 个，对角布置，按 H7/n6 与销钉孔过渡配合，孔壁粗糙度应达到 $R_a 1.6$ μm，压入深度约为销钉直径的 2 倍。

表 2.16 螺钉直径与间距(mm)

凹模厚度 H/mm	螺钉规格	螺钉最小间距/mm	螺钉最大间距/mm
≤13	M5	15	50
13～19	M6	25	70
19～25	M8	40	90
25～32	M10	60	115
>32	M12	80	150

螺钉的拧入深度必须适当，太浅则紧固不牢靠，太深则增大拆装工作量。被连接件为钢时，拧入深度等于螺栓直径 d；被连接件为铸铁时，拧入深度为 1.5 d，如图 2.34 所示。

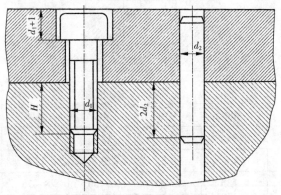

图 2.34 螺钉和销钉的装配尺寸

螺钉长度根据模具结构选取，以保证适当的拧入深度。图 2.35 和表 2.17 列出了常用内六角圆柱头螺钉的基本尺寸。

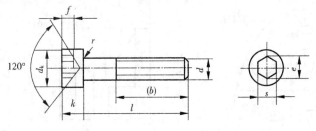

图 2.35 内六角圆柱头螺钉结构

表 2.17　常用内六角圆柱头螺钉基本尺寸

螺纹规格 d	M3	M4	M5	M6	M8	M10	M12	M14	M16	M20
P(螺距)	0.5	0.7	0.8	1	1.25	1.5	1.75	2	2	2.5
b(参考)	18	20	22	24	28	32	36	40	44	52
d_k	5.5	7	8.5	10	13	16	18	21	24	30
k	3	4	5	6	8	10	12	14	16	20
s	2.5	3	4	5	6	8	10	12	14	17
e	2.87	3.44	4.58	5.72	6.86	9.15	11.43	13.72	16.00	19.44
r	0.1	0.2	0.2	0.25	0.4	0.4	0.6	0.6	0.6	0.8
公称长度 l	5～30	6～40	8～50	10～60	12～80	16～100	20～120	25～140	25～160	30～200
l≤表中数值时,制出全螺纹	20	25	25	30	35	40	45	55	55	65
l 系列	2.5,3,4,5,6,8,10,12,16,20,25,30,35,40,45,50,55,60,65,70,80,90,100,110,120,130,140,150,160,180,200,220,240,260,280,300									

　　螺钉以间隙的形式通过非连接件,表 2.18 列出了内六角螺钉通过孔的尺寸。螺钉之间、螺钉与销钉之间的距离,以及螺钉、销钉距离工作表面和外边缘的距离,都不能太小,以保证足够的强度,表 2.19 列出了这些最小距离。

表 2.18　内六角螺钉通过孔的尺寸

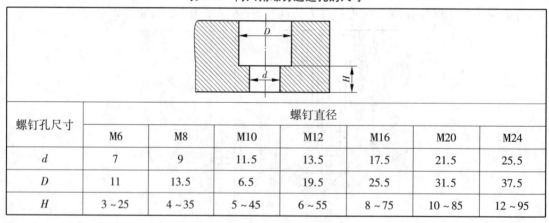

螺钉孔尺寸	螺钉直径						
	M6	M8	M10	M12	M16	M20	M24
d	7	9	11.5	13.5	17.5	21.5	25.5
D	11	13.5	6.5	19.5	25.5	31.5	37.5
H	3～25	4～35	5～45	6～55	8～75	10～85	12～95

表 2.19　螺钉孔、销钉孔的最小距离

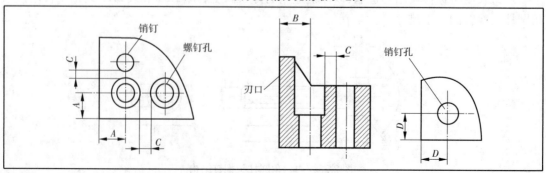

螺钉孔		M6	M8	M10	M12	M16	M20	M24
A	淬火	10	12	14	16	20	25	30
	不淬火	8	10	11	13	16	20	25
B	淬火	12	14	17	19	24	28	35
C	淬火	5						
	不淬火	3						
销钉孔		$\phi4$	$\phi6$	$\phi8$	$\phi10$	$\phi12$	$\phi16$	$\phi20$
D	淬火	7	9	11	12	15	16	20
	不淬火	4	6	7	8	10	13	16

2.5.6　冲压模具零件的配合

冲压模具的零件之间,存在一定的配合关系,表2.20列出了这些配合关系。

表 2.20　冲压模具零件间的配合

配合零件名称	精度及配合	配合零件名称	精度及配合
模柄(带法兰盘)与上模座	$\dfrac{H8}{h8},\dfrac{H9}{h9}$	圆柱销与凸模固定板、上下模座	$\dfrac{H7}{n6}$
凸模与凸模固定板	$\dfrac{H7}{m6}$或$\dfrac{H7}{k6}$	卸料板与凸模或凸凹模	0.1~0.5 mm（单边）
凸模(凹模)与上、下模座(镶入式)	$\dfrac{H7}{h6}$	顶件板与凹模	0.1~0.5 mm（单边）
固定挡斜销与凹模	$\dfrac{H7}{m6}$或$\dfrac{H7}{n6}$	推杆(打杆)与模柄	0.5~1 mm（单边）
活动挡料销与卸料板	$\dfrac{H9}{h8},\dfrac{H9}{h9}$	推销(顶销)与凸模固定板	0.2~0.5 mm（单边）

2.6　冲压模具图的绘制

冲压模具图包括总装配图和零件图,绘制这些图纸时,有一定的要求和习惯。

2.6.1　图样比例及幅面

为使图纸有良好的直观性,冲压模具图的绘图比例一般采用1:1的等大比例。如果1:1比例图纸的幅面过大,超过了 A0 图纸幅面,可采用缩小比例,如 1:2、1:3等比例。如果冲压模具零件的尺寸很小,为使图纸更加清晰,可以根据图纸幅面的大小适当放大比例,如 2:1、3:1等。

总装配图的图纸幅面多为 A0、A1、A2,可根据需要选取,使图纸布置紧凑,清晰美观,既不显得松散,又不显得拥挤。中小型模具零件图的图纸幅面,多为 A2、A3、A4,大型模具零件图幅面可选用 A0、A1。

2.6.2　冲压模具总装配图的绘制

冲压模具总装配图包括主视图、俯视图、所加工的工件图、标题栏、明细表、技术要求等,有落料工序的模具还包括排样图。

(1)视图

模具结构主要采用主视图和俯视图来表示,若不能表达清楚时,需要增加侧视图和局部剖视图。

主视图是沿模具中心线的剖视图,基本上能清楚地表示模具总体结构。为了减少局部剖视图,冲压模具还常常将剖面线未经过的部分,旋转或平移到剖视图上,如螺钉、销钉、推杆、顶杆等。在不影响表达清晰的前提下,为减少局部剖视,还常常采用阶梯剖的方式来表示更多的模具结构细节。

俯视图包括下模俯视图和上模俯视图。下模俯视图是将上模移去后的投影图,能清晰地表达下模装设的工作零件的轮廓,定位零件的布置及其与工件之间的关系,结构零件的结构和布置等。上模俯视图是冲压模具从顶部向下的投影图,能表达上模座及模柄的外形结构、螺钉销钉的布置,通常还采用虚线表示工艺零件的外形。

如果模具左右对称,且结构较简单,上模俯视图、下模俯视图各画一半,左半边画下模俯视图,右半边画上模俯视图,再拼接在一起,布置在主视图下方。

模具图中应标注所有零件的编号。标注时,零件号按顺时针方向依次增大,且保证水平方向和垂直方向对齐,即"横平竖直"。模具图中还应标注模具长度、宽度、高度(合模位置)方向的外形尺寸。

(2)工件图和排样图

工件图是冲压件的图形。工件图布置在总图的右上角,若图面位置不够,可另立一页。工件图的尺寸应标注公差,绘图比例与模具图相同。工件图的方向应与冲压方向一致,也就是与工件在模具图中的位置一致。工件图的下方应列出工件材质,图中未标注料厚时,还应指明料厚大小。

有落料工序的模具,还应画出排样图。排样图一般也布置在总图的右上角,排样图的比例与模具图相同,方向与送料方向一致。排样图中应该标出条料宽度及其负偏差,落料件外形及其主要尺寸,落料件之间的搭边值,落料件与条料侧边之间的搭边值,送料步距等内容。

在模具视图中,工件及条料的轮廓用双点画线表示,实心的断面涂红。

(3)标题栏和明细表

标题栏和明细表一般布置在总装配图的右下角,若图面位置不够时,可另立一页。

标题栏和明细表的绘制应符合相关标准的要求,在学习阶段绘制的模具图,也可以采用学习用标题栏和明细表,其相关内容、尺寸大小等格式要求如图 2.36 所示。

明细表中的内容根据总装配图填写。"热处理"是指零件的热处理硬度要求,特殊的热处理方式(如渗碳等)也应标出。在"代(图)号"栏中,如果是标准件,需标出其标准代号;如果是非标准件,需标出所设计的模具零件的图号。在确定图号时,各生产企业均有相关规定,学习阶段对图号的要求不作硬性规定。在"规格"栏中,应该根据相关标准的要求,标注出所选标准件的规格大小,如模座尺寸、模柄类型及直径、螺钉和销钉的直径及长度等。

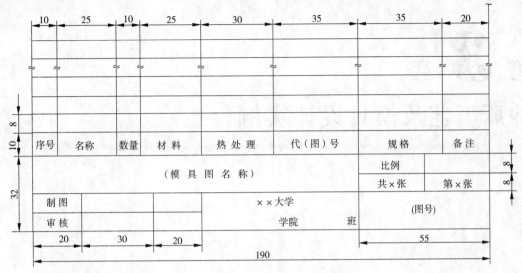

图 2.36　学习用标题栏及明细表

(4)技术要求

冲压模具零件及模架的技术要求,相关标准已经有规定。总装配图中的"技术要求"栏目,是用简要的文字表达图纸无法表达的内容,提出模具制造和调整过程中的一些要求和注意事项,如配合加工的凸模与凹模之间的间隙值、间隙不均匀度、毛刺高度等。

2.6.3　冲压模具零件图的绘制

模具图中的非标准零件均需画出零件图,作为零件制造的依据。非标准零件主要有凸模、凹模、凸凹模、固定板、卸料板、推件块等。有些标准件需要有较多的补充加工时,也需要重新画出零件图,如上模座、下模座等。

绘制模具零件图时,应尽量按该零件在总图中的装配方位画出,不要随意旋转和颠倒。

模具零件图的内容主要包括零件结构、详细尺寸、尺寸公差、形位公差、表面粗糙度、材料、硬度、技术要求等。零件的结构及详细尺寸根据总装配图确定,刃口的尺寸公差根据刃口尺寸计算的结果标注,装配部分的尺寸公差根据配合要求及精度等级,查阅相关资料确定具体数据,标注在零件图上。零件的形位公差及表面粗糙度,根据工件和模具的精度等级确定。

第 **3** 章
冲压工艺及模具设计实例

3.1 实例一

如图 3.1 所示的油封外夹圈,材料为 08 钢,厚度及内圆角半径均为 1.0 mm,大批量生产,试设计其冲压工艺和冲压模具。

图 3.1 油封外夹圈

3.1.1 分析工件的冲压工艺性

(1)结构工艺性分析

该工件是一个底部带通孔的凸缘筒形件,形状对称、简单。若采用拉深成形,凸缘直径 $d_凸$ 与筒形直径 d 的比值为 117/91 = 1.28 < 3;相对高度 h/d = 13.5/91 = 0.15 < 2,满足拉深成形的要求。但是,凸缘与筒壁间的圆角半径为 1.0 mm,小于 2 倍料厚(2.0 mm),需要增加整形工序。

(2)精度工艺性分析

工件的凸缘直径 $\phi117$ mm、筒形部分的内径 $\phi90$ mm,均未注公差,精度等级可视为 IT14 级,采用拉深、切边等工序能够获得这一精度;高度 13.5 mm 也未注公差,若采用翻边工序成形,精度最高只能达到 IT15 级,在没有特定的配合要求条件下,应该能够满足要求。

(3)材料和生产批量分析

工件所采用的材料是 08 钢,伸长率达到了 32%,具有良好的塑性,能够承受较大的塑性变形。料厚为 1.0 mm,满足普通冲裁要求。工件大批量生产,符合冲压生产的原则。

综上所述,从结构、尺寸大小及其精度、材料性能等方面分析,该工件的冲压工艺性较好,可以采用冲压工艺生产。但工件的圆角半径较小,需要辅以整形工序。

3.1.2　制订冲压工艺方案

该工件为带凸缘的无底空心件,可采用平板毛坯直接翻边、拉深后冲孔翻边、拉深到所需高度冲底孔、拉深到所需高度车削切除底部等不同工艺路线。后两个工艺路线虽然可以省去翻边工序,但会增加拉深高度,并且,沿底部圆弧区冲除底部会使毛刺更加尖锐和不平整,采用车削切除底部又会降低生产效率,因此,这两个工艺路线在本设计中不予采用。

采用平板毛坯翻边若能直接得到所需高度,是最简便的,因此,应该首选这一路线,但直径较小时难以获得较大的高度,需要验算能否满足高度要求。

(1) 平板毛坯翻边验算

如果采用平板毛坯翻边获得 13.5 mm 的高度,此时,其预制孔直径为:

$$d_0 = D - 2(H - 0.43\ r - 0.72\ t)$$

$$= 91 - 2 \times (13.5 - 0.43 \times 1 - 0.72 \times 1) = 66.3 \text{(mm)}$$

取 66 mm。根据 $d_0/t = 66/1 = 66$、材质为 08 钢、圆柱形平底凸模,查相关资料,极限翻边系数 $K_{\min}$ 约为 0.78,则其最大翻边高度为:

$$H_{\max} = \frac{D}{2}(1 - K_{\min}) + 0.43\ r + 0.72\ t$$

$$= \frac{91}{2}(1 - 0.78) + 0.43 \times 1 + 0.72 \times 1 = 11.16 \text{(mm)}$$

实际高度 13.5 mm 大于最大翻边高度 11.16 mm,故不能采用平板毛坯翻边获得所需的管壁高度尺寸。

(2) 翻边高度的确定

由于不能采用平板毛坯翻边直接获得所需高度,所以需要采用拉深、冲底孔、翻边的工艺路线。此时,需要计算翻边的最大高度,进而确定拉深件的高度。

计算最大翻边高度时,首先需要确定极限翻边系数。极限翻边系数与预制孔直径有关,预制孔直径又是根据翻边高度计算所得的。由于都是未知数,无法直接计算,因此可采用试算法确定翻边高度。

假定极限翻边系数 $K_{\min}$ 为 0.6,拉深件底部圆角半径 r 为 1 mm,则最大翻边高度为:

$$h_{\max} = \frac{D}{2}(1 - K_{\min}) + 0.57\left(r + \frac{t}{2}\right)$$

$$= \frac{91}{2} \times (1 - 0.6) + 0.57 \times \left(1 + \frac{1}{2}\right) = 19 \text{(mm)}$$

预制孔直径为:

$$d_0 = D + 1.14\left(r + \frac{t}{2}\right) - 2h_{\max}$$

$$= 91 + 1.14 \times \left(1 + \frac{1}{2}\right) - 2 \times 19 = 54.7 \text{(mm)}$$

根据 $d_0/t = 54.7/1 = 54.7$、材质为 08 钢、圆柱形平底凸模查表,极限翻边系数 $K_{\min}$ 约为 0.75,假定值 0.6 远小于 0.75,说明假定值 0.6 太小,实际翻边难以达到,不合理。

假定极限翻边系数 $K_{\min}$ 为 0.8,拉深件底部圆角半径 r 为 1 mm,则最大翻边高度为:

$$h_{\max} = \frac{D}{2}(1 - K_{\min}) + 0.57\left(r + \frac{t}{2}\right)$$

$$= \frac{91}{2} \times (1 - 0.8) + 0.57 \times \left(1 + \frac{1}{2}\right) \approx 10(\text{mm})$$

预制孔直径为:

$$d_0 = D + 1.14\left(r + \frac{t}{2}\right) - 2h_{\max}$$

$$= 91 + 1.14 \times \left(1 + \frac{1}{2}\right) - 2 \times 10 = 72.7(\text{mm})$$

根据 $d_0/t = 72.7/1 = 72.7$、材质为 08 钢、圆柱形平底凸模查表,极限翻边系数 $K_{\min}$ 约为 0.80,与假定值接近,说明假定值较合理。

因此,翻边高度确定为 10 mm,预制孔的直径为 72.7 mm,凸缘拉深件的高度 h' 为:

$$h' = H - h_{\max} + r + t$$

$$= 13.5 - 10 + 1 + 1 = 5.5(\text{mm})$$

(3)带凸缘筒形件拉深成形工序计算

外夹圈的料厚为 1 mm,内圆角半径为 1 mm,拉深时此圆角为凹模圆角,其半径小于 2 倍料厚,拉深成形困难。因此,将此圆角半径先加大到 2 mm,再用整形工序获得 1 mm 圆角。这样,拉深件为带凸缘筒形件,凸缘直径 d_t 为 117 mm,筒形内径为 91 mm,高度为 5.5 mm,凹模圆角半径为 2 mm,底部圆角半径为 1 mm。

根据 $d_t/d = 117/92 = 1.27$,$d_t = 117$,查表得修边余量 $\Delta d = 4.3$ mm。

凸缘实际直径为:

$$d_t = 117 + 2 \times 4.3 = 125.6(\text{mm})$$

计算毛坯直径:

$$D = \sqrt{d_1^2 + 2\pi r_2 d_1 + 8r_2^2 + 4d_2 h + 2\pi r_1 d_2 + 4.56r_1^2 + d_4^2 - d_3^2}$$

相关尺寸为: $r_1 = 1.5$ mm;$r_2 = 2.5$ mm;$d_1 = 89$ mm;$d_2 = 92$ mm;$d_3 = 97$ mm;$d_4 = 125.6$ mm;$h = 4.5 - 1.5 - 2.5 = 0.5$ mm。

代入公式,计算出毛坯直径 $D \approx 129.6$ mm。

根据公式

$$m = \frac{1}{\sqrt{\left(\dfrac{d_t}{d}\right)^2 + 4\dfrac{h}{d} - 3.44\dfrac{r}{d}}}$$

计算出实际拉深系数 $m = 0.76$。而根据 $d_t/d = 1.27$、$\left(\dfrac{t}{D}\right) \times 100 = 0.77$ 查相关资料,得出首次拉深的极限拉深系数为 0.53,实际拉深系数远远大于极限拉深系数。工件相对高度 $\dfrac{h}{d} = 4.5/92 = 0.05$,而根据 $d_t/d = 1.27$、$\left(\dfrac{t}{D}\right) \times 100 = 0.77$ 查相关资料,得出第一次拉深最大相对高度为 0.5 ~ 0.6,远远大于实际相对高度。

该带凸缘筒形件的首次拉深系数及相对拉深高度均满足一次拉深成形的条件,所以,可以一次拉深成形。

（4）半成品件的尺寸调整

从上述计算可知,一次拉深就可以成形所需的带凸缘筒形件,且存在较大的变形量富余,而翻边工序采用的是极限翻边系数,翻边高度非常接近最大值,有翻边开裂的可能性。两个工序的变形量不均衡,应适当地加以优化调整。

将翻边系数增大到 $K = 0.85$,翻边高度为:

$$h = \frac{D}{2}(1 - K) + 0.57\left(r + \frac{t}{2}\right)$$

$$= \frac{91}{2} \times (1 - 0.85) + 0.57 \times \left(1 + \frac{1}{2}\right) \approx 8\,(\text{mm})$$

预制孔直径为:

$$d_0 = D + 1.14\left(r + \frac{t}{2}\right) - 2h$$

$$= 91 + 1.14 \times \left(1 + \frac{1}{2}\right) - 2 \times 8 = 77\,(\text{mm})$$

此时,极限翻边系数 $K_{\min}$ 仍然约为 0.80,小于实际翻边系数,能够翻边成形,且有一定的富余。

这样,翻边高度确定为 8 mm,预制孔的直径为 77 mm,凸缘拉深件的高度 h' 为:

$$h' = H - h + r + t$$

$$= 13.5 - 8 + 1 + 1 = 7.5\,(\text{mm})$$

带凸缘筒形件的高度增加了 2 mm,其他尺寸不变,但毛坯直径增大到 132.3 mm,取 133 mm。实际拉深系数为 0.74,工件相对高度增大到 0.07,仍然同时满足一次拉深的条件,且仍然有较大的富余。由于拉深件高度的增加,会导致毛坯尺寸增大、材料利用率下降,因此,拉深件高度也不宜过大,采用 7.5 mm 较合适。拉深后、翻边前等工序件尺寸如图 3.2 所示。

（5）外夹圈的冲压基本工序

采用翻边成形加工外夹圈的工艺路线时,除了上述的拉深、冲孔、翻边工序外,为得到所需圆角半径需要整形工序,为得到精度较高的凸缘外形尺寸需要切边工序,毛坯还需要落料工序。因此,其基本工序为落料、拉深、整形、冲孔、翻边和切边等六个,主要工序过程如图 3.2 所示。

（6）冲压顺序安排

此工件可以采用单工序模、复合模和连续模生产。采用单工序模或复合模时,应该是先落料后拉深,冲孔后翻边,整形后切边,但整形可以安排在拉深之后、冲孔翻边之前进行。采用连续模时,无需切边工序,但需要增加切口工序,落料工序最后完成,依次为切口、拉深、冲孔、翻边、整形、落料。

（7）工序组合及工艺方案的确定

对以上工序作可行的组合,可以得到以下 4 种冲压方案:

A 方案:落料与拉深复合,其余按单工序。

B 方案:落料拉深冲孔复合,其余按单工序。

C 方案:落料与拉深复合,单工序整形后,冲孔与切边复合,最后翻边。

D 方案:采用连续模生产。

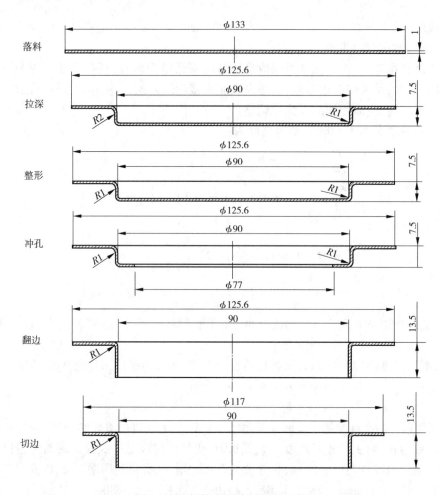

图 3.2 油封外夹圈冲压基本工序

比较上述四个方案,D 方案效率高,但模具结构复杂,制造成本高,故本工件不采用连续模生产。

A 方案需要落料拉深复合模、冲孔模、翻边模、整形模、切边模等 5 副模具,复合程度较低,周转环节较多,故放弃此方案。

B 方案虽然减少了一副模具和一个周转环节,但落料拉深冲孔复合模的结构较复杂,拉深冲孔凸凹模的壁厚仅为 $(90-77)/2=6.5$ mm,再减去拉深凸模的圆角半径 1 mm,有效的冲孔壁厚较小,容易损坏;拉深凹模刃口与冲孔凸模刃口之间的净空仅为 $(92-77)/2=7.5$ mm,为了布置推件装置,需要牺牲较多的落料拉深凸凹模壁厚。其余基本工序采用单工序模,复合程度较低,工序安排不够均衡。因此,此方案也不是最佳方案。

C 方案也只需四副模具,将冲孔与切边复合,简化了第一副模具的结构;冲孔与切边复合模采用拉深件的圆筒内形尺寸定位,凸缘在下、筒形在上,虽然模具的加工和维修难度有所加大,但不存在强度不足的问题;整形工序安排在切边之前,翻边采用单工序模。从工艺路线的可行性、模具结构的合理性、模具制造难度及成本、生产效率等方面综合考虑,选用此方案。

最后确定的冲压方案为:落料及拉深→整形→冲预制孔及切边→翻边,如图 3.3 所示,采用落料拉深复合模、单工序整形模、冲孔切边复合模、单工序翻边模等 4 副模具完成上述工序。

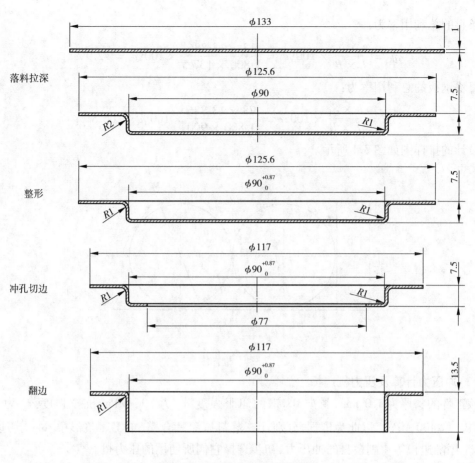

图 3.3　油封外夹圈的冲压方案

3.1.3　工艺计算

(1)排样设计

采用 1 800 mm×900 mm×1.0 mm 的冷轧钢板,剪板机剪切成条料使用。

拉深所用的圆形毛坯,直径为 133 mm,料厚为 1 mm。查相关资料,工件间最小搭边值 a 为 0.8 mm,工件与条料侧边间最小搭边值 a_1 为 1.0 mm,为方便人工操作和利于模具设计,均取 2.0 mm;条料宽度的下偏差 $\Delta = 0.5$ mm。

采用单排排样,两个导料销导料,人工压紧。步距 A 和条料宽度 B 为:

$$A = D + a = 133 + 2 = 135(\text{mm})$$

$$B = (D + 2a_1 + \Delta)_{-\Delta}^{\ 0} = (133 + 4 + 0.5)_{-0.05}^{\ 0} = 137.5_{-0.5}^{\ 0}(\text{mm})$$

若采用纵裁的方式,每块钢板可裁出 6 根 1 800 mm×137.5 mm×1.0 mm 的条料,每根条料可冲裁 13 个毛坯,每块钢板可加工出 78 个工件。若采用横裁的方式,每块钢板可裁出 13 根 900 mm×137.5 mm×1.0 mm 的条料,每根条料可冲裁 6 个毛坯,每块钢板可以加工出的工件同样为 78 个。因此,为减少裁板和调换条料次数,钢板纵裁,纵裁出的每根条料重约 2 kg,不会增加劳动强度。

条料的总利用率为：

$$\eta_0 = \frac{n \times S_1}{L \times B} \times 100\% = \frac{13 \times 13\,886}{1\,800 \times 137.5} \times 100\% = 72.9\%$$

每块钢板的总利用率为：

$$\eta_0 = \frac{n \times S_1}{L \times B} \times 100\% = \frac{78 \times 13\,886}{1\,800 \times 900} \times 100\% = 66.8\%$$

设计的排样图如图 3.4 所示。

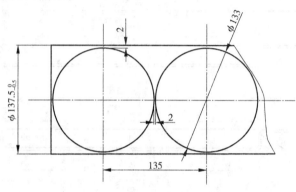

图 3.4　排样图

(2)冲压力计算及压力机选择

该工件的料厚为 1.0 mm，材质 08 钢的屈服强度 σ_s 为 196 MPa，抗拉强度 σ_b 为 324 ~ 441 MPa，取 400 MPa。以此为依据，分别计算落料拉深复合模、单工序整形模、冲孔切边复合模、单工序翻边模等 4 副模具的冲压力，初步选择它们所使用的压力机。

由于工件的 X 方向和 Y 方向均对称，其压力中心为圆心。

1)落料拉深工序

该工序拟采用拉深凸模和落料凹模在下模的倒装结构，凸凹模（落料凸模、拉深凹模）安装在上模，卸料采用弹性卸料板，工件从上模推出采用刚性推件装置，工件从下模推出由压边圈完成。首次拉深的拉深系数为 0.74，由于 $t/D = 0.007\,6 < (0.09 ~ 0.17) \times (1 - m) = 0.018 ~ 0.034$，需要采用压边圈以防止起皱。

①落料冲裁力。

$$F = L \times t \times \sigma_b = \pi \times 133 \times 1 \times 400 = 167\,048(\text{N}) \approx 167(\text{kN})$$

②卸料力。

拟采用弹性卸料装置，取 $K_卸$ 为 0.03，卸料力为：

$$F_卸 = K_卸 \times F = 0.03 \times 167 \approx 5(\text{kN})$$

③拉深力。

按宽凸缘筒形件首次拉深计算，查相关手册，采用插值法，取 k_3 为 0.45，则

$$F = k_3 \times \pi \times d_1 \times t \times \sigma_b$$

$$= 0.45 \times 3.14 \times 91 \times 1 \times 400 = 51\,433(\text{N}) \approx 51.4(\text{kN})$$

④压边力。

单位面积压边力 p 取 2.5 MPa，凹模圆角半径 $R_凹$ 为 2 mm，代入公式得：

$$F_Q = A \times p = \frac{\pi}{4} \big[D^2 - (d_1 + 2R_凹)^2 \big] \times p$$

$$= \frac{3.14}{4} \times \big[133^2 - (91 + 2 \times 2)^2 \big] \times 2.5 = 17\,003(N) \approx 17(kN)$$

⑤确定压力机吨位。

冲压过程中,先落料再拉深,它们的工序力不重合。落料工序冲压力为 167 + 5 = 172 kN,拉深工序冲压力为 51.4 + 17 = 68.4 kN,显然,落料工序的冲压力大出许多。因此,确定落料工序力为本工序的总冲压力。由于拉深行程较小,按浅拉深计算压力机吨位。

浅拉深时:

$$F_{压力机} \geqslant \frac{F_总}{0.7 \sim 0.8} = \frac{172}{0.7 \sim 0.8} = 215 \sim 246(kN)$$

据此,选用型号为 J 23-25 的开式双柱可倾压力机,标称压力为 250 kN,电机功率为 2.2kW。

⑥验算拉深功与功率。

拉深功 W 为:

$$W = C \times F_{max} \times h \times 10^{-3} = 0.8 \times 51\,433 \times 7.5 \times 10^{-3} = 308.6(J)$$

压力机行程次数为 100 次/分钟时,其电机所需功率 $P_电$ 为:

$$P_电 = \frac{K \times W \times n}{60 \times 750 \times 1.36 \times \eta_1 \times \eta_2}$$

$$= \frac{1.4 \times 308.6 \times 100}{60 \times 750 \times 1.36 \times 0.6 \times 0.9} = 1.3(kW)$$

电机实际功率为 2.2 kW,大于所需功率。因此,落料拉深工序选用标称压力为 250 kN 的 J 23-25 压力机。

2)整形工序

整形力的计算参照校正弯曲力的计算。忽略圆角半径,工件与模具刚性接触的水平投影面积,可粗略地计算为带凸缘筒形件的水平投影面积。查表 1.6,单位面积校正力 p 取 80 MPa。

整形力为:

$$F_{整形} = A \times p = \frac{\pi}{4} \times 125.6^2 \times 80 = 990\,692(N)$$

因此,整形工序选用标称压力为 1 000 kN 的 J 23-100 的开式双柱可倾压力机。

3)冲孔切边工序

采用凸凹模安装在下模的倒装结构,冲孔废料从漏料孔推出,切边废料拟采用废料切刀卸料,工件由刚性卸料装置从上模推出。

①冲孔冲裁力。

$$F_{冲孔} = L \times t \times \sigma_b = \pi \times 77 \times 1 \times 400 = 96\,712(N) \approx 96.7(kN)$$

②切边冲裁力。

$$F_{切边} = L \times t \times \sigma_b = \pi \times 117 \times 1 \times 400 = 146\ 952(N) \approx 147(kN)$$

③冲孔废料推件力 $F_{推1}$。

冲孔凹模采用直壁式,直壁高度 h 根据料厚取 6 mm, $n = 6$; $K_{推}$ 取 0.05,则

$$F_{推1} = n \times K_{推} \times F_{冲孔} = 6 \times 0.05 \times 96.7 \approx 29(kN)$$

④切边废料推件力 $F_{推2}$。

切边废料采用废料切刀卸料时,须将废料推向切刀刃口,所推废料件数设计为 6, $K_{卸}$ 取 0.04,则

$$F_{推2} = n \times K_{卸} \times F_{切边} = 6 \times 0.04 \times 147 \approx 35.3(kN)$$

⑤确定压力机吨位。

工序的总冲压力为:

$$F_{总} = F_{冲孔} + F_{切边} + F_{推1} + F_{推2}$$
$$= 96.7 + 147 + 29 + 35.3 = 308(kN)$$

选用型号为 J 23-40 的开式双柱可倾压力机,其标称压力为 400 kN,大于工序总冲压力,能够满足要求。

4) 翻边工序

凸模为圆柱形平底结构,与压边装置一同安装在下模,采用刚性卸料装置将工件从上模推出,压边装置兼有从下模顶出工件的作用。

①翻边力。

$$F = 1.1\pi(D - d_0) \times t \times \sigma_s$$
$$= 1.1 \times 3.14 \times (91 - 77) \times 1 \times 196 = 9\ 478(N) \approx 9.5(kN)$$

②压边力。

单位面积压边力 p 取 2.5 MPa,压边面积为除圆角外的凸缘面积,则

$$F_Q = A \times p = \frac{\pi}{4} \times (117^2 - 94^2) \times 2.5 = 9\ 524(N) \approx 9.5(kN)$$

③确定压力机吨位。

$$F_{总} = F + F_Q = 9.5 + 9.5 = 19(kN)$$

考虑到模具底面装设有弹性机构,初步选用工作台孔直径较大的 J 23-16 开式双柱可倾压力机,其标称压力为 160 kN。

(3)编制冲压工艺卡

油封外夹圈的冲压工艺规程卡见表 3.1。

表 3.1 油封外夹圈冲压工艺规程卡

标 记	产品名称	油封外夹圈	冲压工艺	制件名称		年产量		第 页
	产品图号		规程卡	制件图号		大批量		共 页
材料牌号及技术要求	08 钢		毛坯形状及尺寸	圆形 φ133 mm×1 mm	下料	板材 1 800 mm × 900 mm ×1 mm 纵裁成 1 800 mm × 137.5 mm ×1 mm		
工序序号	工序名称		工序草图		工具名称及图号	设备	检验要求	备注
1	落料拉深				落料拉深复合模	J 23-25	按草图检验	
2	整形				整形模	J 23-100	按草图检验	
3	冲孔切边				冲孔切边复合模	J 23-40	按草图检验	
4	翻边				翻边模	J 23-16	按草图检验	

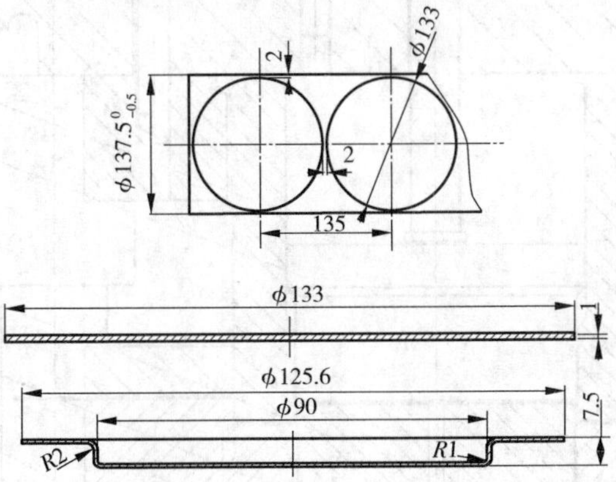

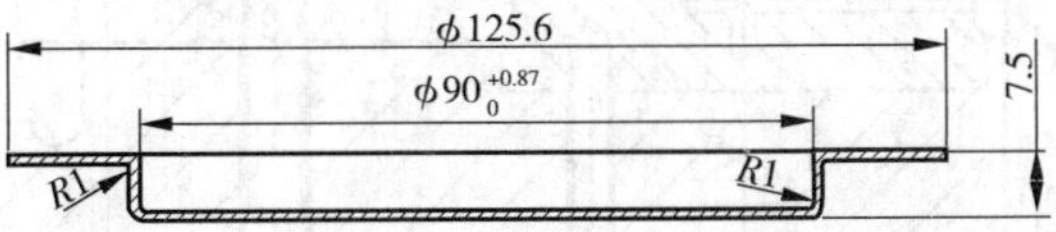

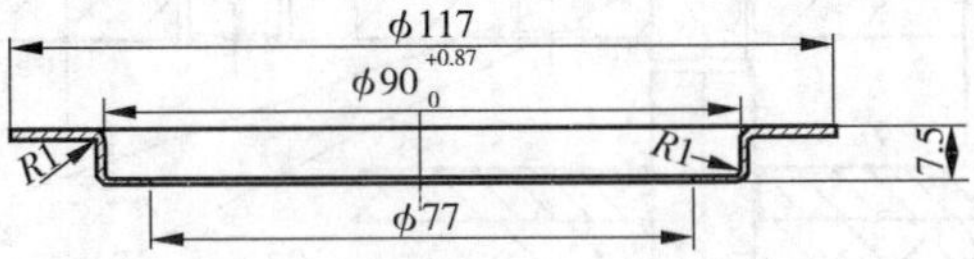

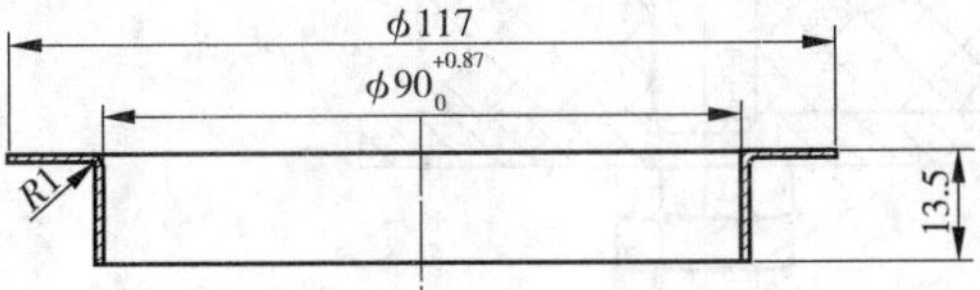

3.1.4 落料拉深复合模设计

(1) 落料拉深复合模总体结构

落料拉深复合模用于带凸缘筒形件加工,完成落料和拉深两个工序。拟采用正装结构,如图 3.5 所示。拉深凸模及压边圈均布置在下模,下模底部设置弹性机构以对压边圈提供压边力,落料凹模也位于下模,定位的导料销和挡料销安装在落料凹模上。由于板料较薄,拟采用弹性卸料装置从凸凹模上卸下板料,其卸料板、卸料弹簧、卸料螺钉均安装在上模上,拉深工件由刚性推件装置推出。

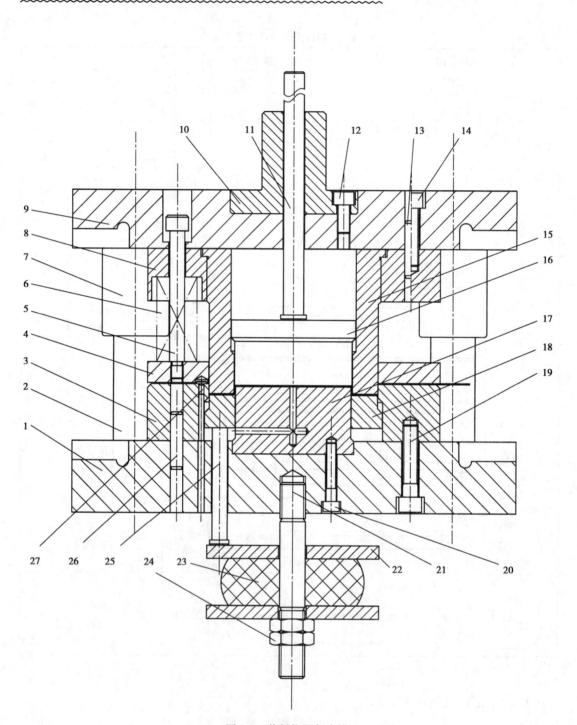

图 3.5　落料拉深复合模

1—下模座;2—导柱;3—落料凹模;4—卸料板;5—卸料螺钉;6—弹簧;7—导套;
8—固定板;9—上模座;10—模柄;11—打杆;12,14,19,20—螺钉;13,26—销钉;
15—凸凹模;16—推件块;17—拉深凸模;18—压边圈;21—螺柱;
22—托板;23—橡皮;24—螺帽;25—顶杆;27—挡料销

（2）落料拉深复合模工作零件设计

1）刃口尺寸计算

①落料工序刃口尺寸。

落料毛坯尺寸为 $\phi133$ mm，未注公差，按 IT14 级精度取其公差为 1.0 mm，计算尺寸为 133_{-1}^{0} mm；工件材质为 08 钢、料厚为 1 mm，查相关手册得到冲裁间隙为：$Z_{max} = 0.14$ mm，$Z_{min} = 0.10$ mm，$Z_{max} - Z_{min} = 0.04$ mm；模具制造公差按 IT10 级选取，为 0.16 mm。由于 $|\delta_{凸}| + |\delta_{凹}| = 0.32 > Z_{max} - Z_{min} = 0.04$，不满足分别加工的条件，按配合加工方法制造。

以落料凹模为基准，尺寸 133_{-1}^{0} mm 磨损后增大，属于落料模第一类尺寸，磨损系数取 0.5，则

$$D_{凹} = （工件最大极限尺寸 - X \times \Delta）_{0}^{+\delta_{凹}}$$
$$= （133 - 0.5 \times 1）_{0}^{+0.16} = 132.5_{0}^{+0.16}（mm）$$

落料凸模的基本尺寸为 132.5 mm，与凹模现场配作，保证双面间隙为 0.10 ~ 0.14 mm。

②拉深工序刃口尺寸。

整个冲压工序中虽然只有一道拉深工序，但拉深后有整形工序，因此，此拉深工序可认为是两次拉深的首次拉深。凹模的圆角半径为 2 mm，凸模的圆角半径为 1 mm，间隙取 $1.1 \times t = 1.10$ mm。工件公差未标注，按 IT14 级选取，为 $90_{0}^{+0.87}$ mm，模具制造公差按 IT10 级选取，$\delta_{凸} = \delta_{凹} = 0.14$ mm。

工件要求的是内形尺寸，以凸模尺寸为基准进行计算，即：

$$d_{凸} = （d + 0.4\Delta）_{-\delta_{凸}}^{0}$$
$$= （90 + 0.4 \times 0.87）_{-0.14}^{0} = 90.35_{-0.14}^{0}（mm）$$
$$d_{凹} = （d + 0.4\Delta + 2Z）_{0}^{+\delta_{凹}}$$
$$= （90 + 0.4 \times 0.87 + 2 \times 1.1）_{0}^{+0.14} = 92.55_{0}^{+0.14}（mm）$$

2）拉深凸模结构设计

拉深凸模采用螺钉连接、窝座定位的方式安装在下模座上，配合段与下模座之间按 H7/h6 过渡配合，连接螺钉 3 根。刃口直径为 90.35 mm，配合段直径为 95 mm，台阶处为 45°角连接。由于拉深件高度为 6.5 mm、压边圈厚度取 25 mm、压边圈与下模座之间的安全距离取 10 mm、配合段长度为 10 mm，凸模总长度是它们的总和，为 51.5 mm，其中，露出下模座部分 41.5 mm。凸模上还设计了直径为 5 mm 的排气孔。

3）落料凹模结构设计

落料凹模外形采用圆形，直径为刃口尺寸加上壁厚。

凹模厚度 H：根据料厚 1 mm、工件直径 133 mm，查表 2.5，系数 k 取 0.18。

$$H = K \times l = 0.18 \times 133 = 23.9 \approx 24（mm）$$

凹模壁厚 c：

$$c = （1.5 ~ 2）\times H = （1.5 ~ 2）\times 24 = 36 ~ 48（mm）$$

但是，受模具结构的影响，凹模的实际厚度大于计算值。为了保证先落料后拉深的工序过程，落料凹模比拉深凸模高 2 mm，因此，凹模的实际厚度比拉深凸模的露出下模座的长度 41.5 mm 多 2 mm，为 43.5 mm。将壁厚取为 48.75 mm，凹模的外径 D 为：

$$D = d + 2 \times c = 132.5 + 2 \times 48.75 = 230（mm）$$

考虑修磨的需要,凹模刃口直壁高度取 10 mm;压边圈上下移动的过孔直径取 140 mm,二者之间为 45°角连接,以形成对压边圈向上运动的限位台阶。落料凹模由 4 根螺钉与下模座连接,2 根销钉定位,并带有安装挡料销和导料销的销孔。

4)凸凹模结构设计

凸凹模采用固定板固定、螺钉连接、销钉定位的方式安装在上模座上。

①凸凹模长度

采用弹性卸料板卸料,为了安装弹簧,凸凹模的长度约为凸凹模的工作行程、被压缩后的弹簧长度、固定板厚度、卸料板厚度等尺寸之和。若弹簧两端部分埋入固定板和卸料板,凸凹模的长度会减小,即:

$$l_{凸凹模} = h_{工作行程} + h_{弹簧} + h_{固定板} + h_{卸料板} - h_{埋入}$$

其中,凸凹模的工作行程为 8.5 mm,固定板厚度取 40 mm,卸料板厚度取 16 mm,弹簧埋入固定板 18 mm。

弹簧的选用见后续计算,被压缩后的弹簧长度 $h_{弹簧}$ 为:

$$h_{弹簧} = H_0 - h_{预压缩} - h_{工作行程} - h_{修磨}$$
$$= 100 - 18.1 - 8.5 - 4 = 69.4(mm)$$

所以,凸凹模的长度为:

$$l_{凸凹模} = 8.5 + 69.4 + 40 + 16 - 18 \approx 116(mm)$$

②凸凹模外形尺寸

在长度方向上,凸凹模的外形分为刃口段、配合段和台肩三段。刃口段外径基本尺寸为 132.5 mm,与落料凹模现场配作。配合段外径为 136.5 mm,与固定板按 H7/m6 过渡配合,长度为 34 mm(固定板厚度 40 mm 减去台肩长度)。台肩段外径为 143.5 mm,长度为 6 mm,与配合段连接处带有 2 mm×1 mm 的退刀槽。

③凸凹模内孔尺寸

在长度方向上,凸凹模的内孔分为刃口和过孔。刃口内径为 92.55 mm,长度设为 30 mm。推件块上下移动的过孔直径取 98 mm,二者之间为 45°角连接,以形成对推件块向下运动的限位台阶。

(3)落料拉深复合模定位零件设计

1)挡料销

挡料销用于板料定距,安装于落料凹模旁,利用废料孔前端定位。采用固定挡料销,板料厚度为 1 mm,选择直径 D 为 8 mm、挡料高度 h 为 2 mm 的挡料销。挡料销的配合段与凹模上的销钉孔过渡配合,配合段直径 d 为 4 mm。挡料销中心到凹模刃口的距离为:

$$D/2 + 工件间搭边值 = 4 + 2 = 6(mm)$$

而销孔与凹模之间的壁厚为:

$$(D - d)/2 + 工件间搭边值 = 2 + 2 = 4(mm)$$

比冲裁凸凹模最小壁厚 2.7 mm 大,能够满足凹模刃口的强度要求。

2)导料销

采用导料销对板料从右向左移动进行导向,导料销共 2 个,一左一右,均安装在落料凹模的后侧,位置根据排样图确定。移动板料时,操作者将板料的侧边紧靠 2 个导料销,保证板料移动方向正确。导料销也为固定式,结构、规格与挡料销相同。

（4）落料拉深复合模卸料与推件零件设计

落料拉深复合模的卸料或推件零件,包括板料的卸料、工件从拉深凹模推出、工件从拉深凸模顶出三个部分。

1）板料的卸料

板料厚度为 1 mm,采用弹性卸料装置卸料。弹性卸料装置由卸料板、弹性元件、卸料螺钉组成。

弹性元件选用寿命较长、稳定性较高的圆柱螺旋压缩弹簧,弹簧规格计算如下:

①确定弹簧的数目及其负荷

根据模具结构与尺寸,拟选用 6 个弹簧,每个弹簧的负荷 F_0 为:

$$F_0 = F_{卸} / n = 5\ 000 \div 6 \approx 833 (\text{N})$$

②初选弹簧规格

从圆柱螺旋压缩弹簧的相关标准中初步选用最大工作负荷 F_n 为 1 505 N 的弹簧,其主要参数:钢丝直径为 6 mm,弹簧中径为 32 mm,自由高度 H_0 为 100 mm,最大工作负荷下的变形量 f_n 为 33 mm,刚度 F' 为 46 N/mm。

③校核所选弹簧

弹簧的预压缩量:

$$F_{预} = F_0 = 833 (\text{N})$$

$$h_{预} = F_{预} / F' = 833/46 = 18.1 (\text{mm})$$

卸料板的最大工作行程 $h_{工}$ 为 8.5 mm,凸凹模修磨量 $h_{修磨}$ 取 4 mm。

则,弹簧的总压缩量 $h_{总}$ 为:

$$h_{总} = h_{预} + h_{工} + h_{修磨} = 18.1 + 8.5 + 4 = 30.6 (\text{mm})$$

而 f_n 为 33 mm 大于 $h_{总} = 30.6$ mm,因此,所选取的 $6 \times 32 \times 100$ 圆柱螺旋压缩弹簧是合适的。

根据料厚 1 mm、料宽 137.5 mm,卸料板厚度取为 16 mm;卸料板外形与落料凹模一致,为 230 mm;卸料板内径取 133 mm,稍大于落料凸模,单边间隙为 0.25 mm。卸料板上还加工有 6 个安装弹簧的沉孔和 6 个安装卸料螺钉的螺孔。

根据模具结构,选用 6 根 M10 × 100 mm 的圆柱头卸料螺钉。

2）上模推件装置

上模推件装置用于将工件从拉深凹模中推出,采用由推件块与打杆组成的刚性推件装置。

推件块为带有台阶的圆柱体,小端直径取 92 mm,与拉深凹模刃口之间的单边间隙约为 0.3 mm;大端直径取 97.4 mm,与凸凹模内孔壁之间的单边间隙为 0.3 mm,小端、大端之间为 45°角连接,推件块总高度约为 50 mm。根据模柄中间的过孔直径,采用直径为 16 mm 的 A 型带肩推杆作为打杆,长度初步确定为 200 mm,现场试模最终长度确定。

3）下模顶件装置

下模顶件装置除了顶件外,更重要的是作为压边圈使用,因此,按压边圈要求设计该装置。该装置由压边圈、顶杆、弹性元件、托板、双头螺柱组成。

压边圈厚度取 25 mm,小端厚度 10 mm 与落料凹模刃口直壁高度一致;内孔直径取 90.8 mm,与拉深凸模之间的单边间隙约为 0.3 mm;小端外径取 132 mm,大端外径取 139.5 mm,形成与落料凹模之间 0.25 mm 的单边间隙,小端、大端之间为 45°角连接。

压边力来自于被压缩的弹性元件,采用橡皮作为弹性元件。橡皮尺寸计算如下:

①确定橡皮的压缩量及厚度

压边圈的工作行程 L_1 与拉深高度相等,取 7.5 mm。橡皮的自由厚度 h 为:

$$h = L_1/(0.25 \sim 0.30) = 25 \sim 30(\mathrm{mm})$$

取橡皮厚度为 30 mm,预压缩量取其自由厚度 h 的 10% ~ 15%,约为 4 mm。

②确定橡皮的截面尺寸

计算的压边力 F 为 17 000 N,橡皮的单位面积压边力 p 取 2.5 MPa,则橡皮的横截面积 A 为:

$$A = F/p = 17\ 000/2.5 = 6\ 800(\mathrm{mm}^2)$$

采用圆形橡皮,忽略双头螺柱所占面积,橡皮直径 D 为:

$$D = \sqrt{\frac{4A}{\pi}} = \sqrt{\frac{4 \times 6\ 800}{3.14}} \approx 93(\mathrm{mm})$$

取 100 mm。

③校验橡皮的高度

橡皮的自由高度 h 与截面直径 D 的比值为 $h/D = 0.3$,小于 0.5,所选橡皮尺寸不能满足要求。因此,将橡皮高度增加到 50 mm,使其满足 $h/D \geqslant 0.5$ 的要求。预压缩量取其自由厚度 h 的 10% ~ 15%,约为 6 mm。

4 根直径为 12 mm、长度约为 90 mm 的顶杆,均布在直径为 115 mm 的节圆上。托板的直径为 135 mm,厚度为 10 mm,采用 M 20 × 120 mm 的双头螺柱,将弹性机构安装在下模座底面。

(5)落料拉深复合模结构零件设计

1)模架的选用

选用后侧导柱滑动导向模架。落料凹模为圆形,外径为 230 mm,选用 $L \times B = 250\ \mathrm{mm} \times 250\ \mathrm{mm}$ 的模架。加工的板料厚度为 1 mm,冲压力不大,且上模的卸料螺钉行程也较小,选用薄型模座。用于导向的导柱导套共两副,初选的闭合高度为 220 ~ 260 mm,对应的导柱为 35 mm × 210 mm,导套为 35 mm × 115 mm × 43 mm。模架的规格参数见表 3.2。

表 3.2　落料拉深复合模模架主要规格参数

序　号	名　称	规　格/mm	标　准
1	凹模周界	250 × 250	/
2	闭合高度	220 ~ 260	/
3	上模座	250 × 250 × 45	GB/T 2855.1
4	下模座	250 × 250 × 55	GB/T 2855.2
5	导柱	35 × 210	GB/T 2861.1
6	导套	35 × 115 × 43	GB/T 2861.3

2)模柄的选用

模柄用于连接模具与压力机。本模具属于中小型模具,规格相对较大,选用凸缘式模柄。所选 J 23-25 压力机的模柄孔直径×深度为 50 mm × 70 mm。模柄中需要有打杆过孔,因此,选用直径为 50 mm 的 B 型模柄。模柄的凸缘与上模座的安装窝孔采用 H7/js6 过渡配合,用 4 根 M10 的内六角螺钉固定,模柄中心过孔直径为 15 mm,将其扩大为 17 mm,选用直径为 16 mm 的打杆。

3）固定板的设计

固定板用于安装固定凸凹模,外形为圆形,直径为 230 mm,厚度取 40 mm,接近凸凹模总长度的 40%。内孔直径基本尺寸为 136.5 mm,与凸凹模按 H7/m6 过渡配合。固定板与凸凹模固定成一个整体后,再用 6 根螺钉、2 个销钉与上模座连接。固定板上还加工有安装 6 根弹簧的窝座和 6 根卸料螺钉的过孔。

4）螺钉与销钉的选用

落料凹模采用 4 根螺钉、2 根销钉与下模座连接。落料凹模厚度为 43.5 mm,选用规格为 M12 的圆柱头内六角螺钉,螺钉公称长度为 55 mm。4 根螺钉均布在直径为 185 mm 的节圆上,螺钉间距约为 130 mm,符合螺钉的间距要求。销钉选用直径为 10 mm、长度为 40 mm 的圆柱销,在直径为 185 mm 的节圆上对角布置。

拉深凸模采用 3 根螺钉与下模座连接,螺钉规格选用 M8,公称长度为 45 mm,均布在直径为 60 mm 的节圆上。

凸凹模通过固定板安装在上模上,固定板采用 6 根圆柱头内六角螺钉、2 根销钉与上模座连接。螺钉规格为 M12,公称长度为 45 mm,6 根螺钉均布在直径为 185 mm 的节圆上,螺钉间距约为 93 mm,符合螺钉的间距要求。销钉也选用直径为 10 mm、长度为 40 mm 的圆柱销,在直径为 185 mm 的节圆上对角布置。

（6）落料拉深复合模安装尺寸的校核

1）校核模架闭合高度

模具的合模高度约为 252 mm,介于模架的最小闭合高度 220 mm 与最大闭合高度 260 mm 之间,符合要求。

2）校核压力机装模高度

模具的合模高度约为 252 mm,所选 J 23-25 开式双柱压力机,最大装模高度 270 mm,最小装模高度 215 mm。模具的合模高度 $H_{模具}$ 与压力机的最大装模高度 H_{max} 和最小装模高度 H_{min} 应满足关系式:

$$H_{min} + 10 \text{ mm} \leqslant H_{模具} \leqslant H_{max} - 5 \text{ mm}$$

代入相关数据计算,得:

$$225 \leqslant 252 \leqslant 265$$

符合压力机装模高度要求。

3）校核压力机平面安装尺寸

①所选 J 23-25 开式双柱压力机模柄孔直径为 50 mm,所选模柄直径也为 50 mm,二者一致,符合要求。

②所选压力机工作台板上平面尺寸为 560 mm × 370 mm,而下模座的外形尺寸为 350 mm × 340 mm,小于 560 mm × 370 mm,且具有足够的固定模具的位置,符合要求。

③所选压力机工作台孔直径为 180 mm,大于顶料装置的外形尺寸 φ135 mm,小于下模座外形尺寸 350 mm × 340 mm,符合要求。

3.1.5 整形模设计

（1）整形模总体结构设计

整形工序的作用是获得小圆角半径,规整工件的形状,提高工件的尺寸精度。整形模结构如图 3.6 所示,整形凸模及顶件装置均布置在下模,下模底部设置弹性机构以对顶件装置提供压边力;整形凹模位于上模,工件由推件机构从凹模中推出。开模状态下,顶件装置的上表面低于整形凸模,将整形前工件倒扣在整形凸模上,利用工件的内形与整形凸模的配合,使工件定位。闭模状态下,凸模、推件块与上下模座之间,以及凹模、顶件板与上下模座之间,均刚性接触,以获得足够大的整形校正力。

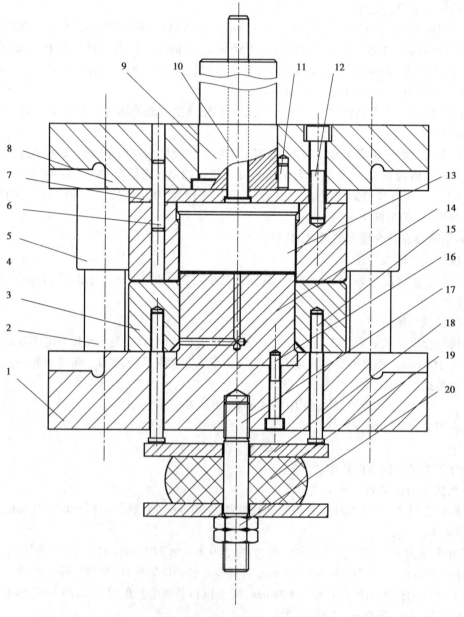

图 3.6 整形模

1—下模座;2—导柱;3—顶件板;4—整形凹模;5—导套;6—销钉;7—垫板;
8—上模座;9—模柄;10—打杆;11—止转销;12,16—螺钉;13—推件块;
14—整形凸模;15—顶杆;17—螺柱;18—托板 19—橡皮;20—螺帽

（2）整形模工作零件设计

1）刃口尺寸计算

整形模具的凹模、凸模圆角半径均为 1 mm，间隙取 $1.05 \times t = 1.05$ mm。模具制造公差根据末次拉深按表 2.7 选取，$\delta_{凹} = 0.05$ mm，$\delta_{凸} = 0.03$ mm。

工件内形尺寸为 $90_{0}^{+0.87}$ mm，以凸模尺寸为基准进行计算，即：

$$d_{凸} = (d + 0.4\Delta)_{-\delta_{凸}}^{0}$$
$$= (90 + 0.4 \times 0.87)_{-0.03}^{0} = 90.35_{-0.03}^{0} (mm)$$
$$d_{凹} = (d + 0.4\Delta + 2Z)_{0}^{+\delta_{凹}}$$
$$= (90 + 0.4 \times 0.87 + 2 \times 1.05)_{0}^{+0.05} = 92.45_{0}^{+0.05} (mm)$$

2）凸模和凹模结构

整形凸模采用螺钉连接、窝座定位的方式安装在下模座上，配合段与下模座之间按 H7/h6 过渡配合，连接螺钉 3 根。刃口直径为 90.35 mm，配合段直径为 95 mm，台阶处为 45°角连接。凸模总长度取 70 mm，其中配合段长度 10 mm。凸模上也设计了直径为 5 mm 的排气孔。

整形凹模外形采用圆形，壁厚取 ~40 mm，外径为 172 mm，凹模厚度取 60 mm，由 4 根螺钉与上模座连接，2 根销钉定位。

（3）整形模推件零件设计

工件由顶件板推出凸模，为保证闭模时的刚性接触，顶件板厚度根据凸模高度确定为 $(60 - 6.5) = 53.5$ mm，外圆直径为 172 mm，内孔直径为 90.8 mm，与凸模之间的间隙约为 0.25 mm。

顶件板的顶件力来自于被压缩的弹性元件，采用橡皮作为弹性元件。橡皮的自由高度取 50 mm，直径取 100 mm。选用 4 根直径为 10 mm、长度约为 100 mm 的 B 型带肩推杆，均布在直径为 125 mm 的节圆上。托板的直径为 145 mm，厚度为 10 mm，采用 M20 的双头螺柱将弹性机构安装在下模座底面。

工件由推件块从凹模推出，为保证闭模时的刚性接触，推件块厚度根据凹模厚度确定为 $(60 - 6.5) = 53.5$ mm，推件块采用台阶限位，以免开模时从上模脱出。

（4）整形模结构零件设计

1）模架的选用

选用后侧导柱滑动导向模架。整形凹模为圆形，外径为 172 mm，选用 $L \times B = 200$ mm × 200 mm 的模架。由于整形力较大，可选用厚型模座。用于导向的导柱导套共两副，初选的闭合高度为 220 ~ 265 mm，对应的导柱为 32 mm × 210 mm，导套为 32 mm × 115 mm × 48 mm。模架的规格参数见表 3.3。

表 3.3　整形模具模架主要规格参数

序　号	名　称	规　格/mm	标　准
1	凹模周界	200×200	/
2	闭合高度	220 ~ 265	/
3	上模座	$200 \times 200 \times 50$	GB/T 2855.1
4	下模座	$200 \times 200 \times 60$	GB/T 2855.2
5	导柱	32×210	GB/T 2861.1
6	导套	$32 \times 115 \times 48$	GB/T 2861.3

2）模柄的选用

模具尺寸较小，选用压入式模柄。所选 J23-100 压力机的模柄孔直径×深度为 60 mm × 75 mm，选用的模柄直径 d 为 60 mm；上模座厚度为 50 mm，选用的模柄配合段长度 L_1 为 50 mm、总长度 L 为 125 mm；模柄中需要有打杆过孔，选用 B 型模柄，过孔直径为 15 mm；模柄台肩的直径×高度为 71 mm×8 mm，配作的止转销孔为 $\phi 8$ mm。选用直径为 16 mm 的打杆时，将模柄中心过孔直径扩大为 17 mm。

3）螺钉与销钉的选用

整形凹模采用 4 根螺钉、2 根销钉与上模座连接。整形凹模厚度为 60 mm，选用规格为 M12 的圆柱头内六角螺钉，公称长度为 60 mm。4 根螺钉均布在直径为 125 mm 的节圆上。销钉选用直径为 10 mm、长度为 50 mm 的圆柱销，在直径为 125 mm 的节圆上对角布置。

整形凸模采用 3 根螺钉与下模座连接，螺钉规格选用 M8，均布在节圆直径为 60 mm 的节圆上。

（5）整形模安装尺寸的校核

1）校核模架闭合高度

模具的合模高度约为 234 mm，介于模架的最小闭合高度 220 mm 与最大闭合高度 265 mm 之间，符合要求。

2）校核压力机装模高度

模具的合模高度约为 234 mm，所选 J23-100 开式双柱压力机，最大装模高度为 400 mm，最小装模高度为 300 mm，不能满足关系式：

$$H_{min} + 10 \text{ mm} \leqslant H_{模具} \leqslant H_{max} - 5 \text{ mm}$$

因此，模具安装时需要增加垫板。

3）校核压力机平面安装尺寸

①所选 J23-100 开式双柱压力机模柄孔直径为 60 mm，所选模柄直径也为 60 mm，二者一致，符合要求。

②所选压力机工作台板上平面尺寸为 900 mm×600 mm，而下模座的外形尺寸为 300 mm×280 mm，小于 900 mm×600 mm，且具有足够的固定模具的位置，符合要求。

③所选压力机工作台孔直径为 300 mm，大于顶料装置的外形尺寸 $\phi 145$ mm，符合要求。但是，工作台孔直径大于下模座外形尺寸 300 mm×280 mm，不能满足要求，因此，增设垫板时要保证模具不从工作台孔中落下。

3.1.6 冲孔切边复合模设计

（1）冲孔切边复合模总体结构设计

冲孔切边复合模完成预制孔冲制和凸缘的外缘切边。冲孔切边复合模结构如图 3.7 所示，采用切边凹模在上的倒装结构，利用工件的内形与凸凹模的配合使工件定位。紧靠凸凹模侧边安装 2 把废料切刀，将切边的废料切成 2 段，起卸料作用；冲孔废料直接通过模具的漏料孔、压力机工作台孔自动落下，工件由推件装置从上模推出，人工移除。

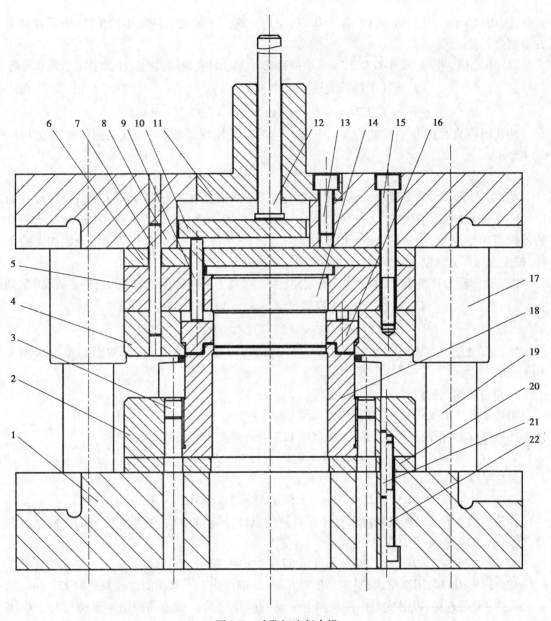

图 3.7   冲孔切边复合模

1—下模座;2—凸凹模固定板;3—废料切刀;4—切边凹模;5—凸模固定板;6—垫板;

7,21—销钉;8—上模座;9—推杆;10—推板;11—模柄;12—打杆;13,15,22—螺钉;14—冲孔凸模;

16—推件块;17—导套;18—凸凹模;19—导柱;20—垫板

(2)冲孔切边复合模工作零件设计

1)冲孔切边复合模刃口尺寸

①冲孔刃口尺寸计算。

冲孔尺寸为 $\phi77$ mm,未注公差,按 IT 14 级精度取其公差为 0.74 mm,计算尺寸为 $77.0_{0}^{+0.74}$ mm;

冲裁间隙也为:$Z_{max}=0.14$ mm,$Z_{min}=0.10$ mm,$Z_{max}-Z_{min}=0.04$ mm;模具制造公差按 IT10 级

选取,为 0.12 mm。由于 $|\delta_凸| + |\delta_凹| = 0.24 > Z_{\max} - Z_{\min}$,不满足分别加工的条件,按配合加工方法制造。

以冲孔凸模为基准,尺寸 $77.0^{+0.74}_{0}$ mm 磨损后减小,属于冲孔模第二类尺寸,磨损系数取 0.5,则

$$d_凸 = (工件最大极限尺寸 - X \times \Delta)^{+\delta_凸}_{0}$$

$$= (77.74 - 0.5 \times 0.74)^{+0.12}_{0} = 77.37^{+0.12}_{0} (mm)$$

冲孔凹模直径的基本尺寸为 77.37 mm,与冲孔凸模现场配作,保证双面间隙为 0.10 ~ 0.14 mm。

②切边刃口尺寸计算。

切边的外形尺寸为 $\phi 117$ mm,未注公差,按 IT14 级精度取其公差为 0.87 mm,计算尺寸为 $117.0^{0}_{-0.87}$ mm;冲裁间隙也为:$Z_{\max} = 0.14$ mm,$Z_{\min} = 0.10$ mm,$Z_{\max} - Z_{\min} = 0.04$ mm;模具制造公差按 IT10 级选取,为 0.14 mm。由于 $|\delta_凸| + |\delta_凹| = 0.28 > Z_{\max} - Z_{\min}$,不满足分别加工的条件,按配合加工方法制造。

以切边凹模为基准,尺寸 $117.0^{0}_{-0.87}$ mm 磨损后增大,属于落料模第一类尺寸,磨损系数取 0.5,则

$$D_凹 = (工件最大极限尺寸 - X \times \Delta)^{+\delta_凹}_{0}$$

$$= (117.0 - 0.5 \times 0.87)^{+0.14}_{0} = 116.57^{+0.14}_{0} (mm)$$

切边凸模直径的基本尺寸为 116.57 mm,与切边凹模现场配作,保证双面间隙为 0.10 ~ 0.14 mm。

2)切边凹模结构设计

切边凹模外形采用圆形,直径为刃口尺寸加上壁厚。

凹模厚度 H:根据料厚 1 mm、工件直径 117 mm,查表 2.5,系数 k 取 0.18。

$$H = K \times l = 0.18 \times 117 \approx 21 (mm)$$

凹模壁厚 c:

$$c = (1.5 ~ 2) \times H = (1.5 ~ 2) \times 21 = 31.5 ~ 42 (mm)$$

为适当增大冲孔凸模的长度和便于推件块的设计,凹模的实际厚度取 30 mm,实际壁厚取 41.72 mm。凹模的外径 D 为:

$$D = d + 2 \times c = 116.57 + 2 \times 41.72 = 200 (mm)$$

切边凹模刃口采用直壁式,直壁高度取 6 mm。推件块上下移动的过孔直径取 122 mm,二者之间为 45°角连接,以形成对推件块向下运动的限位台阶。切边凹模由 4 根螺钉与上模座连接,2 根销钉定位。

3)冲孔凸模结构设计

冲孔凸模采用固定板固定、螺钉连接、销钉定位的方式安装在上模座上。在长度方向上,凸模的外形分为刃口段、配合段和台肩三段。刃口段直径为 $77.37^{+0.12}_{0}$ mm,长度比落料凹模小 6.5 mm,为 23.5 mm;配合段直径为 80 mm,与固定板按 H7/m6 过渡配合,长度等于固定板厚度 30 mm 减去台肩长度 6 mm,为 24 mm。台肩段外径 87 mm,长度 6 mm,与配合段连接处带有 2 mm×1 mm 的退刀槽。

4)凸凹模结构设计

凸凹模采用固定板固定、螺钉连接、销钉定位的方式安装在下模座上。

冲孔凹模刃口直径的基本尺寸为 77.37 mm,与冲孔凸模现场配作,刃口直壁高度取 6 mm,

漏料孔直径为 80 mm，与直壁之间为 45°角连接。

凸凹模的外形在长度方向上分为刃口段、配合段和台肩三段。刃口段长度为 30 mm，外径的基本尺寸为 116.57 mm，与落料凹模现场配作。配合段外径为 118 mm，与固定板按 H7/m6 过渡配合，长度为 34 mm（固定板厚度 40 mm 减去台肩长度）。台肩段外径 124 mm，长度 6 mm，与配合段连接处带有 2 mm × 1 mm 的退刀槽。

（3）冲孔切边复合模推件及卸料零件设计

1）推件装置

工件由推件装置从上模推出。推件装置由推件块、推杆、推件板和打杆组成。

推件块最大厚度约为 20 mm，采用台阶限位，小端形状按凸凹模形状设计，与切边凹模和冲孔凸模之间的间隙约为 0.2 mm，大端与推杆相接触。选用三根直径 8 mm、长度为 55 mm 的顶杆作为推杆，均布在直径为 100 mm 的节圆上。选用直径 D 为 125 mm、厚度为 12 mm 的 C 型顶板作为推板，形状为"三叉"形，上模座相应位置加工出与推板形状一致的"三叉"形盲孔，留出模柄连接螺钉的安装位置，推板与盲孔之间的单边间隙取 1 mm。选用直径为 16 mm 的带肩推杆作为打杆。

2）卸料装置

采用 2 把废料切刀将切边废料切断，达到卸料的目的。选用圆形废料切刀，直径 d 为 20 mm，高度 H 为 24 mm，2 把废料切刀均安装在下模固定板上，紧贴凸凹模对称布置。

（4）冲孔切边复合模结构零件设计

1）模架的选用

选用后侧导柱滑动导向模架。切边凹模为圆形，外径为 200 mm，选用 $L \times B = 250$ mm × 250 mm 的模架。由于上模座中布置有推板，选用厚型模座。用于导向的导柱导套共两副，初选的闭合高度为 240 ~ 285 mm，对应的导柱为 35 mm × 230 mm，导套为 35 mm × 125 mm × 48 mm。模架的规格参数见表 3.4。

2）模柄的选用

由于上模座与模柄之间设有推板，因此，选用凸缘式模柄。所选 J 23-40 压力机的模柄孔直径 × 深度为 50 mm × 70 mm，选用的模柄直径 d 为 50 mm；推板和上模座中盲孔的形状均为"三叉"结构，留出了安装 3 根连接螺钉的位置，选用 C 型模柄；模柄中心过孔直径为 15 mm，选用直径为 16 mm 的打杆时，将其扩大为 17 mm。

表 3.4 冲孔切边复合模模架主要规格参数

序 号	名 称	规 格/mm	标 准
1	凹模周界	250 × 250	/
2	闭合高度	240 ~ 285	/
3	上模座	250 × 250 × 50	GB/T 2855.1
4	下模座	250 × 250 × 65	GB/T 2855.2
5	导柱	35 × 230	GB/T 2861.1
6	导套	35 × 125 × 48	GB/T 2861.3

3）固定板与垫板的选用

上模固定板用于安装固定冲孔凸模，外形为圆形，直径与凹模相同，为 200 mm，厚度取

30 mm,超过了凸模总长度的一半。内孔直径基本尺寸为 80 mm,与凸模按 H7/m6 过渡配合。固定板与凸模固定成一个整体后,再用 4 根螺钉、2 个销钉与上模座连接。由于上模座加工有推板盲孔,因此,上模设有厚度为 12 mm 的垫板。

下模固定板用于安装固定凸凹模,外形为圆形,直径也为 200 mm,厚度取 40 mm,也超过了凸凹模总长度的一半。内孔直径基本尺寸为 118 mm,与凸凹模按 H7/m6 过渡配合。固定板与凸凹模固定成一个整体后,再用 4 根螺钉、2 个销钉与下模座连接。下模固定板还带有两个安装废料切刀的、直径为 12 mm 的销孔。下模也设有厚度为 10 mm 的垫板。

4)螺钉与销钉的选用

切边凹模采用 4 根螺钉、2 根销钉与上模座连接。凹模厚度为 30 mm,故选用规格为 M10 的圆柱头内六角螺钉,公称长度为 90 mm。4 根螺钉均布在直径为 160 mm 的节圆上,螺钉间距约为 113 mm,符合螺钉间距要求。销钉选用直径为 8 mm、长度为 75 mm 的圆柱销,在直径为 160 mm 的节圆上对角布置。

凸凹模通过固定板安装在下模上,固定板采用 4 根螺钉、2 根销钉与下模座连接。圆柱头内六角螺钉规格为 M10,公称长度为 70 mm,4 根螺钉均布在直径为 160 mm 的节圆上。销钉选用直径为 8 mm、长度为 45 mm 的圆柱销,在直径为 160 mm 的节圆上对角布置。

(5)冲孔切边复合模安装尺寸的校核

1)校核模架闭合高度

模具的合模高度约为 265 mm,介于模架的最小闭合高度 240 mm 与最大闭合高度 285 mm 之间,符合要求。

2)校核压力机装模高度

模具的合模高度约为 265 mm,所选 J 23-40 开式双柱压力机,最大装模高度为 330 mm,最小装模高度为 265 mm。模具的合模高度 $H_{模具}$、压力机的最大装模高度 H_{max} 和最小装模高度 H_{min} 应满足关系式:

$$H_{min} + 10 \text{ mm} \leq H_{模具} \leq H_{max} - 5 \text{ mm}$$

代入相关数据计算,得 $H_{模具} = 265 \leq H_{max} - 5 \text{ mm} = 325$,表明压力机有足够的空间安装模具。但是压力机所需的最小合模高度为 $H_{min} + 10 = 275 \text{ mm}$,大于模具的实际合模高度 265 mm,因此,安装模具时需在压力机工作台上增设垫块,以增大模具的实际高度。

3)校核压力机平面安装尺寸

①所选 J 23-40 开式双柱压力机模柄孔直径为 50 mm,所选模柄直径也为 50 mm,二者一致,符合要求。

②所选压力机工作台板上平面尺寸为 700 mm × 460 mm,而下模座的外形尺寸为 350 mm × 340 mm,小于 700 mm × 460 mm,且具有足够的固定模具的位置,符合要求。

③所选压力机工作台孔直径为 200 mm,大于冲孔废料直径 77 mm,小于下模座外形尺寸 350 mm × 340 mm,符合要求。

3.1.7 翻边模设计

(1)翻边模总体结构设计

翻边模仅完成单工序翻边,其结构如图 3.8 所示。翻边凸模及压边装置布置在下模,下模底部设置弹性机构以提供压边力;翻边凹模位于上模,工件由推件机构从凹模中推出。开模状态下,工件置于压边装置上,利用翻边预制孔与定位板未定位工件。

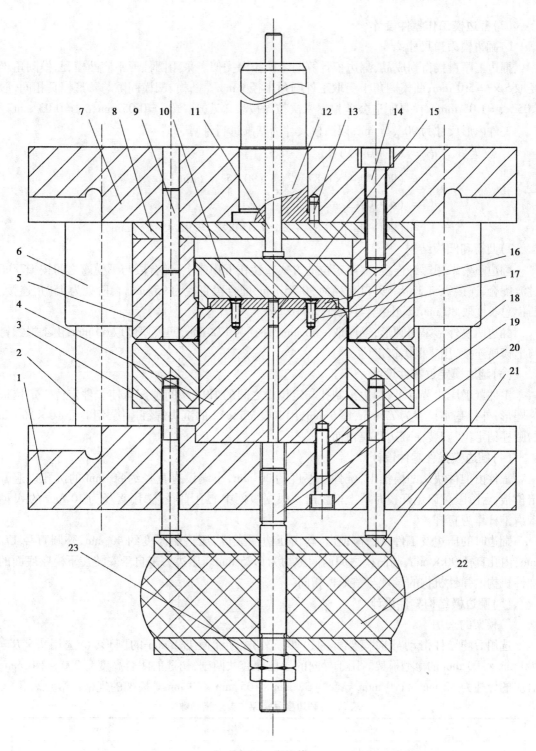

图 3.8　翻边模

1—下模座;2—导柱;3—压边圈;4—凸模;5—凹模;6—导套;7—上模座;8—垫板;
9,15—销钉;10—推件块;11—打杆;12—模柄;13—止转销;14,17,19—螺钉;
16—定位板;18—顶杆;20—螺柱;21—托板;22—橡皮;23—螺帽

（2）翻边模工作零件设计

1）翻边模刃口尺寸

翻边工序直接得到成品，翻边模计算与末次拉深类似。采用圆柱形平底凸模，凸模圆角半径取 $5 \times t = 5.0$ mm，凹模圆角半径取工件圆角半径 1 mm。凸模、凹模间隙与整形模具相同，取 $1.05 \times t = 1.05$ mm。模具制造公差根据末次拉深按表 2.7 选取，$\delta_凹 = 0.05$ mm，$\delta_凸 = 0.03$ mm。

工件内形尺寸为 $90^{+0.87}_{0}$ mm，以凸模尺寸为基准进行计算，即：

$$d_凸 = \left(d + 0.4\Delta \right)^{0}_{-\delta_凸}$$
$$= \left(90 + 0.4 \times 0.87 \right)^{0}_{-0.03} = 90.35^{0}_{-0.03} \left(mm \right)$$
$$d_凹 = \left(d + 0.4\Delta + 2Z \right)^{+\delta_凹}_{0}$$
$$= \left(90 + 0.4 \times 0.87 + 2 \times 1.05 \right)^{+0.05}_{0} = 92.45^{+0.05}_{0} \left(mm \right)$$

2）凸模和凹模结构

翻边凸模采用螺钉连接、窝座定位的方式安装在下模座上，配合段与下模座之间按 H7/h6 过渡配合，连接螺钉 3 根。刃口直径为 90.35 mm，配合段直径为 95 mm，台阶处为 45°角连接。凸模总长度取 80 mm，其中配合段长度为 10 mm。

翻边凹模外形采用圆形，壁厚取 ~40 mm，外径为 172 mm，凹模厚度取 60 mm，由 4 根螺钉与上模座连接，用 2 根销钉定位。

（3）翻边模定位零件设计

工件置于压边装置上，翻边预制孔与定位板之间的 H9/h9 间隙配合使工件定位。定位板为圆形，外径基本尺寸为 77 mm，厚 6 mm，用 3 根 M5×12 的沉头螺钉连接，用 1 根 $\phi 6 \times 16$ mm 的圆柱销定位，安装在翻边凸模顶面。

（4）翻边模推件零件设计

工件由推件块从凹模推出，推件块厚度约 30 mm，小端设有直径约 80 mm 的沉孔以避开定位板，台阶限位以免开模时从上模脱出。根据模柄中心孔直径，选用直径为 10 mm 的 A 型带肩推杆作为打杆。

翻边时的压边及工件从凸模顶出，均由压边圈完成，压边圈厚度约 40 mm，外圆直径 172 mm，内孔直径 90.8 mm，与凸模之间的间隙约为 0.25 mm。压边力来自于安装在下模座底面的弹性机构。弹性机构的设计与整形模相同。

（5）翻边模结构零件设计

1）模架的选用

选用后侧导柱滑动导向模架。翻边凹模外形为直径 172 mm 的圆形，也选用 $L \times B = 200$ mm × 200 mm 的薄型模架。用于导向的导柱导套共两副，初选的闭合高度为 200 ~ 240 mm，对应的导柱为 32 mm × 190 mm，导套为 32 mm × 105 mm × 43 mm。模架的规格参数见表 3.5。

表 3.5　翻边模具模架主要规格参数

序　号	名　称	规　格/mm	标　准
1	凹模周界	200×200	/
2	闭合高度	200~240	/
3	上模座	200×200×45	GB/T 2855.1

序　号	名　称	规　格/mm	标　准
4	下模座	$200 \times 200 \times 50$	GB/T 2855.2
5	导柱	32×190	GB/T 2861.1
6	导套	$32 \times 105 \times 43$	GB/T 2861.3

2）模柄的选用

模具尺寸较小,选用压入式模柄。所选 J23-16 压力机的模柄孔直径×深度为 40 mm×60 mm,选用的模柄直径 d 为 40 mm;上模座厚度为 45 mm,选用的模柄配合段长度 L_1 为 45 mm、总长度 L 为 115 mm;模柄中需要有打杆过孔,选用 B 型模柄,过孔直径为 11 mm;模柄台肩的直径×高度为 50 mm×6 mm,配作的止转销孔为 $\phi 6$ mm。

3）螺钉与销钉的选用

翻边凹模采用 4 根螺钉、2 根销钉与下模座连接。翻边凹模厚度为 60 mm,选用规格为 M12 的圆柱头内六角螺钉,公称长度为 55 mm。4 根螺钉均布在直径为 125 mm 的节圆上。销钉选用直径为 10 mm、长度为 50 mm 的圆柱销,在直径为 125 mm 的节圆上对角布置。

翻边凸模采用 3 根螺钉与下模座连接,螺钉规格选用 M8,均布在直径为 60 mm 的节圆上。

(6) 翻边模安装尺寸的校核

1）校核模架闭合高度

模具的合模高度约为 215 mm,介于模架的最小闭合高度 200 mm 与最大闭合高度 240 mm 之间,符合要求。

2）校核压力机装模高度

模具的合模高度约为 215 mm,所选 J23-16 开式双柱压力机,最大装模高度为 220 mm,最小装模高度为 185 mm,满足关系式:

$$H_{\min} + 10 \text{ mm} = 195 \text{ mm} \leqslant H_{\text{模具}} = 215 \text{ mm} \leqslant H_{\max} - 5 \text{ mm} = 215 \text{ mm}$$

装模高度符合要求。

3）校核压力机平面安装尺寸

①所选 J23-16 开式双柱压力机模柄孔直径为 40 mm,所选模柄直径也为 40 mm,二者一致,符合要求。

②所选压力机工作台板上平面尺寸为 450 mm×300 mm,而下模座的外形尺寸为 300 mm×280 mm,小于 450 mm×300 mm,且具有足够的固定模具的位置,符合要求。

③所选压力机工作台孔直径为 160 mm,大于顶料装置的外形尺寸 $\phi 145$ mm,小于下模座外形尺寸 300 mm×280 mm,符合要求。

3.2 实例二

如图 3.9 所示的冲裁件,材料为 Q235 钢,厚度为 2.0 mm,大批量生产,试设计其冲压工艺和冲压模具。

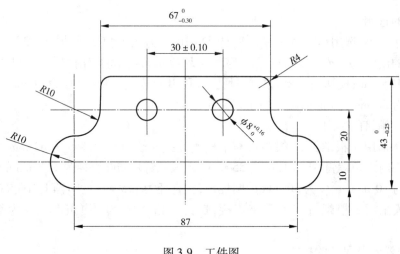

图 3.9 工件图

3.2.1 分析工件的冲压工艺性

(1)结构工艺性分析

工件为冲裁件,结构对称,形状较简单。工件最小圆角半径为 4 mm,2 个圆孔的直径均为 8 mm,孔心距为 30 mm,孔边距为 9 mm,均满足冲裁件的结构要求。

(2)尺寸精度工艺性分析

已标注公差的 $67_{-0.30}^{0}$、$43_{-0.25}^{0}$、$\phi8_{0}^{+0.16}$ 及 30 ± 0.10 等尺寸,精度等级为 IT12 ~ IT13 级;未标注公差的尺寸,精度等级可视为 IT14 级。工件的精度等级要求不高,冲压工艺能够加工出精度等级符合该要求的工件。

(3)材料和生产批量分析

工件的材料是 Q235 钢,抗拉强度 σ_b 为 432 ~ 461 MPa,且具有较好的塑性,料厚 2.0 mm,均满足冲裁件的材料要求;工件大批量生产,也符合冲压生产的要求。

综上所述,从结构、尺寸大小及其精度、材料等方面分析,该工件的冲压工艺性较好,可以采用冲压工艺生产。

3.2.2 制订冲压工艺方案

工件的基本工序较少,仅为落料和冲孔,可能采用的冲压工艺方案有 3 个。

方案一:单工序模,先落料,再冲孔;

方案二:落料冲孔复合模,落料工序和冲孔工序同时完成;

方案三:采用连续模,先冲孔,再落料。

3 个方案中,方案一的模具结构简单,但需两道工序、两副模具,生产效率低,零件尺寸误差累积大,精度较差,不适用于生产批量较大的情况。

方案三只需一副模具,生产效率也较高,但工件精度稍差,模具制造、装配也较复杂。

由于工件孔边距为 9 mm,而 2.0 mm 料厚所需的凸凹模最小壁厚为 4.9 mm,凸凹模在强度上能够满足落料和冲孔两个工序复合的条件,因此,采用落料冲孔复合模就成为方案之一。此方案只需一副模具,冲压件的尺寸精度易保证,生产效率高。尽管模具结构较方案一复杂,但由于零件的几何形状较简单,模具制造并不困难。

所以,确定方案二为最终设计方案,采用一副落料冲孔复合模冲压该工件。

3.2.3　工艺计算

(1)排样设计

采用 1 500 mm × 1 000 mm × 2.0 mm 的冷轧钢板,剪板机剪切成条料使用。

1)确定排样方式

工件外形较简单,外形近似矩形,最大边长 L 为 107 mm,宽度 D 为 43 mm。可能存在的排样方式有直排和错排两种。错排在一定程度上可节省原材料,但节省的量不大,且会导致模具结构复杂,操作不便。因此,排样方式采用直排,以 107 mm 确定条料宽度,以 43 mm 确定步距。

2)确定送料步距和条料宽度

单排排样,人工压紧条料,使其紧靠导料销向前移送。

工件料厚 2.0 mm,外形近似矩形。查相关资料,工件间最小搭边值 a 为 2.0 mm,工件与条料侧边最小搭边值 a_1 为 2.2 mm,条料宽度的下偏差 $\Delta = 1.0$ mm。

送料步距 A 为:

$$A = D + a = 43 + 2 = 45(\text{mm})$$

按有侧压计算,条料宽度 B 为:

$$B = (L + 2a_1 + \Delta)_{-\Delta}^{0} = (107 + 2 \times 2.2 + 1.0)_{-1.0}^{0} = 112.4_{-1.0}^{0}(\text{mm})$$

为便于剪板机下料,条料宽度确定为 $113_{-1.0}^{0}$ mm,工件与条料侧边搭边值 a_1 为 2.5 mm。

3)材料利用率的计算及裁料方式的选择

尺寸为 1 500 mm × 1 000 mm 的钢板,裁料的方式有纵裁和横裁两种。

若采用纵裁的方式,每块钢板可裁出 8 根 1 500 mm × 113 mm 的条料,每根条料可冲裁 33 个毛坯,每块钢板可加工出 264 个工件。若采用横裁的方式,每块钢板可裁出 13 根 1 000 mm × 113 mm 的条料,每根条料可冲裁 22 个毛坯,每块钢板可以加工出工件 286 个。显然,横裁的方式虽然会增加裁板和调换条料次数,但会显著增加材料利用率,应该加以采用。横裁出的每根条料重约 1.8 kg,不会增加劳动强度。

一个步距内材料的利用率为

$$\eta = \frac{S_1}{S_0} \times 100\% = \frac{3\ 536.92}{113 \times 45} \times 100\% = 69.6\%$$

一根条料的总利用率为:

$$\eta_0 = \frac{n \times S_1}{L \times B} \times 100\% = \frac{22 \times 3\ 536.92}{1\ 000 \times 113} \times 100\% = 68.9\%$$

每块钢板的总利用率为：

$$\eta_0 = \frac{n \times S_1}{L \times B} \times 100\% = \frac{286 \times 3\,536.92}{1\,500 \times 1\,000} \times 100\% = 67.4\%$$

设计的排样图如图 3.10 所示。

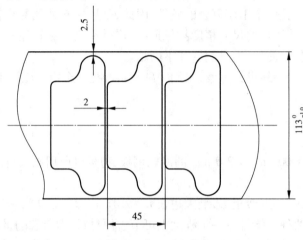

图 3.10　排样图

(2)冲压力的计算及压力机选择

Q235 钢的抗拉强度 σ_b 为 432 ~ 461 MPa,取 450 MPa 计算冲压力。

1)落料力计算

工件的外轮廓线总长度 $L_{落料}$ 为 270.76 mm,落料力 $F_{落料}$ 为:

$$F_{落料} = L_{落料} \times t \times \sigma_b = 270.76 \times 2 \times 450 = 243\,684(\text{N}) \approx 243.7(\text{kN})$$

2)冲孔力计算

2 个孔的直径为 8 mm,周长为 $L_{冲孔} = 50.24$ mm,冲孔力 $F_{冲孔}$ 为:

$$F_{冲孔} = L_{冲孔} \times t \times \sigma_b = 50.24 \times 2 \times 450 = 45\,216(\text{N}) \approx 45.2(\text{kN})$$

3)辅助力计算

冲孔落料复合模拟采用落料凹模在上模的倒装结构,板料由弹性卸料板向上卸料,冲孔废料由冲孔凸模向下推出,因此,辅助力包括与落料力有关的卸料力、与冲孔力有关的推件力。

①卸料力计算。

根据料厚选取卸料力系数 $K_{卸料}$ 为 0.05,代入公式计算得:

$$F_{卸料} = K_{卸料} \times F_{落料} = 0.05 \times 243.7 \approx 12.2(\text{kN})$$

②推件力计算。

根据料厚选取卸料力系数 $K_{推件}$ 为 0.05,冲孔凹模洞口直壁高度 h 取 8 mm,滞留在冲孔凹模内的废料数 $n = h/t = 8/2 = 4$,代入公式计算得:

$$F_{推件} = n \times K_{推件} \times F_{冲孔} = 4 \times 0.05 \times 45.2 \approx 9(\text{kN})$$

4)总冲压力计算

落料力、冲孔力及辅助力的总和即为总冲压力 F:

$$F = F_{落料} + F_{冲孔} + F_{卸料} + F_{推件}$$
$$= 243.7 + 45.2 + 12.2 + 9 = 310.1(\text{kN})$$

5）压力机的选择

由于工件尺寸不大、精度要求不高,送料方式为前后送料,选用结构简单、操作方便的开式双柱压力机。按照压力机规格系列,选择公称压力为 400 kN 的 J 23-40 开式双柱可倾压力机。

（3）模具压力中心的计算

模具的中心应该与冲压的压力中心 (X_0, Y_0) 重合,以避免偏载。

1）按比例画出凸模工作部分剖面的轮廓图,并标出基本尺寸,如图 3.11 所示。

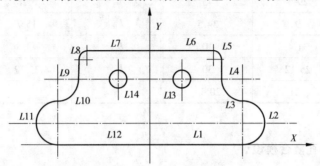

图 3.11　压力中心计算轮廓图

2）选定计算坐标系

选定工件中心线为 Y 轴,底边为 X 轴,计算坐标系如图 3.11 所示。由于工件左右对称,压力中心位于 Y 轴上,压力中心的 $X_0 = 0$,只需计算压力中心的 Y 轴坐标。

3）计算各线段长度及其重心坐标

工件冲裁线划分为 14 段基本线段,各线段长度及其重心坐标计算结果列于表 3.6 中。计算中,L_3、L_5、L_8、L_{10} 分别为 $\dfrac{1}{4}$ 圆弧,圆心角为 $\dfrac{\pi}{2}$,其重心到圆心的距离 z 与圆弧半径 R 的关系近似为：

$$z = \frac{2\sqrt{2}}{\pi}R = 0.9\,R$$

转化到 Y 坐标轴方向时,$y = z \times \sin\dfrac{\pi}{4} = 0.9 \times R \times \sin\dfrac{\pi}{4}$。

再通过圆心的坐标值分别求出各线段重心的坐标值。

4）计算压力中心坐标

将各线段长度及其坐标值代入公式,计算出压力中心 Y 向坐标值 y_0：

$$y_0 = \frac{l_1 y_1 + l_2 y_2 + l_3 y_3 + \cdots + l_{14} y_{14}}{l_1 + l_2 + l_3 + \cdots + l_{14}}$$

$$= \frac{(43.5 \times 0 + 31.4 \times 10 + 15.7 \times 23.64 + 9 \times 34.5 + 6.28 \times 41.55 + 29.5 \times 43 + 25.12 \times 30) \times 2}{(43.5 + 31.4 + 15.7 + 9 + 6.28 + 29.5 + 25.12) \times 2}$$

$$= 20.43\,(\text{mm})$$

工件压力中心坐标为：$x_0 = 0$ mm,$y_0 = 20.43$ mm。

表 3.6　压力中心计算

线段编号	线段长度	Y 向坐标值	线段编号	线段长度	Y 向坐标值
L_1	43.5	0	L_2	31.4	10
L_3	15.7	23.64	L_4	9	34.5
L_5	6.28	41.55	L_6	29.5	43
L_7	29.5	43	L_8	6.28	41.55
L_9	9	34.5	L_{10}	15.7	23.64
L_{11}	31.4	10	L_{12}	43.5	0
L_{13}	25.12	30	L_{14}	25.12	30
$L_{总}$	321	20.43			

3.2.4　落料冲孔复合模设计

(1) 模具总体结构设计

落料冲孔复合模用于完成落料和冲孔两个工序。拟采用倒装结构,如图 3.12 所示,落料凹模及冲孔凸模安装在上模,凸凹模安装在下模。冲孔废料直接通过模具的漏料孔、压力机工作台孔自动落下;采用以橡皮作为弹性元件的弹性卸料装置,从凸凹模上卸料;工件由推件装置从上模推出,人工移除。采用橡皮弹顶的弹性挡料销和导料销对板料定位,挡料销和导料销均装设在卸料板上。

(2) 模具工作零件设计

模具的工作零件包括落料凹模、冲孔凸模、凸凹模。

1) 刃口尺寸计算

根据工件材质 Q235 钢和厚度 2.0 mm,查相关手册,冲裁间隙为 $Z_{max} = 0.36$ mm,$Z_{min} = 0.246$ mm,$Z_{max} - Z_{min} = 0.114$ mm。

工件未标注公差的尺寸,计算时均按 IT14 级精度确定其公差,查表得出的公差值列于表 3.7 中。

凸模、凹模的刃口尺寸公差数值按照零件相应尺寸公差的 1/4 选取,公差值也列在表 3.7 中。

$67_{-0.30}^{\ 0}$、$43_{-0.25}^{\ 0}$、$\phi 8_{0}^{+0.16}$ 及 30 ± 0.10 等尺寸的精度等级为 IT12 ~ IT13 级,磨损系数 x 取 0.75;其余尺寸的精度等级为 IT14 级,磨损系数 x 取 0.5。

① 落料工序刃口尺寸计算

由于落料件的外形形状复杂,不符合分开加工的条件,采用配合加工法制造凸模和凹模。

落料模配合加工时,以凹模为基准,凸模根据凹模配制,各尺寸分别计算如下,计算结果列于表 3.7 中。

尺寸 67:磨损后凹模尺寸增大,属于落料模第一类尺寸

$$A_{凹67} = (工件最大极限尺寸 - x \times \Delta)_{0}^{+\delta_凹}$$

$$= (67 - 0.75 \times 0.30)_{0}^{+0.30/4} = 66.78_{0}^{+0.08} (mm)$$

尺寸 87:磨损后尺寸不变,属于落料模第三类尺寸。

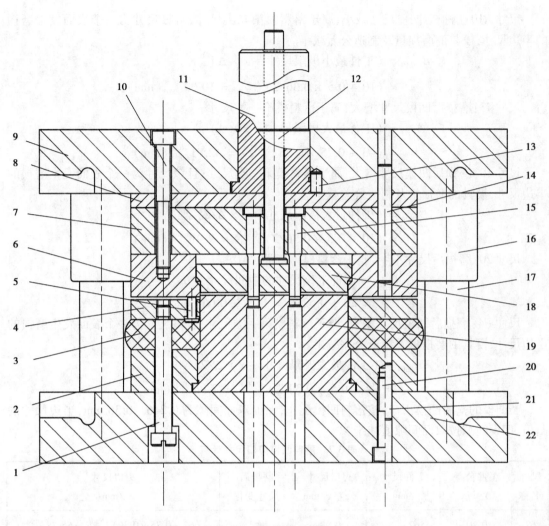

图 3.12　模具总装图

1—卸料螺钉;2—固定板;3—橡皮;4—卸料板;5—导料销;6—落料凹模;7—固定板;
8—垫板;9—上模座 10,20—螺钉;11—模柄;12—打杆;13—止转销;14,21—销钉;15—冲孔凸模;
16—导套;17—导柱;18—推件块;19—凸凹模;22—下模座

$$C_{凹87} = 工件上该尺寸的中间尺寸 \pm \delta_凹 /2$$
$$= 87 \pm 0.87/8 = 87 \pm 0.11(mm)$$

尺寸 30:磨损后尺寸不变,属于落料模第三类尺寸。

$$C_{凹30} = 工件上该尺寸的中间尺寸 \pm \delta_凹 /2$$
$$= 30 \pm 0.20/8 = 30 \pm 0.03(mm)$$

尺寸半圆 $R10$:磨损后凹模尺寸增大,属于落料模第一类尺寸;且该尺寸为一个表面发生磨损的半边尺寸,模具的磨损量及制造公差减半。

$$A_{凹半圆R10} = (工件最大极限尺寸 - x \times \Delta/2)_0^{+\delta_凹}$$
$$= (10 - 0.5 \times 0.36/2)_0^{+0.36/8} = 9.91_0^{+0.05}(mm)$$

尺寸 $R10$:磨损后凹模尺寸减小,属于落料模第二类尺寸;且该尺寸为一个表面发生磨损的半边尺寸,模具的磨损量及制造公差减半。

$$B_{凹R10} = (工件最小极限尺寸 + x \times \Delta)_{-\delta_凹}^{0}$$

$$= (10 + 0.5 \times 0.36/2)_{-0.36/8}^{0} = 10.09_{-0.05}^{0}(mm)$$

尺寸 43:磨损后凹模尺寸增大,属于落料模第一类尺寸。

$$A_{凹43} = (工件最大极限尺寸 - x \times \Delta)_{0}^{+\delta_凹}$$

$$= (43 - 0.75 \times 0.25)_{0}^{+0.25/4} = 42.81_{0}^{+0.06}(mm)$$

尺寸 10:磨损后凹模尺寸增大,属于落料模第一类尺寸;且该尺寸为一个表面发生磨损的半边尺寸,模具的磨损量及制造公差减半。

$$A_{凹10} = (工件最大极限尺寸 - x \times \Delta/2)_{0}^{+\delta_凹}$$

$$= (10 - 0.5 \times 0.36/2)_{0}^{+0.36/8} = 9.91_{0}^{+0.05}(mm)$$

尺寸 20:磨损后尺寸不变,属于落料模第三类尺寸。

$$C_{凹20} = 工件上该尺寸的中间尺寸 \pm \delta_凹/2$$

$$= 20 \pm 0.52/8 = 11.5 \pm 0.06(mm)$$

尺寸 $R4$:磨损后凹模尺寸增大,属于落料模第一类尺寸;且该尺寸为一个表面发生磨损的半边尺寸,模具的磨损量及制造公差减半。

$$A_{凹R4} = (工件最大极限尺寸 - x \times \Delta/2)_{0}^{+\delta_凹}$$

$$= (4 - 0.5 \times 0.30/2)_{0}^{+0.30/8} = 3.96_{0}^{+0.04}(mm)$$

凸凹模的落料凸模刃口,按落料凹模配作,保证双面间隙为 0.246 ~ 0.36 mm,半边尺寸的凸模、凹模间隙按双面间隙值减半。

表 3.7   落料凹模刃口尺寸计算

尺寸名称	工件公差 Δ/mm	工件尺寸 /mm	刃口尺寸公差 δ/mm	磨损后尺寸变化	刃口尺寸 /mm
67	0.30	$67_{-0.30}^{0}$	0.08	增大	$(67 - 0.75 \times 0.30)_{0}^{+0.30/4} = 66.78_{0}^{+0.08}$
87	0.87	87 ± 0.44	0.22	不变	$87 \pm 0.87/8 = 87 \pm 0.11$
30	0.20	30 ± 0.10	0.05	不变	$30 \pm 0.20/8 = 30 \pm 0.30$
半圆 $R10$	0.18	$R10_{-0.18}^{0}$	0.05	增大	$(10 - 0.5 \times 0.36/2)_{0}^{+0.36/8} = 9.91_{0}^{+0.05}$
$R10$	0.18	$R10_{0}^{+0.18}$	0.05	减小	$(10 + 0.5 \times 0.36/2)_{-0.36/8}^{0} = 10.09_{-0.05}^{0}$
43	0.25	$43_{-0.25}^{0}$	0.06	增大	$(43 - 0.75 \times 0.25)_{0}^{+0.25/4} = 42.81_{0}^{+0.06}$
10	0.18	$10_{-0.18}^{0}$	0.05	增大	$(10 - 0.5 \times 0.36/2)_{0}^{+0.36/8} = 9.91_{0}^{+0.05}$
20	0.52	20 ± 0.26	0.12	不变	$20 \pm 0.52/8 = 11.5 \pm 0.06$
$R4$	0.15	$R10_{-0.15}^{0}$	0.04	增大	$(4 - 0.5 \times 0.30/2)_{0}^{+0.30/8} = 3.96_{0}^{+0.04}$

②冲孔工序刃口尺寸计算

2 个直径 8 mm 的圆孔,尺寸公差为 0.16 mm,刃口尺寸公差取工件尺寸公差的 1/4 时,$\delta_凸 = \delta_凹 = 0.04$ mm,$|\delta_凸| + |\delta_凹| = 0.08 < Z_{max} - Z_{min} = 0.114$,且冲孔凸模和凹模形状简单,满足凸模和凹模分别加工的条件。因此,冲孔的凸模和凹模采用分别加工法制造。

冲孔模加工时,以凸模为基准。

$$d_凸 = (d + x \times \Delta)_{-\delta_凸}^{\ 0}$$
$$= (8 + 0.75 \times 0.16)_{-0.04}^{\ 0} = 8.12_{-0.04}^{\ 0}(mm)$$
$$d_凹 = (d_凸 + Z_{min})_0^{+\delta_凹}$$
$$= (8.12 + 0.246)_0^{+0.04} \approx 8.37_0^{+0.04}(mm)$$

2)落料凹模结构设计

由于工件外形近似矩形,落料凹模的外形采用矩形。

凹模厚度 H:

根据料厚 2 mm、工件最大尺寸 l 为 107 mm,查相关资料得系数 k 为 0.26,则:

$$H = K \times l = 0.26 \times 107 = 27.8(mm)$$

凹模壁厚 c:

$$c = (1.5 \sim 2) \times H = (1.5 \sim 2) \times 27.8 = 41.7 \sim 55.6(mm)$$

将凹模厚度 H 取为 30 mm,将壁厚 c 取为 50 mm,凹模的外形尺寸为:

$$L = l + 2 \times c = 107 + 2 \times 50 = 207(mm)$$
$$B = b + 2 \times c = 43 + 2 \times 50 = 143(mm)$$

考虑修磨的需要,凹模刃口直壁高度取 8 mm;推件块上下移动的过孔形状根据凹模刃口形状设计,单边尺寸多 3 mm,二者之间以 45°角连接,以形成对推件块向下运动的限位台阶。

3)冲孔凸模结构设计

①冲孔凸模结构尺寸

冲孔凸模采用固定板固定、螺钉连接、销钉定位的方式安装在上模座上。冲孔凸模采用圆柱头直杆结构,长度方向上分为刃口段、配合段和台肩三段。由于落料凹模厚度为 30 mm,将凸模总长度取为 63 mm,使固定板厚度达到 33 mm,约为凸模总长度的一半。配合段外径基本尺寸为 10 mm,与固定板按 H7/m6 过渡配合。台肩段外径为 13 mm,长度为 5 mm,与配合段连接处带有 1 mm×0.5 mm 的退刀槽。

②冲孔凸模强度校核

冲孔凸模的刃口直径为 8 mm,较细长,需要校核其抗压强度和抗弯刚度。

a.凸模抗压强度校核

凸模刃口端面承受的轴向压应力 σ_P 与冲孔力 $F_{冲孔}$、端面面积 A 的关系为:

$$\sigma_P = \frac{F_{冲孔}}{A}$$

将包含推件力的单个孔冲孔力 27 100 N、端面面积 50.24 mm² 代入上式,计算出:

$$\sigma_P \approx 540 \text{ MPa}$$

凸模材料选用 T10A 钢,其许用应力为 1 500 ~ 2 000 MPa,大于凸模刃口端面承受的轴向压应力 540 MPa,抗压强度符合要求。

b.凸模抗压失稳校核

冲孔凸模未设导向装置导向,不发生失稳弯曲的最大自由长度 l_{max} 为:

$$l_{max} \leqslant 95 \frac{d_p^2}{\sqrt{F_{冲孔}}}$$

将直径 8 mm、冲孔力 27 100 N 代入上式,计算出:

$$l_{max} \leqslant 95 \frac{d_p^2}{\sqrt{F_{冲孔}}} = 95 \times \frac{8 \times 8}{\sqrt{27\ 100}} \approx 37(mm)$$

大于凸模露出固定板的自由长度 30 mm,抗压失稳符合要求。

c.凸模固定端面抗压强度校核

凸模所受冲裁力由凸模固定端的尾部端面传至模座,模座承受的压应力 σ_p' 与冲孔力 $F_{冲孔}$、受力面面积 A' 的关系为:

$$\sigma_p' = \frac{F_{冲孔}}{A'}$$

将包含推件力的冲孔力 27 100 N、尾部端面面积 132.67 mm² 代入上式,计算出:

$$\sigma_p' \approx 204.3\ MPa$$

模座材料选用铸铁,其许用压应力为 90～140 MPa,模座承受的压应力显然高于许用压应力,需要增设垫板,以分散压强、保护模座。

4)凸凹模结构设计

凸凹模采用固定板固定、螺钉连接、销钉定位的方式安装在下模座上。

①凸凹模长度

由于采用弹性卸料板卸料,凸凹模的长度约为凸模进入凹模的深度、板料厚度、卸料板厚度、被压缩后的橡皮厚度、固定板厚度等尺寸之和。凸模进入凹模的深度为 1 mm、板料厚度为 2 mm、卸料板厚度为 14 mm、被压缩后的橡皮厚度为(30 - 4 - 5) = 21 mm、固定板厚度取 30 mm,凸凹模的总长度为 68 mm。

②凸凹模外形尺寸

在长度方向上,凸凹模的外形分为刃口段、配合段和台肩三段。刃口段外形按各基本尺寸制造,与落料凹模现场配作,长度约为 38 mm,与配合段为 45°角连接。为减小制造难度,配合段外形为简单形状的矩形,尺寸为 111 mm × 47 mm,与固定板按 H7/m6 过渡配合。台肩段为 118 mm × 54 mm 的矩形,长度为 6 mm,与配合段连接处带有 2 mm × 1 mm 的退刀槽。

③凸凹模内孔尺寸

凸凹模带有 2 个冲孔凹模,冲孔凹模的刃口直径为 $8.37^{+0.04}_{0}$ mm,直壁高度为 8 mm。冲孔凹模漏料孔直径取 10 mm,与直壁之间为 45°角连接。

(3)定位零件设计

1)导料销

根据模具结构,板料的送料方向为从前向后。采用导料销对板料移动进行导向,导料销共 2 个,均安装在下模的卸料板上。移动板料时,人工将板料的侧边紧靠 2 个导料销,保证板料移动方向正确。

为保证弹性卸料板对板料的压料作用,同时又不破坏凹模强度,导料销采用活动导料销。

由于卸料板的弹性元件是橡皮,导料销直接由橡皮弹顶。选用直径 d 为 6 mm 的挡料销作为导料销,由于卸料板的厚度为 14 mm,导料销的总长度选用 18 mm,以保证导料时顶部高出板料上表面 2 mm,其限位段直径为 10 mm。导料销安装孔中心距凸凹模刃口的距离约 5.5 mm。

2)挡料销

挡料销用于板料定距,也安装在卸料板上,利用废料孔前端定位。采用橡皮弹顶的活动挡料销,规格与导料销一致,也为 6 mm × 18 mm。

(4)卸料与推件零件设计

1)板料的卸料

由于模具采用倒装结构,板料的卸料采用弹性卸料装置。弹性卸料装置由卸料板、弹性元件、卸料螺钉组成。

弹性元件选用橡皮,橡皮尺寸计算如下:

①确定橡皮的压缩量及厚度。

开模状态下,卸料板上表面高于凸凹模 2 mm,板料厚度 2 mm,闭模状态下凸模进入凹模 1 mm,卸料板的工作行程 L_1 为 5 mm。

橡皮的自由厚度 h 为:

$$h = L_1/(0.25 \sim 0.30) = 17 \sim 20(\text{mm})$$

取橡皮厚度为 30 mm,预压缩量取其自由厚度 h 的 10% ~ 15%,约为 4 mm。

②确定橡皮的截面尺寸。

计算的卸料力 F 为 12 200 N,橡皮的单位面积压边力 p 取 2 MPa,则橡皮的横截面积 A 为:

$$A = F/p = 12\ 200/2 = 6\ 100(\text{mm}^2)$$

采用中间带孔的矩形橡皮,孔的形状和尺寸与凸凹模的刃口相近,外形尺寸取 150 mm × 80 mm。

③校验橡皮的高度。

橡皮外形尺为 150 mm × 80 mm,内孔与外形之间的壁厚约为 20 mm。橡皮的自由高度 h 与壁厚的比值为 $h/b \approx 30/20 = 1.5$,所选橡皮工作中不会发生失稳现象,满足要求。

根据料厚 2 mm、料宽 113 mm,卸料板厚度取为 14 mm;卸料板外形与落料凹模一致,为 207 mm × 143 mm,卸料板内孔的形状和尺寸与凸凹模的刃口相近,二者之间的单边间隙约为 0.2 mm。

根据模具结构,选用 6 根 M10 × 100 mm 的圆柱头卸料螺钉,对卸料板进行限位。

2)上模推件装置

上模推件装置用于将工件从落料凹模中推出,采用由推件块与打杆组成的刚性推件装置。

推件块总高度约为 20 mm。推件块由两段组成,小端的形状与尺寸与落料凹模相近,二者之间的单边间隙约为 0.2 mm;大端形状根据小端设计,单边尺寸多 3 mm,二者之间为 45°角连接,以形成对推件块向下运动的限位台阶;在冲孔凸模对应位置设有直径稍大于冲孔凸模的过孔,单边间隙约为 0.1 mm。模柄中心过孔直径为 15 mm,选用直径为 14 mm 的 A 型带肩推杆作为打杆。

(5)结构零件设计

1)模架的选用

选用后侧导柱滑动导向模架,落料凹模的外形尺寸为 207 mm × 143 mm,选用 $L \times B =$

250 mm×160 mm 的模架。加工的板料厚度为 2 mm,冲压力不大,且下模的卸料螺钉行程也较小,选用薄型模座。用于导向的导柱导套共两副,初选的闭合高度为 200~240 mm,对应的导柱为 32 mm×190 mm,导套为 32 mm×105 mm×43 mm。模架的规格参数见表 3.8。

表 3.8　落料冲孔复合模模架主要规格参数

序　号	名　称	规　格/mm	标　准
1	凹模周界	250×160	/
2	闭合高度	200~240	/
3	上模座	250×160×45	GB/T 2855.1
4	下模座	250×160×50	GB/T 2855.2
5	导柱	32×190	GB/T 2861.1
6	导套	32×105×43	GB/T 2861.3

2)模柄的选用

模具用模柄与压力机连接,模具规格较小,属于中小型模具,选用压入式模柄。所选 J 23-40 开式双柱可倾压力机,模柄孔直径×深度为 50 mm×70 mm,模柄中需要有打杆过孔,因此,选用直径为 50 mm 的 B 型模柄;上模座厚度为 45 mm,选用的模柄配合段长度 L_1 为 45 mm、总长度 L 为 115 mm;模柄中心过孔直径为 15 mm;模柄台肩的直径×高度为 61 mm×8 mm,配作的止转销孔为 ϕ8 mm。

3)固定板与垫板的设计

模具的上模与下模均设有固定板。

上模固定板用于安装固定冲孔凸模,外形、尺寸均与落料凹模一致,厚度为 33 mm,约为凸模总长度的一半。在对应凸模的位置加工有 2 个固定孔,孔径的基本尺寸为 10 mm,与凸模按 H7/m6 过渡配合。

下模固定板用于安装固定凸凹模,外形、尺寸均与落料凹模一致,厚度为 30 mm,接近凸凹模总长度的一半。与凸凹模按 H7/m6 过渡配合的配合孔,形状为矩形,基本尺寸为 111 mm×47 mm;与凸凹模台肩段配合的矩形沉孔,基本尺寸为 118 mm×54 mm,深度为 6 mm。

由于冲孔凸模尾端对上模座产生的压力达 204.3 MPa,超过了铸铁的许用压应力,为保护模座设置了许用压应力较大的垫板。上模座垫板厚度为 10 mm,外形形状和尺寸与上模固定板相同。凸凹模尾端截面积较大,对下模座产生的单位压力较小,故下模不设垫板。

4)螺钉与销钉的选用

落料凹模采用螺钉和销钉与上模座固定连接。落料凹模厚度为 30 mm,选用规格为 M10 的圆柱头内六角螺钉,螺钉公称长度为 90 mm。螺钉数量为 6 根,长度方向 3 根,间距 80 mm,宽度方向 2 根,间距 90 mm,均布在矩形凹模上。销钉选用直径为 10 mm、长度为85 mm的圆柱销,对角布置。

凸凹模通过固定板与下模固定连接,选用 6 根 M10 圆柱头内六角螺钉和 2 根 ϕ10 mm 的圆柱销连接固定板与下模座,螺钉长度为 50 mm,销钉长度为 40 mm,布置方式与上模相同。

(6)模具安装尺寸的校核

1)校核模架闭合高度

模具的合模高度约 235 mm,介于模架的最小闭合高度 200 mm 与最大闭合高度 240 mm 之间,符合要求。

2)校核压力机装模高度

模具的合模高度约为 235 mm,所选 J 23-40 开式双柱压力机,最大装模高度为 330 mm,最小装模高度为 265 mm。模具的合模高度 $H_{模具}$、压力机的最大装模高度 H_{max} 和最小装模高度 H_{min} 应该满足关系式:

$$H_{min} + 10 \text{ mm} \leqslant H_{模具} \leqslant H_{max} - 5 \text{ mm}$$

代入相关数据计算,得 $H_{模具} = 235 < H_{max} - 5 = 325$,表明压力机有足够的空间安装模具。但是压力机所需的最小合模高度为 $H_{min} + 10 = 275$ mm,大于模具的实际合模高度 235 mm,因此,安装模具时需在压力机工作台上增设垫块。

3)校核压力机平面安装尺寸

①所选 J 23-40 开式双柱压力机模柄孔直径为 50 mm,所选模柄直径也为 50 mm,二者一致,符合要求。

②所选压力机工作台板上平面尺寸为 700 mm × 460 mm,而下模座的外形尺寸为 340 mm × 240 mm,小于 700 mm × 460 mm,且具有足够的位置固定模具,符合要求。

③所选压力机工作台孔直径为 200 mm,小于下模座外形尺寸 340 mm × 240 mm,符合要求;模具的两个漏料孔均位于工作台孔的上方,冲孔废料能经过工作台孔顺畅地落下,符合要求。

④所选压力机立柱内侧面间距为 340 mm,两个导柱之间的净空为 218 mm,条料宽度为 113 mm,故能够从压力机立柱和导柱中间向前移送,符合要求。

第 **2** 部分
注射模具设计

第 **4** 章
注射模具设计概述

4.1 设计内容和一般步骤

4.1.1 制品分析

(1)明确制品的设计要求

通常,模具设计人员通过制品的零件图就可以了解制品的设计要求。但对形状复杂和精度要求较高的制品,还必须了解制品的使用要求、外观及装配要求,以便从塑料品种的流动性、收缩率、透明性和制品的机械强度(最薄尺寸、加强筋)、尺寸公差、表面粗糙度、嵌件形式等方面考虑产品成型的可行性和经济性。必要时,还应与产品设计者探讨制品的材料种类与结构修改的可能性,以适应成型工艺的要求。

(2)明确产品的属性及生产批量

产品的属性包括体积、质量等,以便选择合适的成型设备,确定模具型腔数。生产批量与模具结构的关系很大。大批量生产时,通常采用多型腔模具和自动化生产。这时对模具流道凝料的自动脱落等机构都提出了相应的要求。制品的产量还关系到制品上的某些孔、凹槽是用二次加工还是在模具中直接成型等。

(3)明确注射机的技术规范

进行注射模具设计时,必须掌握制品生产所用注射机的有关技术规范,如:注射机定位圈的直径、喷嘴前端孔径及球面半径;注射机的最大注射量、锁模力、注射压力;固定模板和移动模板面积及安装螺钉孔位置,注射机拉杆的间距;模具安装部位的尺寸、顶出杆直径及其位置、顶出行程等。

4.1.2 模具结构设计及设计流程图

(1)模具总体方案的确定

根据对制品形状、使用要求和所用塑料的成型性能等的分析结果,确定模具的总体结构方案,其内容主要包括:型腔数目、型腔的排列和流道布置、制品成型位置及分型面的选择、浇口类型及进浇点位置、排气位置、脱模方式和侧抽芯方式的选择等。通过综合分析与比较,确定适合于工厂具体生产条件的最经济合理的模具结构方案。

在此基础上,初步绘出模具的完整结构草图,并进行注射机有关工艺参数的校核。

(2)详细设计

1)浇注系统设计

具体设计主流道及冷料井的结构、尺寸;确定所用分流道的布置及其截面形状和尺寸;确定浇口的具体尺寸大小等。

2)型芯、型腔的结构设计及尺寸计算

考虑制造因素,确定型芯、型腔是否采用组合结构。若需组合,决定各组合零件之间的组合方式,详细地确定各零件的结构形式。然后根据制品尺寸和成型收缩率大小计算成型零件上对应的模具零件尺寸。此外,还要根据成型时可能受到的最大熔体压力,对成型零件进行侧壁和底板厚度的刚度和强度校核。

3)脱模机构设计

正确分析制品与型腔各部位的附着力大小,在保证塑料制品不变形、不破坏良好外观的前提下,选择合适的推出方式和推出部位,使脱模力合理分布。同时要求脱模机构应工作可靠,运动灵活,具有足够的强度和刚度。最后详细设计出脱模机构各组成零件的结构和尺寸。

4)侧向分型与抽芯机构设计

当制品侧壁上带有的与开模方向不同的内外侧孔或侧凹等阻碍制品成型后直接脱模时,需要采用侧向分型与抽芯机构。这时需确定侧向分型与抽芯机构的类型、抽芯距以及相应的结构和尺寸大小等。

5)模具温控系统设计

温度的控制包括型芯和型腔的温度控制、热流道的温度控制及流道板和喷嘴的温度控制。最常见的是模具冷却系统的设计,其主要进行模具冷却系统的设计计算和冷却水回路的结构设计。

6)合模导向及定位机构设计

根据制品的尺寸及精度要求,选择适当的导向及定位机构,主要包括导柱和导向孔的尺寸、精度、表面粗糙度等的设计及导向零件大结构设计和正确选用。当侧压力很大时,需增设锥面或斜面进行定位。

(3)模具结构总装图和零件图的绘制

模具总图的绘制必须符合机械制图国家标准。其画法与一般机械制图画法原则上没有区别,只是为了更清楚地表达模具中成型制品的形状、浇口位置的设置,在模具总图的俯视上,可将定模拿掉,而只画出动模部分的俯视图。

模具总装图应包括必要尺寸,如模具闭合尺寸、外形尺寸、特征尺寸(与注射机配合的定位圈尺寸)、装配尺寸(安装在注射机上螺钉孔的中心距)、极限尺寸(活动零件移动起止点)及技术要求,编写明细表等。

通常,主要成型零件加工周期长,加工精度较高,应认真绘制,而其余零部件应尽量采用模具的标准件。

(4)全面审核

复核设计图纸,力求使模具的加工简便易行。初学模具设计人员一般还应参加模具制造、组装、试模、投产的全过程才算完成任务。

(5)编写设计计算说明书

设计流程图如图4.1所示。

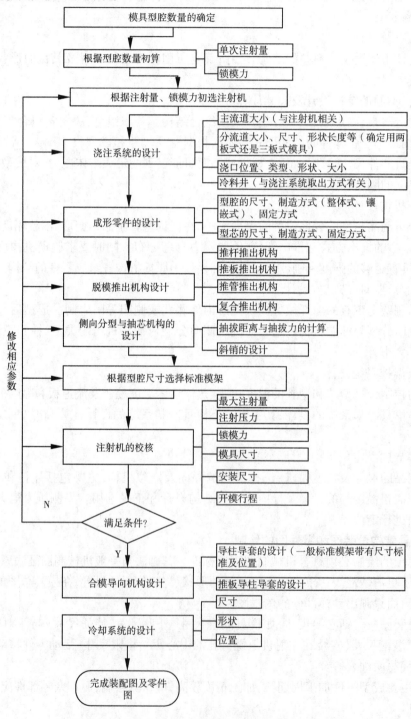

图 4.1 注射模设计流程图

4.2 装配图及零件图基本规范

4.2.1 装配图

装配图用来表明注射模结构、工作原理、组成注射模的全部零件及其位置和装配关系。绘图之前要确定装配图的图纸幅面、绘图比例、视图数量布置及方式。一般情况下,注射模装配图用主视图和俯视图表示,若仍不能表达清楚时,再增加其他视图。一般按 1:1 比例绘制注射模装配图。注射模装配图上要标明必要的尺寸和技术要求,还要填写标题栏和零件明细表。

(1)主视图

主视图按注射模正对着操作者方向绘制,放在图样的上面偏左,采取剖面画法,在浇注系统的流道和型腔中充满塑料,断面涂黑或画十字剖面线。主视图是模具装配图的主体部分,尽量在主视图上将模具结构表达清楚,力求将型芯和型腔形状画完整。

(2)俯视图

俯视图通常布置在图样下面偏左,与主视图相对应。将模具沿注射方向"分开"动定模,沿注射方向分别从上往下看分开的定模和动模,绘制俯视图。俯视图上应表达注射模零件的平面布置、型腔或型芯的轮廓形状,习惯上将定模部分拿去,只反映模具的动模俯视可见部分;或将定模的左半部分去掉,只画动模,而右半部分保留定模画俯视图。

(3)其他视图

当主视图和俯视图未完整或表达不清楚时,可采用其他视图以弥补表达的不足。一般情况下,装配图中的每种零件至少应在视图中出现一次。

(4)模具装配图中的画法

模具装配图中的画法一般按照国家机械制图标准的规定执行,但也应参照模具行业的习惯和特殊画法。

①在注射模图样中,为了减少局部视图,在不影响剖视图表达剖面迹线通过部分结构的情况下,可将剖面迹线以外部分旋转或平移到剖视图上。

②螺钉和销钉可以各画一半。当剖视图中螺钉和销钉不易表达时,也可在俯视图中引出件号。

③塑料模具中的推出复位弹簧、抽芯复位弹簧、闭锁弹簧一般均采用简化画法,可用双点画线表示。当弹簧数量较多时,在俯视图上可只绘制一个,其余只绘制窝座。

④可用涂色、符号、阴影线区别直径尺寸大小不同的各组孔。

⑤外形倒角可以不画。

(5)装配图尺寸标注

装配图上应标注必要的尺寸,如模具闭合高度尺寸(应为动、定模座板的外端面,不含定位圈的厚度)、模具外形尺寸、特征尺寸(与成形设备配合的尺寸,如定位圈外径、推出孔尺寸)、安装尺寸(安装在成形设备上螺钉孔中心距)、极限尺寸(活动零件起止点),不标注配合尺寸、形位公差。

（6）塑料产品图

塑料产品图（亦称塑件图）通常画在图样的右上角，要注明塑料产品图的塑料名称、颜色、透明度、尺寸、公差等。塑料产品图应按比例绘制，一般与模具图的比例一致，特殊情况下可放大或缩小，它的方位应与模具中成形的塑件方位一致，若不一致，必须用箭头指明注射方向。

（7）标题栏和明细表

标题栏和明细表布置在总图右下角，若图面不够，可另立一页，其格式应符合国家机械制图标准的 GB/T 10609.1—2008，零件明细表应包括零件序号、名称、数量、材料、热处理、标准零件代号及规格、备注等内容，模具图中所有零件都应填写在明细表中。

（8）技术要求

装配图的技术要求布置在图纸下部适当位置，其内容包括：

①对动、定模装配工艺的要求，如分型面的贴合间隙，动、定模的平行度要求。

②对模具某些结构的性能要求，如导向部件、推出机构、抽芯机构、冷却系统等的装配要求。

③模具的使用说明。

④所选的成形设备型号。

⑤其他，按本行业国标或厂标执行。

4.2.2　零件图绘图规范

（1）视图和比例尺的选择

零件图比例尺都采用1∶1。小尺寸零件或尺寸较多的零件则需放大比例绘制。视图的选择可参照下列建议：

①轴类零件通常仅需一个视图，按加工位置布置较好。

②板类零件通常需要主视图和俯视图两个视图，一般按装配位置布置较好。

③镶拼组合成型零件常画部件图以便于尺寸及公差的标注，视图可按装配位置布置。

（2）尺寸标注的基本规范

标注尺寸是零件设计中一项极为重要的内容。尺寸标注要做到既不少标、漏标，又不多标、重复标，同时又使整套模具零件图上的尺寸布置清晰、美观。现将其规范分述如下：

1）正确选择基准面

尽量使设计基准、加工基准、测量基准一致，避免加工时反复计算。成型部分的尺寸标注基准应与塑件图中的一致。

2）尺寸布置合理

首先，大部分尺寸最好集中标注在最能反映零件特征的视图上。对于板类零件而言，主视图上应集中标注厚向尺寸，而平面内各尺寸则应集中标注在俯视图上。

其次，同一视图上的尺寸应尽量归类布置。如可将某一模板俯视图上的大部分尺寸归为四类：第一类是孔径尺寸，可考虑集中标注在视图的左方；第二类是纵向间尺寸，可考虑集中标注在视图轮廓外右方；第三类是横向间距尺寸，可考虑集中布置在视图轮廓外下方；第四类则是型孔大小尺寸，可考虑集中标注在型孔周围空白处，并尽量做到全套图纸一致。本章中的零件设计示例图大都按照归类布置法绘制，请观察其表达效果。

3）脱模斜度的标注

脱模斜度有三种标注方法：其一是大、小端尺寸均标出；其二是标出一端尺寸，再标注角度；其三是在技术要求中注明。

4）有精度的位置尺寸

需与轴类零件配合的通孔中心距及多腔模具的型腔间距等有精确的位置尺寸均需标注公差。

5）螺纹尺寸及齿轮尺寸

对于螺纹成型尺寸和齿轮成型件，还需在零件图上列出主要几何参数及其公差。

（3）表面粗糙度及形位公差

①各面的粗糙度均应标明。对于多个相同粗糙度要求的标明，可集中在图纸的右上角统一标注。

②有形位公差要求的结构形状则需加注形位公差。

（4）技术要求及标题栏

零件图上的技术要求应标注在标题栏的上方，逐条注明除尺寸、公差、粗糙度以外的加工要求。标题栏按统一规格填写，设计者必须在各零件图标题栏的相应位置上签名。

4.3　设计说明书编写要求

工艺文件和设计图样完成后，设计者还要编写设计计算说明书，以进一步表达设计思想、设计方法以及设计结果等。设计计算说明书的主要内容有：

①目录。

②中英文摘要。

③设计任务书及产品图。

④制件的工艺性分析。

⑤塑件工艺方案拟订。

⑥注射量、成形零件工作尺寸计算。

⑦成型设备选择。

⑧模具结构形式的比较选择。

⑨模具零件的选用、设计及必要的计算。

⑩加热和冷却系统计算。

⑪其他需要说明的问题。

⑫参考资料。

设计计算说明书应在全部计算及全部图纸完成后进行整理和编写。编写时要注意以下基本要求：

1）编写的规范化

设计计算说明书必须用钢笔书写在符合规范格式的用纸上，并装订成册和填写封面。

2）计算的正确性

对所有的设计计算要求正确无误，为此应注意以下几点：

①计算的已知条件和力学模型必须正确；

②计算公式及重要数据的来源必须可靠；

③计算的过程必须条理清楚，具体的演算过程可以略去，但数据运算必须准确，数据处理（如标准化、取精确值、圆整等）应符合要求；

④应附有与计算有关的必要插图；

⑤对计算结果应有简短的结论。

3）内容的完整性

编写完后，应检查设计计算说明书中所包括的内容是否完整。此外，设计计算说明书的编写应做到行文精炼，书写工整。

参考资料必须是在注射模设计中真正阅读过和运用过的，文献按照在正文中出现的顺序排列。

第5章 注射模具设计

5.1 模具型腔数量及排列方式

注射模必须安装在与其相匹配的注射成型机上才能进行注塑成型。从模具设计角度考虑，需要了解的注射机相关参数有：最大注射量、最大注射压力、锁模力、开模行程、模具安装尺寸和推出装置等。在注射模设计时，要合理选择注射机规格，必须对相关的参数进行计算和校核。

在学校做设计时，首先根据塑件的形状和尺寸、批量大小、塑件的精度要求、模具制造难易程度及模具费用等因素来确定型腔数目，然后选择注射机型号。但在工厂做设计时，根据设备的负荷情况，首先选择注射机型号，然后根据注射机的技术参数确定型腔数目。

5.1.1 型腔数量的确定

在一个注射成型周期内只能成型一件制品的注射模称为单型腔注射模。如果一副注射模在一个注射成型周期内成型两件或两件以上的塑料制品，这样的注射模称为多型腔注射模。

采用单型腔模具成型的塑件精度高，成型工艺参数易于控制，模具结构简单，模具制造成本低，周期短。但塑料成型的生产效率低，塑件的成本高。单型腔模具适用于塑件较大、精度要求较高或者小批量及试生产情况。

采用多型腔模具，塑料成型的生产效率高，塑件的成本低，但塑件的精度低，成型工艺参数难以控制，模具结构复杂，制造成本高，周期长。多型腔模具适用于大批量中小型塑件的生产。

对于多型腔注射模，其型腔数量的确定主要是根据塑件的质量、投影面积、几何形状（有无抽芯）、塑件精度、批量大小以及经济效益来确定，以上这些方面又与分型面及浇口的位置选择有关，所以在具体设计过程中，要进行必要的调整，以满足其主要条件。

5.1.2 型腔排列方式

型腔数量确定以后，就要进行型腔排列，型腔排列应满足在分型面上的压力平衡要求。型腔的排列涉及模具的尺寸、浇注系统的设计、浇注系统的平衡、镶件及型芯的设计、抽芯机构的设计以及温度调节系统的设计。这些问题又与分型面、浇注口的位置以及分流道结构的选择有关,所以在具体设计过程中,要进行必要的调整,以达到比较完美的结构。

5.2 注射机的初步确定

在学校做设计时,注塑机型号主要根据塑件初步确定的注射量、注射压力、锁模力、模具的外形尺寸以及模具的开模行程确定。但是在模具设计前期,只能初步估计注射量和锁模力的大小,然后根据这两个主要因素初步确定注射机的型号。在模具各方面尺寸确定后,按照初步确定的注射机型号进行校核,如果各方面都满足,就可以选用初步确定的注射机型号,如果不行就要重新选用注射机型号。

5.2.1 注射量的计算

在一个注射成形周期内,注射模内所需的塑料熔体总量与单个型腔容积、型腔数目和浇注系统的容积有关,其值按下式计算:

$$m_{塑} = nm_{件} + m_{浇} \tag{5.1}$$

式中　$m_{塑}$——一次注射过程中,注射模内所需的塑料质量或体积,g 或 cm^3;

　　　n——型腔数目;

　　　$m_{件}$——单个塑件的质量或体积,g 或 cm^3;

　　　$m_{浇}$——浇注系统凝料所需塑料质量或体积,g 或 cm^3。

$m_{浇}$ 在模具设计前是个未知数,根据统计资料,对于流动性好的普通精度塑件,浇注系统凝料为塑件质量或体积的 15% ~ 20%。对于流动性不太好或精密塑件,浇注系统凝料的质量或体积是每个塑件的 0.2 ~ 1 倍。当塑料熔体黏度高,塑件越小、壁越薄、型腔越多且采用平衡式布置时,浇注系统凝料的质量或体积会更大。

在学校做设计时,取 $m_{浇} = 0.6 \, nm_{件}$ 进行估算,即

$$m_{塑} = 1.6 \, nm_{件} \tag{5.2}$$

5.2.2 锁模力的计算

塑料熔体在充满型腔时,会产生一个沿注射机轴向的很大的压力,使模具沿分型面胀开。该压力等于制品与浇注系统凝料在分型面上的投影面积之和乘以型腔压力。为了防止模具分型面胀开,注射模所需的锁模力等于胀开模具的压力,即

$$F_m = (nA_{件} + A_{浇})P_M \tag{5.3}$$

式中　F_m——注射模所需的锁模力,N;

　　　n——型腔数目;

　　　$A_{件}$——单个塑件在分型面上的投影面积,mm^2;

　　　$A_{浇}$——流道凝料(包括浇口)在分型面上的投影面积,mm^2;

　　　P_M——型腔内熔体压力,MPa。

流道凝料(包括浇口)在分型面上的投影面积 $A_{浇}$,在模具设计前是未知值。根据多型腔模的统计分析,大致是每个塑件在分型面上投影面积 $A_{件}$ 的 0.2 ~ 0.5 倍,因此可用 0.35 乘以

$nA_{件}$来估算。成型时塑料熔体对型腔的平均压力,其大小一般是注射压力的30%~65%。部分塑料注射压力P_M见表5.1,设计中常按表5.2型腔压力进行估算。

表5.1 部分塑料所需的注射压力P_M(Mpa)

塑 料	注射条件		
	厚壁件	中等壁厚件	薄壁件
聚氯乙烯(PVC)	100~120	120~150	>150
聚乙烯(PE)	70~100	100~120	120~150
ABS	80~110	100~130	130~150
聚酰胺(PA)	90~101	101~140	>140
聚苯乙烯(PS)	80~100	100~120	120~150
聚甲醛(POM)	85~100	100~120	120~150
聚碳酸酯(PC)	100~120	120~150	>150
有机玻璃(PMMA)	100~120	110~150	>150

表5.2 常用塑料注射成型时型腔压力(Mpa)

制件的条件	型腔平均压力	举 例
易成形件	25	PE、PS等壁厚均匀的日用品、容器
普通件	30	薄壁类制件
高黏度塑料、高精度件	35	ABS、POM等机器零件,高精度塑料
特高黏度塑料、高精度件	40	醋酸纤维素树脂等高精度机器零件

5.2.3 注射机的初选

根据上面计算得到的和F_m值来选择一种注射机,注射机实际的最大注射量G_{max}应满足

$$0.8G_{max} \geqslant m_{塑} \tag{5.4}$$

式中 G_{max}——注射机实际的最大注射量,g 或 cm^3;

$m_{塑}$——注射模每次需要的注射量,g 或 cm^3。

注射机的额定锁模力应满足

$$F_{锁} \geqslant (1.1 ~ 1.2)F_m \tag{5.5}$$

式中 $F_{锁}$——注射机的额定锁模力,N;

F_m——注射模所需的锁模力,N。

5.3 浇注系统的设计

浇注系统的作用是使熔体能够流入塑件的型腔,以便得到型腔外形的塑件。为了得到外形轮廓清晰、内在质量优良的塑件,因此要求充模时间短、型腔压力大、热量散失小、排气良好

以及浇口与塑件分离后在塑件残留痕迹小等,这些因素都与浇注系统的设计有密切关系。浇注系统一般由主流道、分流道、浇口和冷料穴组成。

5.3.1 主流道的设计

主流道是连接注射机喷嘴与分流道的圆锥形流道,它的大小与形状直接影响熔体进入模具的速度与压力。

(1)一般垂直式主流道设计

主流道的几种主要方式如图5.1所示。其中,一般模具采用图(b)结构,而生产批量不大的小型模具一般采用图(e)所示的直接在定模上开设主流道的结构。

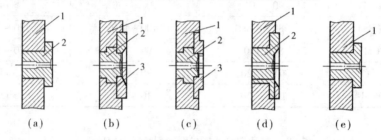

图5.1　主流道形式

1—定模座板;2—浇口套;3—定位圈

①主流道进口端直径

$$d = 注射机喷嘴尺寸 + (0.5 \sim 1)\,mm$$

②球面凹坑半径

$$R = 注射机喷嘴头球面半径 + (0.5 \sim 1)\,mm$$

③主流道锥度

主流道的形状为圆锥形,半锥角 $\alpha = 1° \sim 2°$。

④主流道长度

一般情况下 $L \leqslant 60\ mm$,其具体长度根据模板的厚度来确定。

⑤浇口套

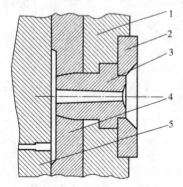

图5.2　浇口套与推料板关系

1—定模座板;2—定位圈;
3—浇口套;4—浇板;5—定模

主流道小端入口需要与注射机反复接触,因此容易造成磨损,属于易损件,对材料的要求较高,因此一般把主流道设计为浇口套的形式,便于更好地利用优质材料,也更加方便加工。浇口套一般与定位圈配合使用,利用定位圈与模板连接固定浇口套的位置,也利用定位圈与注射机上的模具定位孔进行配合确定模具位置。(其主要参数详见浇口套标准及定位圈标准)。

注:对于采用点浇口的三板式模具,若要采用推流道板使流道凝料自动脱落时,则浇口套与推流道板的配合应有5°～15°的锥度,以保证使用安全,运动可靠,如图5.2所示。

(2)倾斜式主流道设计

设计模具时,往往受到塑件和模具结构的影响,或者因浇注系统及型腔数的限制,主流道偏离模具的中心;当偏离

距离过大时,会有很多问题出现,如:

①在顶出塑件时,由于塑件的脱模力不在模具中心,推板和推杆固定板容易顶偏,造成推杆被卡,塑件变形或损坏。

②由于主流道不在模具中心,可能会造成单面缝隙过大而溢料。

注:倾斜式主流道的外形如图 5.3 所示。倾斜式主流道倾斜角与塑料性能有关,如 PE、PP、PA、POM 等塑料的最大倾斜角为 30°;HIPS、ABS、PC 等塑料最大倾斜角为 20°;SAN、PMMA 不能采用倾斜式主流道。倾斜式主流道中的各种尺寸与垂直式主流道相同。

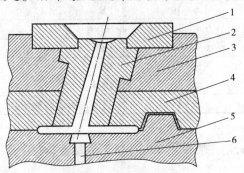

图 5.3　倾斜式主流道形式
1—定位圈;2—浇口套;3—定模座版;
4—定模型腔;5—动模型芯;6—推料杆

5.3.2　分流道设计

分流道是主流道与浇口间的通道。多型腔模具一定要设置分流道,多浇口塑件也需要设置分流道。

分流道截面形状。常用的分流道截面形状有圆形、梯形、U 字形、半圆形、矩形和六角形等,如图 5.4 所示。

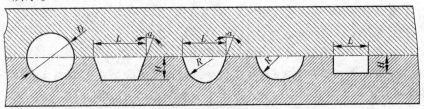

图 5.4　分流道的截面形状

要减少流道内的压力损失,则希望流道的截面积大、流道的表面积小,以减少热量损失。因此可用流道的截面积和周长的比值来表示流道效率,从高到低的排列顺序依次是:圆形、正六角形、U 字形、正方形、梯形、矩形、半圆形。流道加工从难到易的排列顺序是:圆形、正六边形、U 字形、正方形、半圆形、梯形、矩形。

一般地,当分流道所在面为平面时,常采用圆形截面的流道;当分流道所在面不是平面时,考虑到圆形截面难以加工,故常采用梯形截面和半圆形截面的流道。

注:①梯形的侧面倾角 $\alpha = 5° \sim 10°$,上底用 $r = (0.5 \sim 3)$ mm 圆角连接;

②U 字形截面分流道 $\alpha = 5° \sim 10°$。

分流道尺寸。分流道的截面尺寸应根据塑件的体积、塑件壁厚、塑件形状、所用塑料的工艺性能、注射速率以及分流道长度等因素来确定。确定分流道截面的尺寸通常有以下三种方式：

①对于常见塑料，可以粗略估计其分流道尺寸，见表5.3。

表5.3 几种常用塑料推荐分流道直径

塑料名称	推荐直径/mm	塑料名称	推荐直径/mm
ABS、SNA（AS）	4.8 ~ 9.5	PPO	6.4 ~ 10
POM	3.0 ~ 10	PPS	6.4 ~ 13
丙烯酸酯树脂	8.0 ~ 10	PC	4.8 ~ 10
尼龙	1.6 ~ 10	PE	1.6 ~ 10
聚氨酯	6.4 ~ 8.0	SPVC	3.1 ~ 10
聚砜	6.4 ~ 10	HPVC	6.4 ~ 16
热塑性聚酯	3.5 ~ 8.0	PP	4.8 ~ 9.5
聚甲基丙烯酸丁酯	1.6 ~ 10	耐冲击 PS	3.2 ~ 10
醋酸纤维素	1.6 ~ 11	耐冲击丙烯酸酯树脂	8.0 ~ 13

②对于壁厚小于 3 mm，塑件质量在 200 g 以下的塑件，可用下列公式确定圆形分流道的直径：

$$D = 0.265\,4W^{\frac{1}{2}}L^{\frac{1}{4}} \tag{5.6}$$

式中　D—分流道的直径，mm；

　　　W—塑件的质量，g；

　　　L—分流道的长度，mm。

此计算的分流道直径限于 3.2 ~ 9.5 mm。对于 HPVC 和 PMMA，则应将计算结果增加 25%。

③主流道尺寸确定后，分流道直径可以根据主流道大端直径的大小确定，公式如下：

$$D_分 = D_大 /(1.1 ~ 1.2) \tag{5.7}$$

式中　$D_分$—分流道直径，mm；

　　　$D_大$—主流道大端直径，mm。

注：若分流道截面不是圆形，则可按面积相等换算；

　　若还有二级或者三级分流道，则按上级分流道比下级分流道大 10% ~ 20% 计算。

分流道排列方式。分流道的排列方式取决于型腔的布局，且两者相互影响，排列方式主要分为平衡式和非平衡式两种。

①平衡式排列。平衡式排列需要从主流道到各个型腔的分流道形状、长度以及大小都对应相等，因此到达各个型腔的熔融塑料在流道中散失的热量和压强都相等。因此平衡式排列有使型腔同时充满的优点。平衡式排列有如图 5.5 所示的几种方式，其中（a）~（d）为圆形排列，（e）~（h）为 H 形排列。

注：H 形排列中，四个型腔以下可以达到最佳热平衡；多出四个型腔时，虽然也可以达到很好的热平衡，但需要的弯折较多，流道也较长，压力损失大，同时加工也较困难，故最好采用圆形排列方式。

②非平衡式排列。顾名思义，分平衡排列方式的主要特点是主流道到各个型腔的分流道长度不同（或者形状、大小不同）。为了使各个型腔同时均衡进料，各个型腔的浇口尺寸必不

相同。非平衡排列有如图 5.6 所示的几种方式。

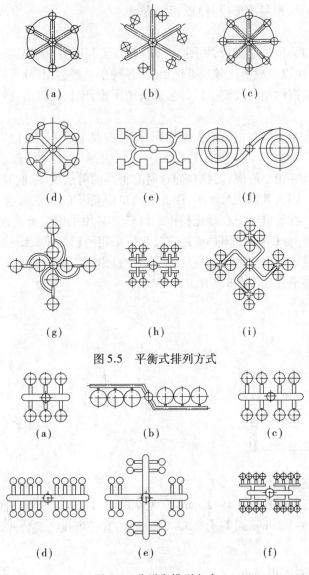

图 5.5　平衡式排列方式

图 5.6　非平衡排列方式

5.3.3　浇口的设计

浇口是连接型腔与分流道之间的一小段细小流道(除直浇口外),它是浇注系统很关键的部位。浇口的形状、数量、位置和尺寸对制件质量的影响很大。浇口的设计要点有以下几点:

①型腔充满后,熔体在浇口处首先凝固,防止倒流。

②易于切除浇口凝料。

③对于多型腔模具,用平衡进料;对于多浇口单型腔模具,用以控制熔合纹的位置。

(1)浇口类型

浇口形状与尺寸浇口的理想尺寸用手工的方法很难计算,一般均根据经验确定,取其下限,然后在试模过程中逐步加以修正。浇口断面积与分流道断面积之比约为 0.03 ~ 0.09,断面形状常为矩形或圆形,浇口长度为 0.5 ~ 2 mm。这里只讲述四种常见的浇口类型,如需采用其他类型的浇口,可参见《塑料成形模具》或相关资料。

1)直浇口

最常用的直浇口为主流道浇口,如图 5.7 所示,直接利用主流道大端进料。这样进浇有压力损失小、进料速度快以及成形比较快等优点,对各种塑料都适用,且特别适用于大型塑件、厚壁塑件以及黏度特别高的塑料成型。但是去除浇道困难,而且浇口痕迹明显,对制件表面有要求的产品不应采用。

直浇口的尺寸大小一般与主流道大端相同,但一般要小于等于进浇口处壁厚的 2 倍。

2)点浇口

点浇口是一种尺寸很小的浇口,物料通过时有很高的剪切速率,这对于降低假塑性熔体的表现黏度是有益的。因为其截面尺寸小,因此有浇口位置限制小、去除浇口后残留痕迹小等特点,且开模时可自动拉断,有利于自动化操作。但模具必须采用三板式模具结构,导致模具结构复杂,并要采用顺序分模机构,但热流道模具仍可采用两板式模具结构。点浇口进浇一般用于一模多腔模具以及单腔多点进浇的模具中。对于投影面积大的塑件采用多点进浇可降低其变形。点浇口的主要形式如图 5.8 所示。

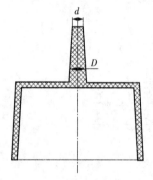

图 5.7 直浇道形式

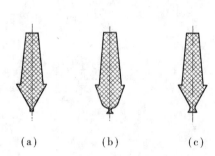

(a)   (b)   (c)

图 5.8 点浇口

中小型制件浇口的直径为 0.4 ~ 2 mm(常见 0.6 ~ 1.5 mm),视物料性质和制件质量而定。浇口长度一般为 0.5 ~ 1.2 mm,最好为 0.5 ~ 0.8 mm。直径可按经验公式计算:

$$d = nK\sqrt[4]{A} \tag{5.8}$$

式中 A——型腔的表面积,mm^2;

     n——塑料系数,通常 PE、PS:$n = 0.6$;POM、PP:$n = 0.7$;PA、PMMA:$n = 0.8$;PVC:$n = 0.9$;

     K——壁厚系数;

     t——壁厚。

3)潜伏式浇口

潜伏式浇口的断面形状和尺寸与点浇口类似,如图 5.9 所示。它具备点浇口所有的优点,同时进浇点比较隐蔽,不影响制件外观。潜伏式浇口可以选择普通两板式模具。因为浇口一般潜入分型面下面,沿斜向进入型腔,所以推出时有较强的冲击力,因此不适用于强韧性塑料(如 PA)或脆性塑料(如 PS),前者不易切断,后者易断裂,堵塞浇口。潜伏式浇口因其难以加工,所以一般加工方式是分成两半加工后拼接。

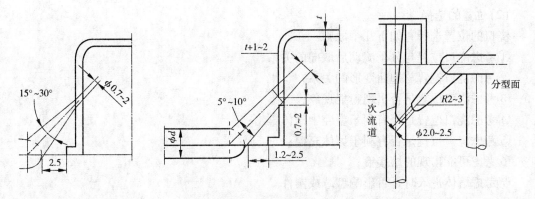

图5.9 潜伏式浇口

潜伏式浇口的计算方法与点浇口相同。此外还有一种圆弧形弯曲的潜伏浇口,可在扁平塑件的内侧进料,效果很好,只是加工较为困难,如图5.10所示。

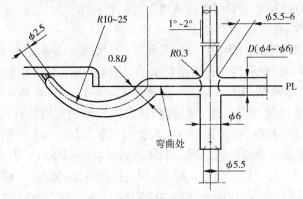

图5.10 圆弧形潜伏式浇口

4)侧浇口

侧浇口相对于分流道来说断面尺寸较小,属于小浇口的一种。侧浇口一般开设在分型面上,从型腔外侧面进料,如图5.11所示。侧浇口是典型的矩形截面浇口,方便在试模时调整浇口的尺寸大小。

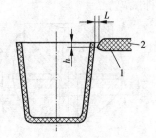

浇口为矩形浇口,其经验计算公式如下:

浇口深度 h 为:

$$h = nt \tag{5.9}$$

浇口宽度 W 为:

$$W = \frac{n\sqrt{A}}{30} \tag{5.10}$$

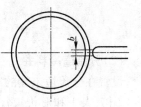

图5.11 侧浇口

式中 n——塑料系数,通常 PE、PS:$n = 0.6$;POM、PP:$n = 0.7$;
PA、PMMA:$n = 0.8$;PVC:$n = 0.9$;

t——塑料壁厚;

A——塑件外表面积。

（2）位置的选择

浇口的位置选择有如下几个原则：

①考虑浇口位置与分子流动后取向的关系；

②考虑浇口位置与翘曲变形的关系；

③考虑浇口位置是否出现喷射现象；

④考虑浇口位置是否有利于型腔中气休排出；

⑤考虑浇口位置是否有利于熔体充模；

⑥考虑可能出现的熔接痕；

⑦考虑熔体进入时是否影响型芯或镶件。

5.3.4 冷料井的设计

冷料井位于主流道正对面的动模板上，或处于分流道末端，这是为了除去熔体的前锋冷料而设置的，在动模上的冷料井一般用于主流道中的凝料拉出。

（1）主流道冷料井

主流道冷料井一般有拉料的作用，一种是利用进入动模的凝料进行拉料，如图 5.12 所示，其中图（a）是 Z 形冷料井，便于将主流道凝料取出，适用于顶出凝料和制件后可以水平移动的制件；图（b）是倒锥形冷料井；图（c）是圆环槽冷料井。它们由冷料井或侧凹将主流道凝料拉出，但倒锥形和圆环槽冷料井仅适用于韧性塑料。另一种是利用拉杆的结构进行拉料，如图5.13 所示。图（a）为球头拉杆，这种拉料杆一般比较可靠，但缺少储存冷料的作用，图（b）为倒锥头拉料杆，其具体参数请查看具体标准。利用进入动模一侧凝料拉出的结构需要推杆推出，因此推杆设置在推板上，且多用于两板式模具；利用拉杆拉出的结构一般用于三板式模具或利用推板脱模的两板式模具，且拉杆固定在型芯固定板上，在二次分型或推板推出时将凝料与拉杆脱离。

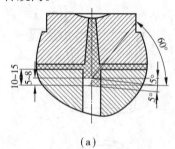
（a）

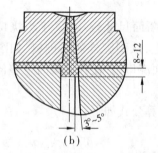
（b）

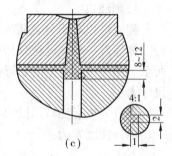
（c）

图 5.12　靠凝料拉料的结构

（2）分流道冷料井

设置在分流道末端的冷料井如图 5.14 所示。分流道冷料井的长度通常等于流道直径的1～1.5倍，大小和形状与分流道相同。

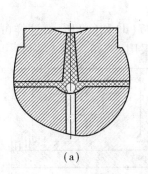 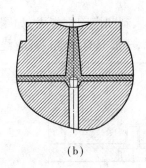

图 5.13 拉料杆拉料结构

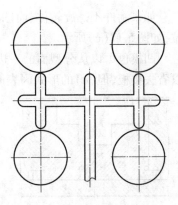

图 5.14 分流道冷料井

5.4 成型零件的设计

成型零件是直接与制件接触的零件,是制件外形、表面是否合格的关键部分,也是比较复杂的部位。

5.4.1 凹模的设计

凹模用以成型制件的外表面,按其结构不同,可分为以下六种:

(1)整体式凹模

整体式凹模是由整块材料加工而成,如图 5.15 所示,其结构牢固可靠,不易变形,成型的制件质量较好,但外形复杂的制件很难加工出整体式凹模。为了避免浪费好的材料,这种结构一般用于小型简单模具。

(2)整体嵌入式凹模

整体嵌入式凹模是整体式凹模的一种演变,是将整体

图 5.15 整体式凹模

式凹模嵌入到固定板中或先嵌入到模框,模框再嵌入到固定板中,如图 5.16 所示。与整体式模具相比,这种形式的优势在于制造大型模具时不会造成好的钢材的浪费,节约成本,但这种形式模具凹模需要固定板或其他结构固定,其主要固定方式如图 5.17 所示。图(a)是利用垫板和螺钉固定,也不用轴肩而用螺钉从模板的背面紧固,如图(b)所示。

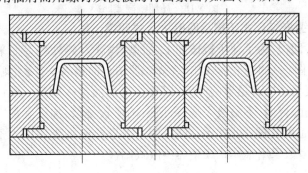

图 5.16 整体嵌入式凹模

139

如果制件不是旋转体,而凹模的外表面是回转体时,则应考虑止转定位。通常用销钉定位,如图 5.17(c)所示。

凹模也可以从分型面的一边直接嵌入到凹模固定板中,如图 5.17(d)和(e)所示,这样可以省去垫板,但(d)的形式因表面有间隙,一般只有点浇口或直浇口采用。

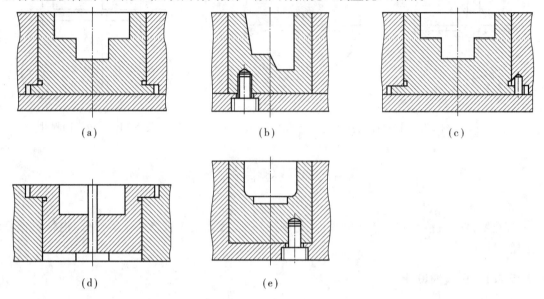

(a)　　　　　　　　(b)　　　　　　　　(c)

(d)　　　　　　　　(e)

图 5.17　整体嵌入式凹模固定方式

(3)局部镶嵌式凹模

有些制件外形比较复杂,采用整体式或整体嵌入式凹模很难加工出其型腔中某些部位,或有些部位容易损坏,需经常更换时,常采用局部镶嵌式凹模,如图 5.18 所示。

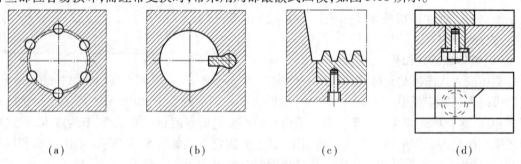

(a)　　　　　　(b)　　　　　　(c)　　　　　　(d)

图 5.18　局部镶嵌式凹模

(4)底部大面积镶嵌组合式凹模及四壁拼合式凹模

对于形状复杂的凹模,为了便于机械加工、研磨、抛光及热处理等而采用大面积镶嵌式凹模。如图 5.19 所示,图(a)的镶嵌形式比较简单,但结合面要求平整,否则会挤入塑料,产生飞边,造成脱模困难,底板还应有足够的厚度,以免变形后而挤入塑料。图(b)、(c)的侧壁与底部制件有一段垂直的配合面,不易挤入塑料,但结构比较复杂,加工麻烦。除了底面有大面积镶嵌,侧壁也可以大面积镶嵌。此外还有就是四个侧壁分开加工后压入整体式模套中。因加工技术的发展,现在多数采用整体式或整体镶嵌式凹模。

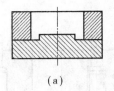
（a）

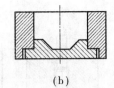
（b）

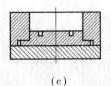
（c）

图 5.19　镶嵌组合式凹模

5.4.2　型芯的设计

型芯是成形塑件内表面和孔的成形零件,其中型芯一般设计为以下几种方式：

（1）整体式型芯

对于塑件的内表面比较简单、深度不大时,可以采用整体式型芯,也就是直接在模板上加工出型芯的形状、大小和长度,如图 5.20 所示。这种型芯结构简单、牢固,成型制件质量好,但加工比较复杂且钢材消耗较大,适用于小型模具。

（2）整体嵌入式型芯

这种型芯就是采用模板与型芯分开加工,再组装到一

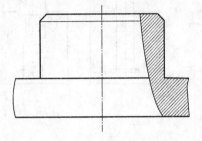

图 5.20　整体式型芯

起的结构,如图 5.21 所示。其中图（a）采用销钉、螺钉连接,这种型芯与模板加工都比较简单,但连接平面的平面度要求较高,防止间隙过大产生飞边造成脱模困难;图（b）利用嵌入部分定位,用螺钉连接;图（c）是利用台阶连接,这三种结构适用于大中型模具中的大型芯。（d）、（e）均为（b）的变形。

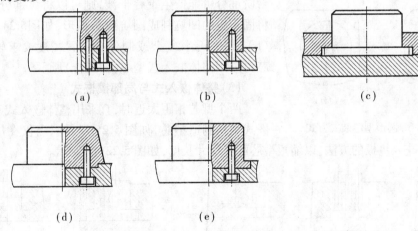

（a）　　　　　（b）　　　　　　（c）

（d）　　　　　（e）

图 5.21　整体嵌入式型芯

如图 5.22 所示,为塑件小孔或槽的细小型芯连接方式。其中,图（a）是利用过盈配合直接从模板上面压入,下面的通孔是更换型芯时顶出型芯用的,这种结构当配合不紧密时可能被拔出。为了解决这个问题,可采取铆接,如图（b）所示;图（c）为常见的轴肩加固定板方式固定。为了将小型芯做短,可采用圆柱衬垫或用螺钉压紧,如图（d）和（e）所示;对于较大型芯,可采用图（f）～（i）所示连接结构。

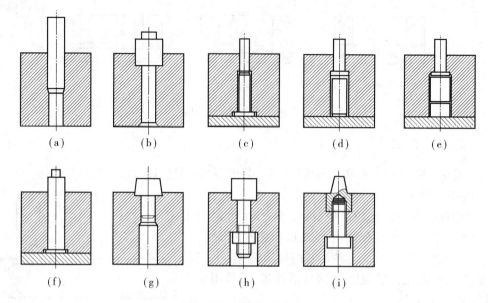

图 5.22　型芯安装方式

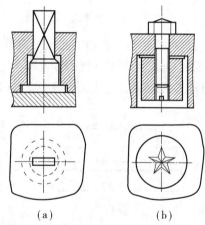

图 5.23　非圆形型芯装夹方式

对于非圆形型芯,为了方便制造,一般将其连接部分做成圆柱形,并采用台阶连接,如图 5.23(a)所示。有时仅将成形部分做成异形的,其余部分则做成圆形的,并用螺母及弹簧垫圈拉紧,如图 5.23(b)所示。

对于多个相互靠近的小型芯,当采用台阶连接时,台阶部分可能产生重叠干涉,则可以将该部分磨去,而将固定板的凹坑制成圆坑或长槽形,如图5.24中(a)和(b)所示。形状复杂或制件孔位置精度要求较高的型芯可采用整体嵌入式型芯,如图(c)所示。

(3)整体嵌入式与局部镶嵌式

两个型芯相距太近时,宜采用整体嵌入式 + 局部镶嵌式结构制造型芯,如图 5.25 所示。当仅在局部有小型芯时,可用嵌入垫板的方法,以缩短型芯配合尺寸长度,如图 5.22(d)所示。

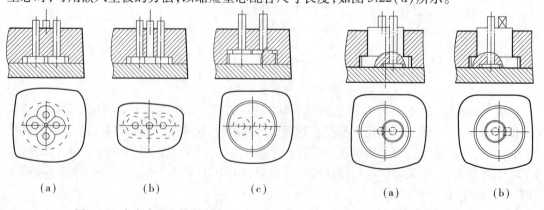

图 5.24　多个小型芯排列方式

图 5.25　整体嵌入式 + 局部镶嵌式结构

5.4.3 成型尺寸的计算方法

所谓工作尺寸,是指成型零件上直接用以成型塑件部位的尺寸,主要有凹模和型芯的径向尺寸(包括矩形和异性的长度和宽度)、凹模的型腔深度和型芯的高度,中心距尺寸等。工作尺寸与制件精度有很大关系,影响制件精度的因素很多并且非常复杂,因此制件尺寸难以达到高精度。

表5.4 成型零件的计算

尺寸部位	结构简图	计算公式	备 注
凹模径向尺寸		$L = \left[(1 + S_{cp}) L_0 - \dfrac{3}{4} \Delta \right]^{+\delta}$	L—凹模径向尺寸; S_{cp}—塑料的平均收缩率; L_0—制件径向尺寸; δ—凹模制造公差; Δ—制件公差值。 注:此类尺寸不是只对于圆柱体直径适用,也适用于盒形件的长和宽。
型芯径向尺寸		$L = \left[(1 + S_{cp}) L_0 + \dfrac{3}{4} \Delta \right]_{-\delta}$	L—型芯径向尺寸; S_{cp}—塑料的平均收缩率; L_0—制件径向尺寸; δ—型芯制造公差; Δ—制件公差值。
凹模深度尺寸		$H = \left[(1 + S_{cp}) H_0 - \dfrac{2}{3} \Delta \right]^{+\delta}$	H—凹模深度尺寸; S_{cp}—塑料的平均收缩率; H_0—制件高度尺寸; δ—凹模制造公差; Δ—制件公差值。

续表

尺寸部位	结构简图	计算公式	备 注
型芯高度尺寸		$H = \left[(1 + S_{cp}) H_0 + \dfrac{2}{3}\Delta \right]_{-\delta}$	H—型芯高度尺寸; S_{cp}—塑料的平均收缩率; H_0—制件孔深度尺寸; δ—型芯制造公差; Δ—制件公差值。
中心距尺寸		$L = \left[(1 + S_{cp}) L_1 \right] \pm \dfrac{\delta}{2}$	L—模具中心距尺寸; S_{cp}—塑料的平均收缩率; L_1—制件中心距尺寸; δ—型芯制造公差。

举例如下:

①型腔长度类尺寸。

制件尺寸 $91^{+0}_{-0.44}$:

$$L_m = \left[(1 + 0.006) \times 91 - 0.75 \times 0.44 \right]^{+0.022}_{-0} = 91.21^{+0.022}_{-0}\ \text{mm}$$

制件尺寸 $25.5^{+0}_{-0.52}$:

$$L_m = \left[(1 + 0.006) \times 25.5 - 0.75 \times 0.52 \right]^{+0.016}_{-0} = 25.26^{+0.016}_{-0}\ \text{mm}$$

②型芯长度类尺寸。

制件尺寸 $85^{+0.44}_{-0}$:

$$L_m = \left[(1 + 0.006) \times 85 + 0.75 \times 0.44 \right]^{+0}_{-0.022} = 85.84^{+0}_{-0.022}\ \text{mm}$$

制件尺寸 $14^{+0.12}_{-0}$:

$$L_m = \left[(1 + 0.006) \times 14 + 0.75 \times 0.12 \right]^{+0.021}_{-0.008} = 14.17^{+0.021}_{-0.008}\ \text{mm}$$

③型腔高度计算。

制件尺寸 $12^{+0.18}_{-0.18}$:

$$H_m = \left[(1 + 0.006) \times 12 - \dfrac{2}{3} \times 0.36 \right]^{+0.016}_{-0} = 11.83^{+0.011}_{-0}\ \text{mm}$$

④型芯高度计算。

制件尺寸 $3^{+0.12}_{-0.12}$:

$$H_m = \left[(1 + 0.006) \times 3 + \dfrac{2}{3} \times 0.24 \right]^{+0.021}_{-0.008} = 3.18^{+0}_{-0.008}\ \text{mm}$$

5.4.4　型腔壁厚的计算

(1) 凹模强度及刚度的要求

在高压的塑料熔体注入型腔后,压力作用在模具型腔的侧壁和模板上,产生弯应力和压应力,模具受力也是周期性变化。一副优良的注射模具其使用次数可达到 10^7(百万)次以上,因此当型腔壁和模具模板厚度不够时也可能产生危险的疲劳破坏,使塑性的钢材产生疲劳断裂,这是强度问题。同时模具还有刚度问题,刚度不足时会产生过大的弹性变形,使成型制件的尺寸精度和形位精度降低,制件脱模困难,甚至从变形的缝隙处发生溢料;当从模具型芯的一侧进料时,型芯的两侧将产生不同的压力,造成型芯弯曲变形,产生塑件偏心、尺寸超差及脱模困难等后果。因此,塑料模的力学设计包括强度设计和刚度设计。

表 5.5　凹模强度及刚度的计算

类　型		图　示	部位	按强度计算	按刚度计算
圆形凹模	整体式		侧壁	$t_c = r\left(\sqrt{\dfrac{\sigma_p}{\sigma_p - 2P_M}} - 1\right)$	$t_c = r\left(\sqrt{\dfrac{\dfrac{E\delta_P}{rP_M} - (\mu-1)}{\dfrac{E\delta_P}{rP_M} - (\mu+1)}} - 1\right)$
			底部	$t_h = \sqrt{\dfrac{3P_M r^2}{4\sigma_p}}$	$t_h = \sqrt[3]{\dfrac{0.175\,P_M r^4}{E\delta_P}}$
	镶拼组合式		侧壁	$t_c = r\left(\sqrt{\dfrac{\sigma_p}{\sigma_p - 2P_M}} - 1\right)$	$t_c = r\left(\sqrt{\dfrac{\dfrac{E\delta_P}{rP_M} - (\mu-1)}{\dfrac{E\delta_P}{rP_M} - (\mu+1)}} - 1\right)$
			底部	$t_h = r\sqrt{\dfrac{1.22P_M}{\sigma_p}}$	$t_h = \sqrt[3]{\dfrac{0.74\,P_M r^4}{E\delta_P}}$
矩形凹模	整体式		侧壁	$t_c = h\sqrt{\dfrac{aP_M}{\sigma_p}}$	$t_c = \sqrt[3]{\dfrac{cP_M h^4}{E\delta_P}}$
			底部	$t_h = b\sqrt{\dfrac{a'P_M}{\sigma_p}}$	$t_h = \sqrt[3]{\dfrac{c'P_M b^4}{E\delta_P}}$

续表

类　　型		图　示	部位	按强度计算	按刚度计算
矩形凹模	镶拼组合式		侧壁	$t_c = l\sqrt{\dfrac{hP_M}{2H\sigma_p}}$	$t_c = \sqrt[3]{\dfrac{hP_M l^4}{32EH\delta_p}}$
			底部	$t_h = L\sqrt{\dfrac{3bP_M}{4B\sigma_p}}$	$t_h = \sqrt[3]{\dfrac{5bP_M L^4}{32EB\delta_p}}$
型　芯	悬臂式		半径	$r = 2L\sqrt{\dfrac{P_M}{\pi\sigma_p}}$	$r = \sqrt[3]{\dfrac{P_M L^4}{\pi E\delta_p}}$
	悬臂、简支		半径	$r = L\sqrt{\dfrac{P_M}{\pi\sigma_p}}$	$r = \sqrt[3]{\dfrac{0.043\,2 P_M L^4}{\pi E\delta_p}}$

注:t_c—凹模型腔侧壁的计算厚度,mm;r—凹模型腔内孔或型芯外圈的半径,mm;σ_p—材料的许用应力,MPa;μ—材料的泊松比;P_M—型腔压力,MPa;E—材料的弹性模量,MPa;δ_P—成型零部件的许用变形量,mm;R—凹模的外部轮廓半径,mm;l—凹模型腔的内孔(矩形)长边尺寸,mm;L—型芯的长度或模具支承块的间距,mm;B—凹模外侧底面的宽度,mm;h—凹模型腔的深度,mm;H—凹模外侧的高度,mm;b—凹模型腔的内孔、矩形短边尺寸或其地面受压宽度,mm;t_h—凹模型腔底板的计算厚度,mm。

(2)多腔模具的型腔与型腔之间的壁厚 t'_c

经验计算公式为

$$t'_c \geqslant t_c/2$$

5.5　脱模推出机构的设计

5.5.1　推出机构的要求

①因一副模具成型需要多次制件,因此推出机构必须准确、运动可靠、容易更换、制造方便。

②推出过程中,不能使制件破裂或者对制件外观造成损坏。

③作用面积要大,推出力要均匀,推杆尽量靠近型芯,因为型芯的包紧力是非常大的。

④为了使塑件有一个良好的外观,在选择顶出位置时,应尽量设置在制件内部或对制件外观影响不大的部位。在采用推杆脱模时,要特别注意这个问题。

5.5.2　推杆结构设计

推杆的作用是将塑料制品从模具内推出。推杆结构简单,适用方便,得到了广泛采用,但推杆的直径不易做得太细,避免在顶出过程中把制件顶裂或顶坏,且应有足够的强度与刚度以承受推出力的作用。

(1)推杆的结构

①圆柱头推杆。如图 5.26(a)所示,这种推杆在塑料模具中应用广泛,方便制造与更换,一般推杆直径为 2.5~15 mm。

②带肩推杆。如图 5.26(b)所示,这样结构一般用于直径小于 2.5 mm 的推杆,因其细小易折,故采用台阶式结构。

③扁推杆。如图 5.26(c)所示,扁推杆主要用于带矩形台阶或凸台形的塑料模具中,它既是成型部分,又是推杆,适用于中、小型塑料模具。

注:推杆接触塑料制品时,应高出动模板面 0.05~0.1 mm,这样不会影响塑料制品的外观,如图 5.27 所示。

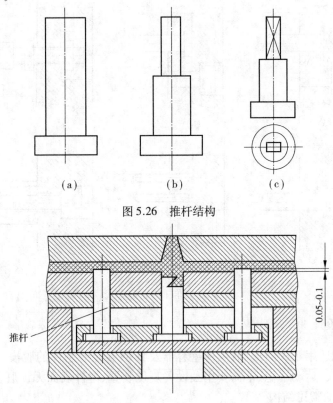

图 5.26　推杆结构

图 5.27　推杆的长度尺寸

(2)推杆在制件上的布局

推杆的位置应选在推出阻力大的地方,也需要选在制件不易变形的部位。推杆应尽量设置在塑件的非主要表面上,以免因推杆痕迹而影响制件的外观。当塑件各处推出阻力相同时,推杆应均匀布置,使制件推出时受力平衡,以免推杆变形,如图 5.28 所示。

(3)推杆的固定方式

推杆的固定方式,如图 5.29 所示。其中,图(a)为最常见的一种,利用固定板与螺钉固定在推板上;图(b)是利用垫块或垫圈代替固定板上的沉孔,加工简单;图(c)是可调节推杆高度的推杆,在试模过程中方便修改,螺母起固定作用;图(d)是利用螺塞紧固推杆,适用于直径较大及固定板较厚的情况；图(e)是用铆钉结构连接,适用于小型推杆连接方式;图(f)是利用螺钉固定推杆,适用于大型推杆。

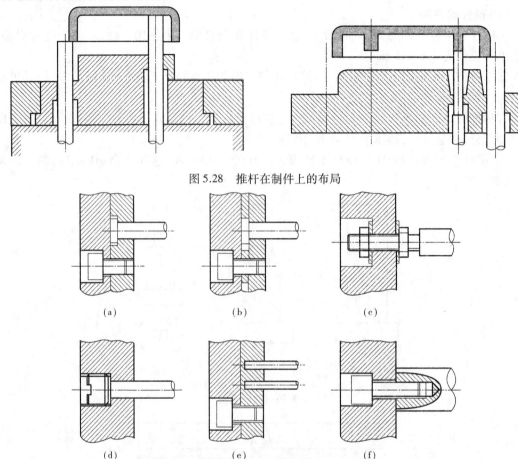

图 5.28　推杆在制件上的布局

(a)　　　　　(b)　　　　　(c)

(d)　　　　　(e)　　　　　(f)

图 5.29　推杆的固定方式

5.5.3　推板设计

推板推出结构适用于大筒形制件、薄壁容器及各型罩壳形制件的脱模。推板推出的特点是顶出均匀、力量大、运动平稳、不需要单独设置复位装置、塑件表面无顶痕、塑件不易变形。

(1)推板脱模的常见结构

如图 5.30 所示,图(a)、(b)所示推板与推件板制件采用刚性连接,其中图(b)是将推件板制成环状推板嵌入动模板中;图(c)、(d)中推件板与推板间没有刚性连接,其中图(c)设置了推件板的限位螺钉。

(2)推件板脱模机构设计要点

①推件板应与型芯呈锥面配合,可减少运动摩擦,有利于防止推件板偏心而溢料。推件板内孔应比型芯成形部分大 0.20 ~ 0.25 mm,防止两者之间磨损、卡死等。

②推件板与型芯之间的空隙,以塑料不产生溢料间隙最佳,否则可能产生复位困难,并可造成模具损坏。

③当制件为无通孔的大型深腔壳体类时,需要在型芯上增设一个进气装置。这样利于空

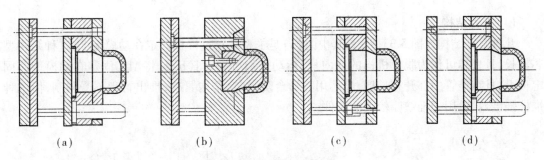

图 5.30　推板脱模的常见结构

气进入制件内部,不会产生真空而导致脱模困难。

④推板复位后,推板与动模座板之间应留有 2~3 mm 的空隙,有利于保护模具。

5.5.4　复位杆

复位杆的作用是将已经完成推出制件的推杆恢复到注射成型的原始位置。复位杆必须固定在固定推杆的同一固定板上,而且各个复位杆的长度必须一致。复位杆断面通常低于模板平面 0.02~0.05 mm。

(1)常见的几种复位结构

如图 5.31 所示,其中图(a)是利用复位杆复位;图(b)是利用推杆复位,这种结构必须是分型后推杆有一部分是没有与制件接触的,且需要平衡设置;图(c)是利用弹簧复位,这种结构适用于小型、脱模力不大的模具。复位杆有时可以兼导柱的作用,然后省去推出结构导向元件。

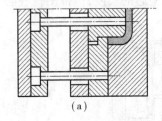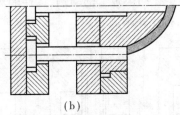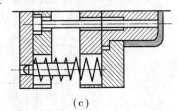

图 5.31　常见复位结构

(2)复位杆在模板上的位置

复位杆在模板上的位置如图 5.32 所示,一般设置 4 根,但小型模具可以使用 2 根结构。一般采用标准模架上的复位杆型号及位置。

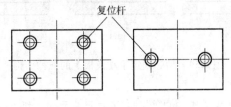

图 5.32　复位杆个数及位置

5.5.5　推管结构设计

推管特别适用于圆环形、筒形等中心带孔的制件脱模。推管脱模的特点是平稳可靠、受力均匀、无变形、无推出痕迹、主型芯和型腔可同时设计在动模一侧,有利于提高制件的同轴度等。

(1)推管结构

几种常见结构如图5.33所示,其中图(a)是主型芯穿过推板固定在动模板上,这种结构型芯较长,且型芯可作为脱模机构的导向柱,运动平稳可靠;图(b)是将型芯固定在动模型芯固定板上,且在推管中部开有长槽,型芯用方形台阶固定,结构紧凑,推出行程不受限制,但这种推杆强度差,适用于推壁厚较大的制件。

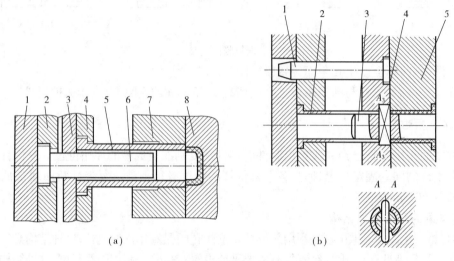

图5.33 推管的几种结构

如图5.34所示,也是采用固定在动模板上的结构,这样缩短了型芯的长度,但推出行程必须在型腔板内,导致动模板增厚,推出距离较短。

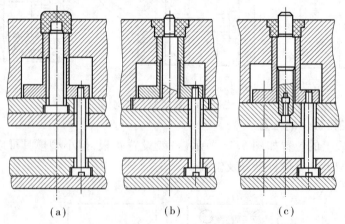

图5.34 型芯固定于动模板上的三种结构

(2)推管设计要点

①从推管强度和加工角度考虑,推管壁厚应大于1.5 mm,细小的推管可以制成阶梯推管,细部长度为配合长度加推出行程再加上5~6 mm的安全系数。

②推管内径和外径在顶出时,不应与型芯或凹模摩擦,为此推管内径应大于制件内径,推管外径应小于制件外径。

注:塑料齿轮常用推管模。

5.5.6　多元件联合脱模机构

对于深腔壳体、薄壁、有局部管状、凸筋、凸台及金属镶件等复杂制件,多采用两种或多种简单脱模结构联合顶出,以防止制件脱模变形。如图 5.35 所示,其中图(a)是推杆与推件板并用;图(b)是推管与推杆并用;图(c)是推管与推件板并用。

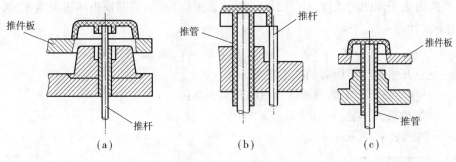

图 5.35　多元件联合脱模

5.6　侧向分型与抽芯机构的设计

凡是能够获得侧向抽芯或侧向分型以及复位用作的机构,统称为侧向分型抽芯机构。从广义来讲,它也是实现塑件脱模的装置。侧向分型一般分为两种情况:一种是开模时首先完成侧向分型或抽芯,然后推出制件;第二种是侧向抽芯或分型与制件的推出同步进行。

5.6.1　侧向分型机构分类

侧向分型抽芯机构类型有很多,通常按动力来源分为 3 种类型,其中以机动侧向分型抽芯机构最为常用。

(1)手动侧向分型抽芯机构

这是一种靠人工完成侧向分型的机构,这种机构一般设置于模具结构简单的小型模具上,生产效率低,工人劳动强度大,抽拔力有限,因此只在特殊场合采用。

(2)机动侧向分型抽芯机构

这种机构一般借助模具分型时的开模力或顶出力与合模力进行模具的侧向分型、抽芯及其复位运动。这种机构的优点是:经济适用、效率高、动作可靠、适用性强。其主要形式有:弹簧分型抽芯、斜销分型抽芯、弯销分型抽芯、斜滑块分型抽芯、齿轮齿条抽芯等。其中,最为常用的斜销抽芯分型结构不宜用于侧向分型或抽芯力大的模具和抽芯距过长的模具。

(3)液压或气压侧向分型抽芯机构

这种机构是指在侧向抽芯位置装上液压或者气压的装置,使侧向分型或抽芯的动力来源是液压或气压机。这种机构的特点是抽拔距离不受限制、抽拔力大、动作灵活、不受开模限制,常在大型模具中使用。

5.6.2 抽拔距离与抽拔力

(1)抽拔距离

将侧向型芯或拼合凹模从成型位置抽拔或分开至不妨碍塑件脱模位置的距离称为抽拔距离。一般抽拔距离取孔深度加 2～3 mm,如图 5.36 所示。当拼合凹模成形线圈骨架一类模具时,抽拔距离因大于侧凹的深度,如图 5.37 所示,如图(a)所示当凹模由两拼块组成时,抽拔距离 L 可按下式计算:

$$L = L_1 + (2 ～ 3)\text{mm} = \sqrt{R^2 - r^2} + (2 ～ 3)\text{mm} \tag{5.11}$$

式中　L——分开拼合凹模所需的抽拔距离,mm;

　　　L_1——侧凹分开至不影响塑件脱模的距离,mm;

　　　R——制件最大半径,mm;

　　　r——侧凹处半径,mm。

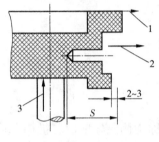
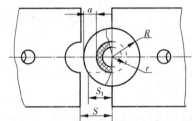
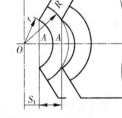

图 5.36　脱模深度　　　　　　　图 5.37　线圈骨架模具脱模

(2)抽拔力

抽拔力的计算与脱模力的计算相同,可参照脱模力的计算公式。

5.6.3 斜销分型抽芯

斜销分型抽芯机构结构紧凑,制造方便,动作可靠,适用于抽拔距离和抽拔力不太大的情况。如图 5.38 所示,斜销的轴线与开模方向成一定倾角,并且与滑块成间隙配合,滑块利用楔紧块锁紧。开模时,通过开模力驱动斜销产生侧向分力,迫使侧向型芯在导滑槽内向外移动,达到侧抽芯(分型)的目的;合模时,斜销又能准确进入滑块的斜孔中,迫使侧型芯(型腔)复位。

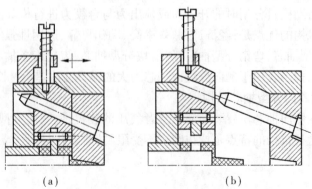

　　　　(a)　　　　　　　　　　　　(b)

图 5.38　斜销分型抽芯机构

（1）斜销

斜销轴线与开模方向的夹角，要兼顾抽拔距离和斜销所受的弯曲力，一般为 15°～20°，最大不超过 25°，以免在拔出时产生自锁或斜销弯曲。

（2）滑块

滑块是可以移动的零件。滑块与型芯可以做成组合式，也可以做成整体式。滑块的长度（运动方向）应为宽度的 1.5 倍，高度须为宽度的 2/3，以防止运动时发生偏斜。

（3）导滑槽

导滑槽是维持滑块往复运动的支撑零件，要求滑块在导滑槽内运动平稳，无上下窜动和卡死现象。常用导滑槽的截面如图 5.39 所示，其中（b）、（c）、（e）为优选形式。导滑槽长度标准，滑块完成抽芯后须有 2/3 留在滑槽中，以免复位困难。对于小型模具，当导滑槽比较短小时，可采取如图 5.40 所示的方法局部增长导滑槽的长度和形状。

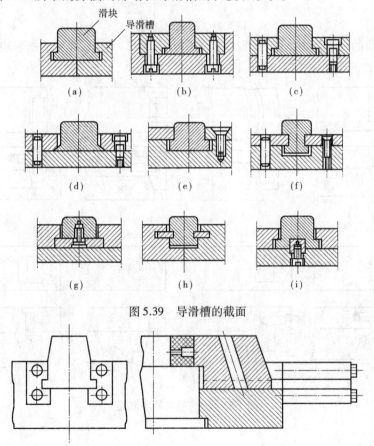

图 5.39　导滑槽的截面

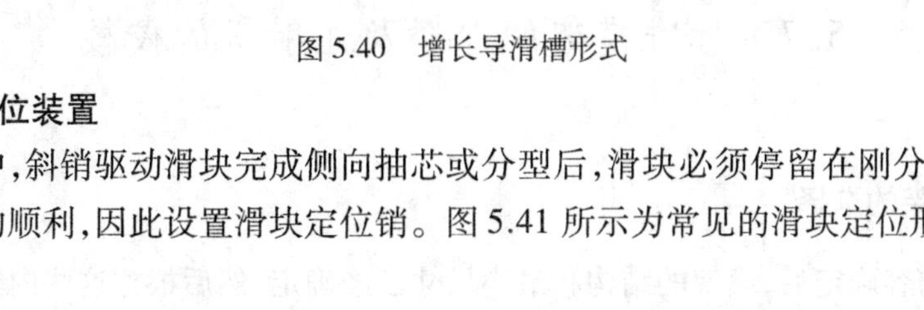

图 5.40　增长导滑槽形式

（4）滑块定位装置

开模过程中，斜销驱动滑块完成侧向抽芯或分型后，滑块必须停留在刚分离的位置，这样才能保证合模的顺利，因此设置滑块定位销。图 5.41 所示为常见的滑块定位形式。

（5）楔紧块

合模后，因斜销与滑块是间隙配合，故不能使滑块完全复位以及锁定，且斜销也不能承受

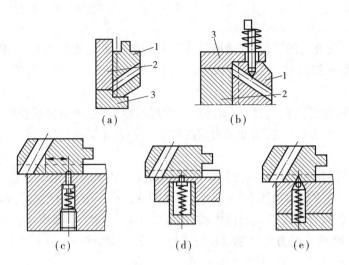

图 5.41　滑块定位装置

塑料熔体给滑块的侧向推力,为此须设置楔紧块。图 5.42 所示为常见的楔紧块形式。楔紧块的楔角 α′ 比斜销的楔角 α 大 2 ~ 3°。

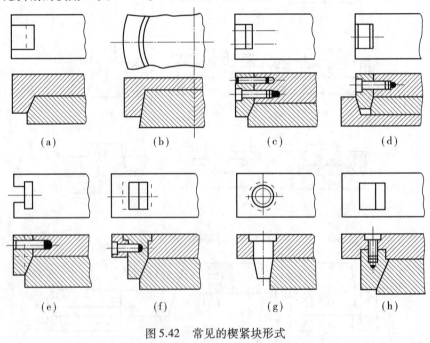

图 5.42　常见的楔紧块形式

5.7　标准模架的选择及注射机的校核

5.7.1　模架的选择

以上设计内容确定后,模架的结构和最小尺寸已经确定,然后根据这些内容选择标准模架的规格及代号。一般标准模架带有导向装置的型号。当模架型号选定后,模具的外形尺寸,动模座板、定模座板、垫板、推板、推杆固定板的大小、厚度都已经确定。A、B、C 板的大小已经确定,但厚度需要计算确定。A、B 板一般是型腔与型芯所在板,因此 A、B 板的厚度与制件的垂直于分型面所在方向上的高度有关,型腔的厚度一般比之前计算最小值大即可,这样既能保证制件的精确成形也保证了经济性。

　　C 板的厚度 = 推出行程 + 推板厚度 + 推杆固定板厚度 + 限位订厚度 + (5 ~ 10) mm

5.7.2　注射机的校核

确定的模架是否适合之前所选的注射机,因此要对注射机有关参数进行校核。

(1)最大注射量的校核

根据之前公式可以算出每次浇注的注射量,保证模具每次需要的塑料总量小于等于注射机额定最大注射量的 80%。对于热敏性塑料,最小注射量不小于注射机额定注射量的 20%。

(2)注射压力的校核

注射压力的校核是校核所选注射机的最大注射压力是否能满足塑件成形时所需注射压力。塑件的注射压力一般与塑料本身流动性、塑件的复杂程度、塑件的厚度、浇注系统类型等因素有密切关系。其大致取值见表 5.1;需要注射机注射压力为所需注射压力的 1.3 ~ 1.5 倍。

(3)锁模力校核

模具所需锁模力应小于注射机额定锁模力,否则在注射过程中因锁模不紧导致熔体从分型面处产生溢料,形成飞边,影响塑件精度。一般额定锁模力为所需锁模力的 1.1 ~ 1.2 倍。

(4)模具尺寸与拉杆间距离的校核

模具长度和宽度方向的尺寸不得超出注射机的工作台面。如图 5.43 所示,图(a)所示结构的模具是从注射机上方直接吊入机内;图(b)所示结构是从注射机侧面推入机内安装的。

(5)安装尺寸确定

为了使模具能够顺利地安装在注射机上并生产出合格的塑料制件,在设计模具时必须考虑与注射机配合的尺寸,其中包括模具的厚度、喷嘴口尺寸、定位圈尺寸等。

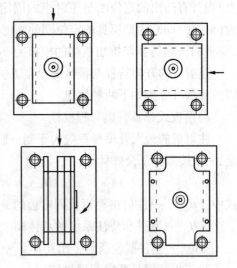

图 5.43　模具与拉杆间距离关系及安装方式

1)模具的厚度

注射模的动模、定模两部分闭合后的总厚度称为模具厚度或模具闭合高度。所设计的模具闭合高度应在注射机允许的最大模具厚度与最小模具厚度之间,如图 5.44 所示。

2)喷嘴的尺寸

注射机喷嘴的球头半径比模具主流道进口端的球头半径小(1 ~ 2)mm,以免在凹槽处产生溢料而导致凝料不好拔出。主流道进口端直径应大于喷嘴孔直径(0.5 ~ 1)mm,以便凝料顺利拔出。

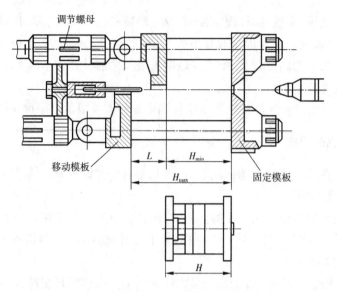

图 5.44　模具厚度与注射机允许尺寸关系

3）定位圈尺寸

为了使模具主流道的中心线与注射机料筒、喷嘴中心线重合，模具定模板上（或浇口套上）设计有凸出的定位圈与注射机的固定板上的定位孔配合。对于小型模具，定位圈的高度为（8～10）mm，大型模具的定位圈的高度为（10～15）mm。

（6）开模行程与推出机构的校核

注射机的开模行程与模具的厚度无关，是注射机的固有特性。根据分型面的不同，开模距离的校核可分为如下两种情况：

1）两板式模具开模行程校核

注射机的最大开模行程应大于制件脱模所需推出距离加上浇注系统凝料和制件的总体高度，一般按照如下公式计算：

$$H_{max} \geqslant H + h + (5 \sim 10)\,\text{mm} \tag{5.12}$$

式中　H_{max}——注射机动模板固定板的最大行程，mm；

　　　H——制件和浇注系统的总体高度，mm；

　　　h——制件脱模所需推出距离。

2）三板式模具开模行程校核

对于三板式，只是为了推出浇注系统凝料，多了中间板与定模座板中间的距离，而此时制件脱模所需推出距离就可能缩短为型芯的长度。一般按照如下公式计算：

$$H_{max} \geqslant H + h + h_1 + (5 \sim 10)\,\text{mm} \tag{5.13}$$

式中　H_{max}——注射机动模板固定板的最大行程，mm；

　　　H——制件和浇注系统的总体高度，mm；

　　　h——制件脱模所需推出距离，mm；

　　　h_1——中间板与定模座板间分开距离，mm。

5.8　合模导向机构的设计

注射模的导向机构主要是导柱导向。导柱导向机构用于动定模之间的开合模具导向和推出系统的运动导向。

5.8.1　导柱的作用

任何模具在动、定模制件都有导向机构。其作用有：

①定位作用。合模时维持动模、定模之间的一定位置，保证型腔的形状与大小。

②导向作用。合模时引导动模按照正确的方向闭合，避免损坏型芯。

③承载作用。采用推板脱模或三板式模具结构时，导柱有承受中间板的重力作用。

④保持运动平稳作用。对于大、中型模具的脱模机构，有保持机构运动灵活平稳的作用。

5.8.2　导向机构的设计

导柱导向一般是由导柱与导套（或孔）的间隙配合组成，并呈滑动运动的导向机构，主要零件是导柱和导套。

（1）导柱

国标中规定了两种结构形式的导柱，如图 5.45（a）所示是带头导柱，图（b）为带肩导柱，这两种导柱为 1 型导柱。2 型导柱如图 5.45（c）所示，导柱的尾部有一个肩与另一模板配合起定位作用。导柱的具体尺寸可查有关国家标准。

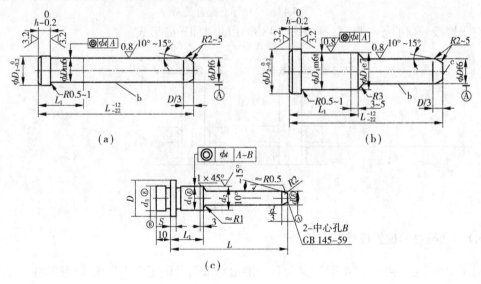

图 5.45　导柱的形式

（2）导套

如图 5.46 所示，图（a）的直导套与图（b）的带头导套这两种导套为 1 型导套，图（c）所示为 2 型导套。导套的具体尺寸可查国家标准。

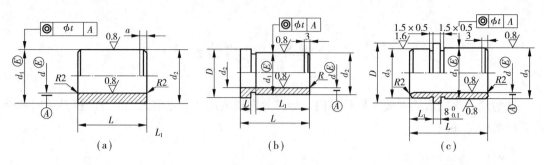

图 5.46 导套形式

5.8.3 几种导柱导套配合关系

对于动模、定模合模导向的机构,有如图 5.47 所示的几种导柱导套的组合形式。其中,图(a)适用于小型和生产批量小的模具。一般采用(a)、(d)、(e)这 3 种形式,因为这 3 种便于两板的孔同时加工,易于保证同轴度。

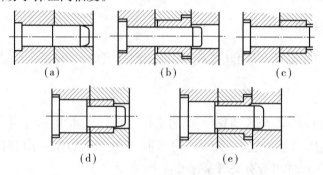

图 5.47 导柱导套配合关系

对于推板导向的导柱导套,有如图 5.48 所示的两种导向形式。

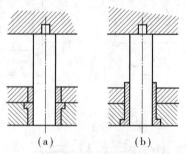

图 5.48 推板导柱形式

5.8.4 导柱的位置设计

对于动模、定模合模导向机构,其位置一般由标准模具确定。而推出系统的导向机构一般排列在推板长边的中心线上靠外空出位置,且一般平衡排布,其大小根据推板大小与推杆多少、是否平衡布置等选择。一般来说,模板越大,推杆越多的非平衡布置,采用的导柱越大。

5.9 冷却系统的设计

当熔体充入型腔后,温度仍然较高,如果没有冷却系统的存在,冷却可能相当缓慢,因此模具上设置冷却系统的目的是提高制件的生产效率。冷却介质有冷却水和压缩空气,因水的比热容较大且易得,因此水的应用较多。

5.9.1 模具温度及其调节方法

模具温度指模具型腔及型芯表面的温度。在注射成型过程中,模温直接影响塑料的流动性、固化定型、模塑周期以及制件的形状、外观、尺寸精度和生产效率。

不同塑料在注射成型时所需的模温是不同的。对于黏度低、流动性好的塑料,所需的温度相对较低,也就需要对其冷却;而对于黏度高、流动性差的塑料要求模温可达 80 ℃以上,也就需要在成型过程中对模具型腔加热。常见的模温参考见表 5.6。

表 5.6 常用塑料注射成型推荐模温(单位:℃)

塑料简称	成型温度	参考模温	塑料简称	成型温度	参考模温
HDPE	190 ~ 240	20 ~ 60	ABS	200 ~ 270	40 ~ 80
LDPE	210 ~ 270	20 ~ 60	POM	180 ~ 220	60 ~ 120
PS	170 ~ 280	20 ~ 70	PC	250 ~ 290	90 ~ 110
PP	200 ~ 270	20 ~ 60	PMMA	170 ~ 270	20 ~ 90
AS	220 ~ 280	40 ~ 80	PA66	280 ~ 300	40 ~ 80

在常见的塑料制品中,绝大多数材料在注射成型时需要对模具进行冷却。

5.9.2 模具冷却系统的设计

(1)型芯凸模冷却水路结构

对于型芯高度不大的型芯,可在底部直接开设单层冷却水路。如图 5.49 所示;对于稍高一点的型芯,可在型芯内开设有一定高度的冷却水沟槽,构成冷却回路,如图(b)所示,特别需要注意周边密封,防止漏水。对于中等的型芯,可采用斜叉管道构成冷却回路,如图 5.50 所示,但斜叉不易获得均匀的冷却效果,不是最佳方案。

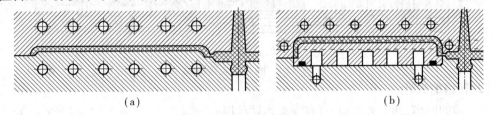

(a)　　　　　　　　　　　　　　　(b)

图 5.49 浅型芯冷却水道设置

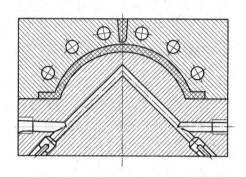

图 5.50 中等高度型芯冷却水道的设置

对于高而细的型芯,可采用的方式有 4 种。第一种是喷流式冷却,如图 5.51 所示,即在型芯中心安置一喷水管,冷却水从型芯下部进入喷向型芯顶部,喷出的冷却水由喷管四周流回,形成平行流动冷却。第二种是螺旋式,如图 5.52 所示,即在型芯中制作一个小型芯,且在小型芯上制作螺旋水孔即可。第三种是利用低熔点合金将铜水管固定在空型芯中,如图 5.53 所示。第四种是采用隔片导流式,如图 5.54 所示,即在型芯中间设置隔片,使水流经过型芯内部。

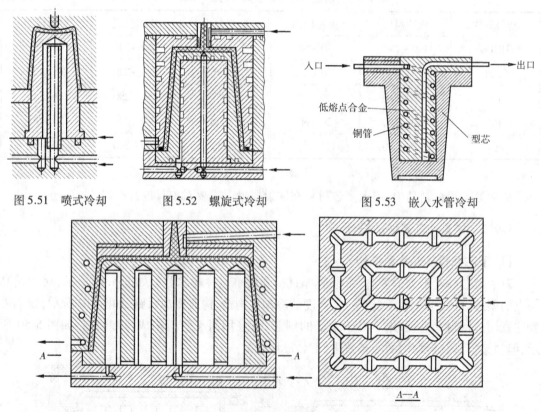

图 5.51 喷式冷却   图 5.52 螺旋式冷却   图 5.53 嵌入水管冷却

图 5.54 隔片导流式冷却

(2)凹模的设计

对于浅的凹模,和型芯类似,可在模板内钻单层的冷却水孔,如图 5.52(a)所示。对于中、深型腔,可采取在四周打通孔,使孔在内部有连通区域,然后将除去进出水孔以外的孔都用螺塞堵住,如图 5.55 所示。

5.9.3　冷却装置设计注意事项

①尽量保证制件收缩均匀,维持模具热平衡。

②冷却水孔的数量越多,孔径越大,对制件冷却也就越均匀,如图 5.56 所示,图(a)中开设 5 个大孔比图(b)中开设两个小孔的冷却效果好。

③水孔与型腔表面各处最好有相同的距离,即水孔的排列与型腔形状尽量相吻合,如图 5.57 (a)所示。当制件壁厚不均匀时,厚壁处水孔应更靠近型腔,距离要小,如图 5.57(b)所示。确定水孔到型腔表面的距离时,应考虑型腔是否冷却均匀,以及模具的刚度和强度问题。如图 5.58 所示,为型腔表面到冷却水孔的距离以及水孔中心距与水孔直径的尺寸关系。

④浇口处应加强冷却,浇口附近的溶料是最后进入的,因此温度是最高的,因此需要对浇口附近加强冷却,图 5.59 所示为几种实例。

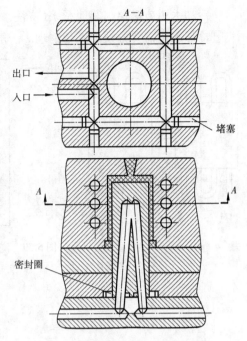

图 5.55　四周环绕堵塞式冷却水道

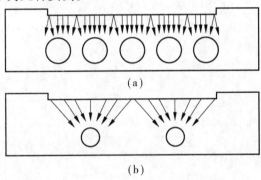

图 5.56　冷却水管与冷却效果关系

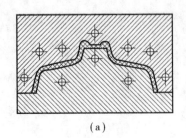

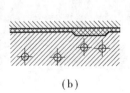

图 5.57　冷却的均匀性

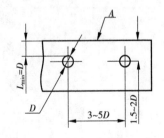

图 5.58　冷却水孔直径与位置关系

⑤应该降低进出水的温差,如果进出水温差过大,也就是模具温度各处的温差较大,可能对制件生产时造成不良因素。

⑥冷却水道应避免接近制件熔合部位,以免熔合不牢,影响强度。

161

⑦冷却水道应避免与其他系统(浇注系统、推出系统、导向系统、型腔型芯等)发生干涉。

⑧冷却水道需要方便加工与清理。一般孔径设计为 8 ~ 12 mm。

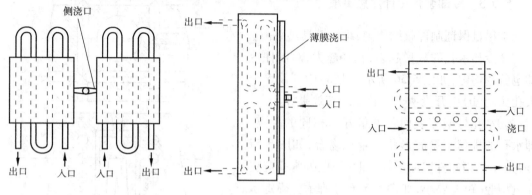

图 5.59　浇口加强冷却的形式

第6章
注射模具设计选用资料

6.1 常用塑料

表6.1 常用塑料和树脂缩写代号(摘录)

塑料种类	缩写代号	塑料或树脂全称	
		英 文	中 文
热塑性塑料	ABS	acrylonitrile-butadiene-styrene copoly	丙烯腈-丁二烯-苯乙烯共聚物
	AS	acrylonitrile-styrene copolymer	丙烯腈-苯乙烯共聚物
	ASA	acrylonitrile-styrene-acrylate copolyme	丙烯腈-苯乙烯-丙烯酸酯共聚物
	CA	cellulose acetate	乙酸纤维素(醋酸纤维素)
	CN	cellulose nitrate	硝酸纤维素
	EC	ethyl cellulose	乙基纤维素
	FEP	perfluorinated ethylene-propylene copolymer	全氟(乙烯-丙烯)共聚物(聚全氟乙丙烯)
	GRP	glass fibre reinforced plastics	玻璃纤维增强塑料
	HDPE	high density polyethylene	高密度聚乙烯
	HIPS	high impact polystyrene	高冲击强度聚苯乙烯
	LDPE	low density polyethylene	低密度聚乙烯
	MDPE	middle density polyethylene	中密度聚乙烯
	PA	polyamide	聚酰胺(尼龙)
	PC	polycarbonate	聚碳酸酯
	PAN	polyacrylonitrile	聚丙烯腈
	PCTEE	polycholrotrifluorcethylene	聚三氟氯乙烯
	PE	polyethylene	聚乙烯
	PEC	chlorinated polyethylene	氯化聚乙烯

续表

塑料种类	缩写代号	塑料或树脂全称	
		英　文	中　文
热塑性塑料	PMMA	poly（methyl methacrylate）	聚甲基丙烯酸甲酯(有机玻璃)
	POM	polyformaldehyde（polyoxymethylene）	聚甲醛
	PP	polypropylene	聚丙烯
	PPC	chlorinated polypropylene	氯化聚丙烯
	PPO	poly（phenylene oxide）	聚苯醚(聚2,6-二甲基苯醚)
	PS	polystyrene	聚苯乙烯
	PSF	polysulfone	聚砜
	PTFE	polytetrafluoroethylene	聚四氟乙烯
	PVC	poly（vinyl chloride）	聚氯乙烯
	PVCC	chlorinated poly（cinyl chloride）	氯化聚氯乙烯
	RP	reinforced plastics	增强塑料
	SAN	styrene-acrylonitrile copolymer	苯乙烯-丙烯腈共聚物
热固性塑料	PF	phenol-formaldehyde resin	酚醛树脂
	EP	epoxide resin	环氧树脂
	PUR	polyurethane	聚氨酯
	UP	unsaturated polyeter	不饱和聚酯
	MF	melamine-phenol-formaldehyde	三聚氰胺-甲醛树脂
	UF	urea-formaldehyde resin	脲甲醛树脂
	PDAP	poly（diallyl phthalate）	聚邻苯二甲酸二烯丙酯

表 6.2　按塑料品种选择塑料模具材料的指南

用　途		有代表性的塑料及成形件		对模具特性的要求	适用钢种及硬度
一般的热固性和热塑性塑料	一般	ABS	散热器格栅	高强度加高耐磨性	P20、4Cr5MoV1Si、Cr12MoV、5NiSCa、8Cr2MnWMoVS
		聚丙烯	风扇、叶片、水桶		
	装饰件	ABS	汽车内覆盖件	同上加装饰纹加工性	P20，SM2
	透明件	丙烯	立体防尘器汽车尾灯	同上加良好的研磨加工性	8Cr2MnWMoVS，5NiSCa，18Ni马氏体时效钢
用玻璃纤维等进行填充的热固性塑料和热塑性塑料	热塑性塑料	聚缩醛尼龙聚碳酸酯	工程塑料制品汽车内覆盖件电动工具外壳	高耐磨性	Cr12MoV，CrwMn，9Mn2V、4Cr5MoVlSi、8Cr2MnWMoVS，5NiSCa,7CrSiMnMoV
	热固性塑料	酚醛环氧树脂	齿轮类工程塑料制件		

续表

用　途	有代表性的塑料及成形件		对模具特性的要求	适用钢种及硬度
用于透镜	丙烯塑料聚丙乙烯	照相机透镜菲涅耳透镜	高镜面加工性强度加适当的防锈性	18Ni 马氏体时效钢，3Cr13，4Cr13
消防规定（添加阻燃剂类）	ABS	电视机外壳阴极射线管外壳收音机机座	适当的强度加耐腐蚀性	17-4pH，3Cr13，4Cr13，P20 镀铬
聚氯乙烯	PVC	电话机水槽管子、接头	适当的强度加高耐蚀性	17-4pH，P20 镀铬
聚四氟乙烯	聚四氟乙烯	密封垫片、电线被覆	耐腐蚀性	含钨钼的镍基高温合金

表 6.3　常用塑料的性能与用途

塑料名称	性能特点	成型特点	模具设计的注意事项	使用温度	主要用途
聚乙烯（线型结构，结晶型）	高密度聚乙烯（HDPE）熔点、刚性、硬度和强度较高，吸水性小，有突出的电气性能和良好的耐辐射性；低密度聚乙烯（LDPE）质软、伸长率、冲击韧性和透明性较好	成型前可不预热；收缩大，易变形；冷却时间长，成型效率不高；塑件有浅侧凹可强制脱膜	浇注系统应尽快保证充型；需设冷却系统；采用螺杆注射机。收缩率：料流方向2.75%；垂直料流方向2.0%；注意防变形	<80 ℃	薄膜、管、绳、容器、电器绝缘零件、日用品等
聚丙烯（线型结构，结晶型）	密度小，机械性能比聚乙烯好，化学稳定性较好，耐热性好；不耐磨，耐寒性差，光、氧作用下易降解和老化	成型前可不干燥；成型时收缩大，成型性能好，易变形翘曲，柔软性好，有"铰链"特性	因有"铰链"特性，注意浇口位置设计；防缩孔、变形等缺陷；收缩率为1.3%～1.7%	10～120 ℃	板、片、透明薄膜、绳、绝缘零件、汽车零件、阀门配件、日用品等
聚酰胺（尼龙）（线型结构，结晶型）	抗拉强度、硬度、耐磨性、自润滑性突出，吸水性强；化学稳定性好，能溶于甲醛、苯酚、浓硫酸等	熔点高，熔融温度范围窄，成型前须预热；黏度低，流动性好，易产生溢料、飞边；熔融温度下较硬，易损模具、主流道及型腔易粘模；制品易吸潮而引起尺寸变化	防止溢料，要提高结晶化温度，应注意模具温度的控制；收缩率为 1.5%～2.5%	<100 ℃	耐磨零件及传动件，如齿轮、凸轮、滑轮等；电器零件中的骨架外壳、阀类零件、单丝、薄膜、日用品等

续表

塑料名称	性能特点	成型特点	模具设计的注意事项	使用温度	主要用途
聚甲醛（线型结构，结晶型）	综合性能好,比强度、比刚度接近金属,耐磨性好;尺寸稳定性较好;但热稳定性差,易燃烧,且不耐强酸	热稳定性差,熔融温度范围较小,易分解对人体和设备都有害的产物;流动性好,注射时速度要快,注射压力不宜过高,凝固速度快	浇道阻力要小;采用螺杆式注射机;注意塑化温度和模具温度的控制;收缩率<25%	<100 ℃	可代替钢、铜、铝、铸铁等用于制造如齿轮、轴承等多种结构零件及电子产品中的许多结构零件
聚苯乙烯（线型结构，非结晶型）	透明性好,电绝缘性能好,抗拉强度和抗弯强度高,着色性、耐水性、化学稳定性较好;但质脆,抗冲击强度差,不耐苯、汽油等有机溶剂	成型性能很好,成型前可不干燥,但注射时应防止溢料,制品易产生内应力,易开裂;由于质脆易裂,脱模斜度不宜过小	因流动性好,应注意模具间隙,防止溢料,模具设计中适宜用点浇口,但因热膨胀大,塑件中不宜有嵌件,否则易开裂	−30 ~ 80 ℃	装饰制品,仪表壳、灯罩、绝缘零件、容器、泡沫塑料、日用品等
ABS（线型结构，非结晶型）	综合机械性能好,化学稳定性较好;但耐热性较差,吸水性较大	成型性能好,成型前要干燥,易产生熔接痕,浇口处外观不好	分流道及浇口截面要大,注意浇口的位置,防止产生熔接痕,模具设计中常用点浇口形式;在成型时的脱模斜度>2°;收缩率取>0.5%	<70 ℃	应用广泛,如电器外壳、汽车仪表盘、日用品等
聚甲基丙烯酸甲酯（有机玻璃）（线型结构，非结晶型）	透光率最好,电气绝缘性好,化学稳定性较好;但表面硬度不高,质脆易开裂,不耐无机酸,易溶于有机溶剂	流动性差,易产生流痕,缩孔,易分解;透明性好;成型前要干燥,注射时速度不能太高	合理设计浇注系统,便于充型,脱模斜度尽可能大;严格控制料温与模温,以防分解;收缩率取0.35%	<80 ℃	透明制品,如窗玻璃、光学镜片、光盘、灯罩、油标等
聚氯乙烯（线型结构，非结晶型）	不耐强酸和碱类溶液,能溶于甲苯、松节油等,其他性能取决于配方（树脂的相对分子质量和添加剂的含量）	热稳定性差,成型温度范围窄;流动性差,腐蚀性强,塑件外观差	合理设计浇注系统,阻力要小,严格控制成型温度,即料筒、喷嘴及模具温度;模具流道应粗短,浇口截面宜大;模具要进行表面镀铬处理,收缩率取0.7%	−15 ~ 55 ℃	用途广泛,如薄膜、管、板、容器、电缆、人造革、鞋类、日用品等

续表

塑料名称	性能特点	成型特点	模具设计的注意事项	使用温度	主要用途
聚碳酸酯（线型结构，非结晶型）	透光率较高，介电性能好，吸水性小，力学性能好，抗冲击、抗蠕变性突出；但耐磨性差，不耐碱、酮、醋;脆化温度为 100 ℃	耐寒性好，熔融温度高，黏性大，成型前需干燥，易产生残余应力，甚至裂纹；质硬，易损模具，使用性能好	模具设计中应该尽可能使用直浇口，减小流动阻力，塑料要干燥；不宜采用金属嵌件，脱模斜度 >2°	<130 ℃	在机械上用作齿轮、凸轮、涡轮、滑轮等，电机电子产品零件，光学零件等
氟化氯乙烯（线型结构，结晶型）	摩擦系数小，电绝缘性好，可耐一切酸、碱、盐及有机溶剂；但力学性能不高，刚度差	黏度大，流动性差，成型困难，应高温高压成型，易变色	浇注系统尺寸要大一些；防止成型时变色；模具要表面处理，模具材料抗蚀性要好，收缩率为 0.5%；宜用螺杆式注射机	-195 ~ 250 ℃	防腐化工领域的产品、电绝缘产品、耐热耐寒产品、自润滑制品和医疗器械
酚醛塑料（树脂是线型结构，塑料成形后成体型结构）	表面硬度高，刚性好，尺寸稳定，电绝缘性好；但质脆，冲击强度差，不耐强酸，强碱及硝酸	适宜压缩成型，成型性好，模温对流动性影响很大	注意模具预热和排气	<200 ℃	根据添加剂的不同可制成各种塑料制品，用途广泛
氨基塑料（结构上有 —NH₂ 基，树是线型结构，塑料成形后变成体型结构）	表面硬度高，电绝缘性好；耐油、耐弱碱和有机溶剂，但不耐酸	常用于压缩与传递成型，成型前需干燥，流动性好，固化快	模具应防腐，模具预热及成型温度适当高，装料、合模及加工速度要快	与配方有关，最高可达 200 ℃	电绝缘零件、日用品、黏合剂、层压、泡沫制品等

表 6.4　常用热塑性塑料的主要技术指标

塑料名称	聚乙烯		聚丙烯		聚氯乙烯		聚苯乙烯		
	高密度	低密度	纯	玻纤增强	硬	软	一般型	抗冲击型	20%~30%玻纤增强
密度 $\rho/(\text{kg·dm}^{-3})$	0.94~0.97	0.91~0.93	0.90~0.91	1.04~1.05	1.35~1.45	1.16~1.35	1.04~1.06	0.98~1.01	1.20~1.33
比体积 $V/(\text{dm}^3·\text{kg}^{-1})$	1.03~1.06	1.08~1.10	1.10~1.11		0.69~0.74	0.74~0.86	0.94~0.96	0.91~1.02	0.75~0.83
吸水率(24h) $\omega_{p,c}/\%$	<0.01	<0.01	0.01~0.83	0.05	0.07~0.4	0.15~0.75	0.03~0.05	0.1~0.3	0.05~0.07
收缩率 $S/\%$	1.5~3.0		1.0~3.0	0.4~0.8	0.6~1.0	1.5~2.5	0.5~0.6	0.3~0.6	0.3~0.5
熔点 $t/℃$	105~137	105~125	170~176	170~180	160~212	110~160	131~165		
热变形温度 $t/℃$　0.46 MPa	60~82		102~115	127	67~82		65~95	64~92.5	82~112
热变形温度 $t/℃$　0.185 MPa	48		56~57		54				
抗拉屈服强度 σ_t/MPa	22~39	7~19	37	78~90	35.2~50	10.5~24.6	35~63	14~48	77~106
拉伸弹性模量 E_t/MPa	0.84~0.95×10^3				2.4~4.2×10^3		2.8~3.5×10^3	1.4~3.1×10^3	3.23×10^3
抗弯强度 σ_t/MPa	20.8~40	25	67.5	132	≥90		61~98	35~70	70~119
冲击韧度 $\alpha_n/(\text{kJ·m}^{-2})$ 无缺口	不断	不断	78	51					
冲击韧度 $\alpha_k/(\text{kJ·m}^{-2})$ 缺口	65.5	48	3.5~4.8	14.1			0.54~0.86	1.1~23.6	0.75~13
硬度 HB	2.07 D60~70	D41~46	8.65 R95~R105	9.1	16.2 R110~R120	96(A)	M65~80	M20~80	M65~90
体积电阻系数 $\rho_V/(\Omega·\text{cm})$	10^{15}~10^{16}	>10^{16}	>10^{16}	>10^{16}	6.71×10^{13}	6.71×10^{13}	>10^{16}	>10^{16}	10^{13}~10^{17}
击穿强度 $E/(\text{kV·mm}^{-1})$	17.7~19.7	18.1~27.5	30	30	26.5	26.5	19.7~27.5		

续表

塑料名称		苯乙烯共聚			聚酰胺			聚甲醛	苯乙烯改性聚甲基丙烯酸甲酯(372)	聚碳酸酯	
		AS（无填料）	ABS	20%~40%玻纤增强	尼龙6	尼龙66	30%玻纤增强尼龙66			纯	20%~30%短玻纤增强
密度	$\rho/(kg \cdot dm^{-3})$	1.08~1.10	1.02~1.16	1.23~1.36	1.10~1.15	1.10	1.35	1.41	1.12~1.16	1.20	1.34~1.35
比体积	$V/(dm^3 \cdot kg^{-1})$		0.86~0.98		0.87~0.91	0.91	0.74	0.71	0.86~0.98	0.83	0.74~0.75
吸水率(24h)	$\omega_{p,c}/\%$	0.2~0.3	0.2~0.4	0.18~0.4	1.6~3.0	0.9~1.6	0.5~1.3	0.12~0.15	0.2	0.15,23℃ 50%RH	0.09~0.15
收缩率	$S/\%$	0.2~0.7	0.4~0.7	0.1~0.2	0.6~1.4	1.5	0.2~0.8	1.5~3.0		0.5~0.7	0.05~0.5
熔点	$t/℃$		130~160		210~225	250~265		180~200		225~250	235~245
热变形温度 $t/℃$ 0.46 MPa			90~108	104~121	140~176	149~176	262~265	158~174		132~141	146~149
热变形温度 $t/℃$ 0.185 MPa		88~104	83~103	99~116	80~120	82~121	245~262	110~157	85~99	132~138	140~145
抗拉屈服强度	σ_l/MPa	63~84.4	50	59.8~133.6	70	89.5	146.5	69	63	72	84
拉伸弹性模量	E_l/MPa	$2.81 \sim 3.94 \times 10^3$	1.8×10^3	$4.1 \sim 7.2 \times 10^3$	2.6×10^3	$1.25 \sim 2.88 \times 10^3$	$6.02 \sim 12.6 \times 10^3$	2.5×10^3	3.5×10^3	2.3×10^3	6.5×10^3
抗弯强度	σ_l/MPa	98.5~133.6	80	112.5~189.9	96.9	126	215	104	113~130	113	134
冲击韧度 $\alpha_n/(kJ \cdot m^{-2})$ 无缺口			261		不断	49	76	202		不断	57.8
冲击韧度 $\alpha_k/(kJ \cdot m^{-2})$ 缺口			11		11.8	6.5	17.5	15	0.71~1.1	55.8~90	10.7
硬度	HB	洛氏 M80~90	9.7 R121	洛氏 M65~100	11.6 M85~114	12.2 R100~R118	15.6M94	11.2M78	M70~85	11.4M75	13.5
体积电阻系数	$\rho_V/(\Omega \cdot cm)$	$>10^{16}$	6.9×10^{16}		1.7×10^{16}	4.2×10^{14}	5×10^{16}	1.87×10^{14}	$>10^{14}$	3.06×10^{17}	10^{17}
击穿强度	$E/(kV \cdot mm^{-1})$	15.7~19.7			>20	>15	16.4~20.2	18.6	15.7~17.7	17~22	22

6.2 塑件的表面粗糙度和尺寸精度

6.2.1 塑件的表面粗糙度

塑件的表面粗糙度值可参照《塑料件表面粗糙度标准》（GB/T 14234—1993）选取，见表6.5，一般取 $R_a = 1.6 \sim 0.2\ \mu m$。

表 6.5　注射成型不同塑料时所能达到的表面粗糙度（GB/T 14234—1993）

材　料		参数值范围											
		0.012	0.025	0.05	0.10	0.20	0.40	0.80	1.6	3.2	6.3	12.5	25
热塑性塑料	PMMA	△	△	△	△	△	△	△					
	ABS		△	△	△	△	△	△					
	AS	△	△	△	△	△	△	△					
	聚碳酸酯			△	△	△	△	△	△				
	聚苯乙烯			△	△	△	△	△	△	△			
	聚丙烯				△	△	△	△	△				
	尼龙				△	△	△	△	△				
	聚乙烯				△	△	△	△	△	△	△		
	聚甲醛			△	△	△	△	△	△				
	聚砜					△	△	△	△	△			
	聚氯乙烯					△	△	△	△	△			
	聚苯醚					△	△	△	△	△			
	氯化聚醚					△	△	△	△	△			
	PBT					△	△	△	△	△			
热固性塑料	氨基塑料					△	△	△	△				
	酚醛塑料					△	△	△	△	△			
	嘧胺塑料				△	△	△	△	△				

6.2.2 塑件的尺寸精度

我国于 2008 年颁布了《塑料模塑件尺寸公差》（GB/T 14486—2008），见表 6.6。模塑件尺寸公差的代号为 MT，公差等级分为 7 个精度等级，其中 MT1 级精度要求较高，一般不采用。每一级又可分为 a、b 两部分，其中 a 为不受模具活动部分影响尺寸的公差，b 为受模具活动部分影响尺寸的公差。该标准只规定标准公差值，基本尺寸的上、下偏差可根据塑件的配合性质来分配。对于塑件上的孔的公差可采用基准孔，取表中数值冠以"＋"号；对于塑件上轴的公差可采用基准轴，取表中数值冠以"－"号；对于中心距尺寸及其位置尺寸，可取表中数值之半再冠以"±"号。在塑件材料和工艺条件一定的情况下，应根据表 6.6 合理地选用精度等级。

表 6.6　塑料模塑件尺寸公差数值表（GB/T 14486—2008）

标注公差的尺寸公差值

公差等级	公差种类	>0~3	3~6	6~10	10~14	14~18	18~24	24~30	30~40	40~50	50~65	65~80	80~100	100~120	120~140	140~160	160~180	180~200	200~225	225~250	250~280	280~315	315~355	355~400	400~450	450~500
MT1	a	0.07	0.08	0.09	0.10	0.11	0.12	0.14	0.16	0.18	0.20	0.23	0.26	0.29	0.32	0.36	0.40	0.44	0.48	0.52	0.56	0.60	0.64	0.70	0.78	0.86
MT1	b	0.14	0.16	0.18	0.20	0.21	0.22	0.24	0.26	0.28	0.30	0.33	0.36	0.39	0.42	0.46	0.50	0.54	0.58	0.62	0.66	0.70	0.74	0.80	0.88	0.96
MT2	a	0.10	0.12	0.14	0.16	0.18	0.20	0.22	0.24	0.26	0.30	0.34	0.38	0.42	0.46	0.50	0.54	0.60	0.66	0.72	0.76	0.84	0.92	1.00	1.10	1.20
MT2	b	0.20	0.22	0.24	0.26	0.28	0.30	0.32	0.34	0.36	0.40	0.44	0.48	0.52	0.56	0.60	0.64	0.70	0.76	0.82	0.86	0.94	1.02	1.10	1.20	1.30
MT3	a	0.12	0.14	0.16	0.18	0.20	0.22	0.26	0.30	0.34	0.40	0.46	0.52	0.58	0.64	0.70	0.78	0.86	0.92	1.00	1.10	1.20	1.30	1.44	1.60	1.74
MT3	b	0.32	0.34	0.36	0.38	0.40	0.42	0.46	0.50	0.54	0.60	0.66	0.72	0.78	0.84	0.90	0.98	1.06	1.12	1.20	1.30	1.40	1.50	1.64	1.80	1.94
MT4	a	0.16	0.18	0.20	0.24	0.28	0.32	0.36	0.42	0.48	0.56	0.64	0.72	0.82	0.92	1.02	1.12	1.24	1.36	1.48	1.62	1.80	2.00	2.20	2.40	2.60
MT4	b	0.36	0.38	0.40	0.44	0.48	0.52	0.56	0.62	0.68	0.76	0.84	0.92	1.02	1.12	1.22	1.32	1.44	1.56	1.68	1.82	2.00	2.20	2.40	2.60	2.80
MT5	a	0.20	0.24	0.28	0.32	0.38	0.44	0.50	0.56	0.64	0.74	0.86	1.00	1.14	1.28	1.44	1.60	1.76	1.92	2.10	2.30	2.50	2.80	3.10	3.50	3.90
MT5	b	0.40	0.44	0.48	0.52	0.58	0.64	0.70	0.76	0.84	0.94	1.06	1.20	1.34	1.48	1.64	1.80	1.96	2.12	2.30	2.50	2.70	3.00	3.30	3.70	4.10
MT6	a	0.26	0.32	0.38	0.46	0.52	0.60	0.70	0.80	0.94	1.10	1.28	1.48	1.72	2.00	2.20	2.40	2.60	2.90	3.20	3.50	3.90	4.30	4.80	5.30	5.90
MT6	b	0.46	0.52	0.58	0.66	0.72	0.80	0.90	1.00	1.14	1.30	1.48	1.68	1.92	2.20	2.40	2.60	2.80	3.10	3.40	3.70	4.10	4.50	5.00	5.50	6.10
MT7	a	0.38	0.46	0.56	0.66	0.76	0.86	0.98	1.12	1.32	1.54	1.80	2.10	2.40	2.70	3.00	3.30	3.70	4.10	4.50	4.90	5.40	6.00	6.70	7.40	8.20
MT7	b	0.58	0.66	0.76	0.86	0.96	1.06	1.18	1.32	1.52	1.74	2.00	2.30	2.60	2.90	3.20	3.50	3.90	4.30	4.70	5.10	5.60	6.20	6.90	7.60	8.40

未注公差的尺寸允许偏差值

公差等级	公差种类	>0~3	3~6	6~10	10~14	14~18	18~24	24~30	30~40	40~50	50~65	65~80	80~100	100~120	120~140	140~160	160~180	180~200	200~225	225~250	250~280	280~315	315~355	355~400	400~450	450~500
MT5	a	±0.10	±0.12	±0.14	±0.16	±0.19	±0.22	±0.25	±0.28	±0.32	±0.37	±0.43	±0.50	±0.57	±0.64	±0.72	±0.80	±0.88	±0.96	±1.05	±1.15	±1.25	±1.40	±1.55	±1.75	±1.95
MT5	b	±0.20	±0.22	±0.24	±0.26	±0.29	±0.32	±0.35	±0.38	±0.42	±0.47	±0.53	±0.60	±0.67	±0.74	±0.82	±0.90	±0.98	±1.06	±1.15	±1.25	±1.35	±1.50	±1.65	±1.85	±2.05
MT6	a	±0.13	±0.16	±0.19	±0.23	±0.26	±0.30	±0.35	±0.40	±0.47	±0.55	±0.64	±0.74	±0.86	±1.00	±1.10	±1.20	±1.30	±1.45	±1.60	±1.75	±1.95	±2.15	±2.40	±2.65	±2.95
MT6	b	±0.23	±0.26	±0.29	±0.33	±0.36	±0.40	±0.45	±0.50	±0.57	±0.65	±0.74	±0.84	±0.96	±1.10	±1.20	±1.30	±1.40	±1.55	±1.70	±1.85	±2.05	±2.25	±2.50	±2.75	±3.05
MT7	a	±0.19	±0.23	±0.28	±0.33	±0.38	±0.49	±0.56	±0.66	±0.66	±0.77	±0.90	±1.05	±1.20	±1.35	±1.50	±1.65	±1.85	±2.05	±2.25	±2.45	±2.70	±3.00	±3.35	±3.70	±4.10
MT7	b	±0.29	±0.33	±0.38	±0.43	±0.48	±0.59	±0.66	±0.76	±0.76	±0.87	±1.00	±1.15	±1.30	±1.45	±1.60	±1.75	±1.95	±2.15	±2.35	±2.55	±2.80	±3.10	±3.45	±3.80	±4.20

表 6.7　常用材料模塑件公差等级和使用（GB/T 14486—2008）

材料代号	模塑材料		公差等级		
			标注公差尺寸		未注公差尺寸
			高精度	一般精度	
ABS	（丙烯腈-丁二烯-苯乙烯）共聚物		MT2	MT3	MT5
CA	乙酸纤维素		MT3	MT4	MT6
EP	环氧树脂		MT2	MT3	MT5
PA	聚酰胺	无填料填充	MT3	MT4	MT6
		30%玻璃纤维填充	MT2	MT3	MT5
PBT	聚对苯二甲酸丁二酯	无填料填充	MT3	MT4	MT6
		30%玻璃纤维填充	MT2	MT3	MT5
PC	聚碳酸酯		MT2	MT3	MT5
PDAP	聚邻苯二甲酸二丙烯酯		MT2	MT3	MT5
PEEK	聚醚醚酮		MT2	MT3	MT5
PE-HD	高密度聚乙烯		MT4	MT5	MT7
PE-LD	低密度聚乙烯		MT5	MT6	MT7
PESU	聚醚砜		MT2	MT3	MT5
PET	聚对苯二甲酸乙二酯	无填料填充	MT3	MT4	MT6
		30%玻璃纤维填充	MT2	MT3	MT5
PF	苯酚-甲醛树脂	无机填料填充	MT2	MT3	MT5
		有机填料填充	MT3	MT4	MT6
PMMA	聚甲基丙烯酸甲酯		MT2	MT3	MT5
POM	聚甲醛		MT3	MT4	MT6
			MT4	MT5	MT7
PP	聚丙烯	无填料填充	MT4	MT5	MT7
		30%无机填料填充	MT2	MT3	MT5
PPE	聚苯醚;聚亚苯醚		MT2	MT3	MT5
PPS	聚苯硫醚		MT2	MT3	MT5
PS	聚苯乙烯		MT2	MT3	MT5
PSU	聚砜		MT2	MT3	MT5
PUR-P	热塑性聚氨酯		MT4	MT5	MT7
PVC-P	软质聚氯乙烯		MT5	MT6	MT7
PVC-U	未增塑聚氯乙烯		MT2	MT3	MT5
SAN	（丙烯腈-苯乙烯）共聚物		MT2	MT3	MT5
UF	脲-甲醛树脂	无机填料填充	MT2	MT3	MT5
		有机填料填充	MT3	MT4	MT6
UP	不饱和聚酯	30%玻璃纤维填充	MT2	MT3	MT5

注:表中未列入的塑料品种其公差等级按收缩特性值确定。

6.3 模具常用材料

表6.8 塑料模结构件的选材及热处理举例

序 号	零件名称	钢 种	热处理	硬 度 HB 或 HRC
1	定模座板	20～55	R、N 或 H	
2	支承柱	20～55	R、H 或 H	123～235 HB
3	拉板,限位螺钉			
4	定模板	50、55、42CrMo, T8	N、A 或 H	183～235 HB
5	动模板			
6	点浇口板			
7	卸料板			
8	支承板			
9	型芯	50,55,42CrMo,T8	N、A 或 H	
10	定位圈	50, 55, T8	R、N 或 A	
11	侧型芯	50,55,T12,T10,T8,CrWMn,42CrMo	N 或 H,局部 H	
12	滑块	50,55	R 或 N	
13	凸轮	GCr15,50,55	N 或 H	
14	垫块	20～55	R、N 或 H	125～235 HB
15	推杆固定板			
16	推板			
17	动模座板			
18	浇口套	50, 55, T8, T10, 42CrMo	N 或 H	正火:183～235 HB 淬火:>40 HRC
19	导柱	T12, T10,CrWMn, GCr15	H	>55 HRC
20	导套			
21	控料杆	T12, T10, CrWMn,38CrMoAl	A 或氮化	
22	推杆			
23	推管	T12, T10, CrWMn, GCr15	R	
24	反推杆	T12, T10, CrWMn		
25	推板导柱	T12, T10, CrWMn,GCr15	H	
26	浇道拉料杆	T12, T10,CrWMn,38CrMoAl	H	
27	斜导柱	T12,T10,CrWMn	H	

续表

序　号	零件名称	钢　种	热处理	硬　度
				HB 或 HRC
28	止动拉杆	20～55,T12,T10	R、N 或 H	正火:123～207 HB
29	定位销	20～55,CrWMn		淬火:>55 HRC
30	连杆	20～55	R 或 N	123～207 HB
31	连杆螺栓			
32	延时零件,延时零件螺钉			
33	侧型芯挡块	T12,T10,CrWMn	H	52～56 HRC
34	锁模块	50,55,T12,T10	N 或 H	179～255 HB(正火) 52～56 HRC(淬火)
35	螺塞	20～30	R	123～257 HB

注:R:锻造、压延或拉拔;A:退火;H:淬、回火;N:正火。

表 6.9　模具型腔、型芯等工作零件常用材料

钢　种		基本特征	应　用
优质碳素结构钢	20	经渗碳淬火,可获得高的表面硬度	使用于冷挤法制造形状复杂的型腔模
	45	具有较高的温度,经调质处理有较好的力学性能,可进行表面淬火以提高硬度	用于制造塑料和压铸模型腔
碳素工具钢	T7A、T8A T10A	T7A、T8A 比 T10A 有较好的韧性,经淬火后有一定的硬度,但淬透性较差,淬火变形较大	用于制造各种形状简单的模具型芯和型腔
合金结构钢	20Cr 12CrNi3	具有良好塑性,焊接性和切削性,渗碳淬火后有高硬度和耐磨性	用于制造冷挤型腔
	40Cr	调质后有良好的综合力学性能,淬透性好,淬火后有较好的疲劳强度和耐磨性	用于制造大批量压制时的塑料模型腔
低合金工具钢	9Mn2V MnCrWV CrWMn 9VrWMn	淬透性,耐磨性,淬火变形均比碳素工具钢好,CrWMn 钢为典型的低合金钢,它除易形成网状碳化物而使钢的韧性变坏外,基本具备了其低合金工具钢的独特优点,严格控制锻造和热处理工艺,则可改善钢的韧性	用于制造形状复杂的中等尺寸型腔、型芯

续表

钢 种		基本特征	应 用
高合金 工具钢	Cr12 Cr12MoV	有高的淬透性,耐磨性,热处理变形小,但碳化物分布不均匀而降低强度,合理的热加工工艺可改善碳化物的不均匀性,Cr2MoV 较 Cr12 有所改善,强度和韧性都比较好	用于制造形状复杂的各种模具型腔
新型模 具钢种	8Cr2MnMoVS 4Cr5MoSiVS 25CrNi3MoA	加工性能和镜面研磨性能好,8Cr2MnMoVS 和 4Cr5MoSiVS 为预硬化钢,在预硬化硬度 43HRC—46HRC 的状态下能顺利地进行成形切削加工 　　25 CrNi3MoA 为时效硬化钢,经调质处理至 30HRC 左右进行加工,然后经 520 ℃时效处理 10 小时,硬度即可上升到 40 HRC 以上	用于有镜面要求的精密塑料模成型零件
	SM1 (55CrNiMnMoVS) SM2、5NiSCa (55CrNiMnMoVSCa)	在预硬化硬度 35 HRC—42 HRC 的状态下能顺利地进行成形切削加工,抛光性能甚佳,还具有一定的抗腐蚀能力,模具寿命可达 120 万次	用于热塑性塑料和热固性塑料模的成型零件
	PMS (10Ni3CuAlVS)	具有优良的镜面加工性能、良好的冷热加工性能和良好的图案蚀刻性能,加工表面粗糙度,热处理工艺简便,变形小	用于使用温度在 300 ℃以下,硬度 HRC≤45,有镜面、蚀刻性能要求的热塑性塑料精密模具或部分增强工程塑料模具的成型零件
	PCR (6Cr16Ni4Cu3Nb)	具有优良的耐腐蚀性能和较高的强度,具有较好的表面抛光性能和较好的焊接修补性能,热处理工艺简便,渗透性好,热处理变形小	用于使用温度 ≤400 ℃,硬度 37 HRC—42 HRC 的含氟、氯等腐蚀性气体的塑料模具和各类塑料添加阻燃剂的模具成型零件
	P20(3Cr2Mo) 718H、P21 H13(4Cr5MoSiV)	在预硬化硬度 36 HRC—38 HRC 的状态下能顺利地进行成型切削加工。P20、718H 可在机械加工后进行渗碳淬火处理。P21 在机械加工后,经低温时效硬度可达 38 HRC—40 HRC。H13 也是一种广泛用于模具的高合金钢,它具有优良的耐磨性、易抛光、热处理时变形小	用于大型及复杂模具零件。高抛光度及高要求成型零件,适合 PS、PE、PP、ABS 与一般未添加防火阻燃的热塑料
	(瑞典—胜百钢材) S136、S136H (420 改良)	高纯度、高镜面度、抛光性能好,抗锈防酸性能力极佳,热处理变形小,通过适当的热处理,硬度可达到要求,并可提高抛光性、耐磨性及耐腐蚀性	镜面模及防酸性高,可保证冷却管道不受锈蚀,适合 PVC、PA、POM、PC、PM-MA 塑料及添加阻燃剂的塑料

续表

钢 种		基 本 特 征	应 用
新型模具钢种	(瑞典—胜百钢材) POLMAX (420改良)	通过双重熔处理(电渣重熔+真空重熔),纯洁度高,具有极高的抛光性能,可达到光学级镜面效果,抗锈防锈能力极佳,热处理变形小	特别适用于高要求之镜面模,如注塑CD光碟、镜片之类的产品
	(瑞典—胜百钢材) ELMAX	高耐磨、高抗腐蚀性、高抗压强度、热处理变形小	高抗酸、高耐磨、高稳定性之塑模钢,适合于工程塑料及添加玻纤、阻燃剂之塑料模具,高要求电子零件模

注:1. 所谓预硬钢,是指那些经机械加工、精密硬磨后不需再进行热处理即可使用的预先已进行过热处理,并具有适当硬度的钢材。
   2. 热处理工序的安排一般有以下几种:
   (1)锻件→正火或退火→粗加工→冷挤压型腔(多次挤压时需中间退火)→加工成型→渗碳或碳氮共渗等→淬火与回火→钳工修磨抛光→镀硬铬→装配;
   (2)锻件→退火→粗加工→调质或高温回火→精加工→淬火与回火→钳工修磨抛光→镀铬→装配;
   (3)锻件→退火→粗加工→调质→精加工→钳工修磨抛光→镀铬→装配;
   (4)锻件→正火与高温回火→精加工→渗碳→淬火与回火→钳工修磨抛光→镀铬→装配

表6.10　　模具寿命与部分钢种

塑料与制品	型腔注射次数/次	适用钢种
PP、HDPE等一般塑料	10万左右	50、55正火
	20万左右	50、55调质
	30万左右	F20
	50万以上	SM1、5NiSCa、S136
工程塑料	10万左右	P20、718H
精密塑料件	20万左右	PMS、SM1、5NiSCa
玻纤增强塑料	10万左右	PMS、SM2
	20万以上	25CrNi3MoAl、H13、ELMAX
PC、PMMA、PS透明塑料		PMS、SM2、POLMAX
PVC和阻燃塑料		PCR、S136、S136H

6.4　注射成型机技术参数

表 6.11　部分国产 SZ 系列塑料注射成型机主要技术参数

项　目	SZ-10/16	SZ-25/25	SZ-40/32	SZ-60/40	SZ-100/60	SZ-60/450	SZ-100/630	SZ-125/630	SZ-160/1000	SZ-200/1000
结构形式	立	立	立	立	立	卧	卧	卧	卧	卧
理论注射容量/cm^3	10	25	40	60	100	78,106	75,105	140	179	210
螺柱(柱塞)直径/mm	15	20	24	30	35	30,35	30,35	40	44	42
注射压力/MPa	150	150	150	150	150	170,125	224,164.5	126	132	150
注射速率/$g \cdot s^{-1}$						60,75	60,80	110	110	110
塑化能力/$g \cdot s^{-1}$						5.6,10	7.3,11.8	16.8	10.5	14
螺杆转/$r \cdot min^{-1}$						14~200	14~200	14~200	10~150	10~250
锁模力/kN	160	250	320	400	600	450	630	630	1 000	1 000
拉杆内间距/mm	180	205	205	295×185	440×340	280×250	370×320	370×320	360×260	315×315
移模行程/mm	130	160	160	180	260	220	270	270	280	300
最大模具厚度/mm	150	160	160	280	340	300	300	300	360	350
最小模具厚度/mm	60	130	130	160	10	100	150	150	170	150
锁模形式						双曲肘	双曲肘	双曲肘	双曲肘	双曲肘
模具定位孔直径/mm	10	10	10	15	12	φ55	φ125	φ125	φ120	φ125
喷嘴球直径/mm						SR20	SR15	SR15	SR10	SR15
喷嘴口直径/mm			φ3	φ3.5	φ4					
生产厂家			常熟市塑料机械总厂					上海第一塑料机械厂		

续表

项　目	SZ-250/1250	SZ-320/1250	SZ-400/1600 SZ-350/1600	SZ-30/3500	SZ-500/2000	SZ-800/3200	SZ-250/1500	SZ-630/2400	SZ-1250/4000	SZ-1600/4000
结构形式	卧	卧	卧	卧	卧	卧	卧	卧	卧	卧
理论注射容量/cm²	270	335	416	634	525	840	255	610	1 307	1 617
螺柱(柱塞)直径/mm	45	48	48	58	52	67	45	60	80	85
注射压力/MPa	160	145	141	150	153	142.2	178	151	154.2	155
注射速率/g·s⁻¹	110	140	160	220	200	260	165	310	410	410
塑化能力/g·s⁻¹	18.9	19	22.2	24	28	34	35	47	65	70
螺杆转速/r·min⁻¹	10~200	10~200	10~200	10~125	10~160	10~125	10~390	10~266	10~170	10~150
锁模力/kN	1 250	1 250	1 600	3 500	2 000	3 200	1 500	2 400	4 000	4 000
拉杆内间距/mm	415×415	415×415	410×410	545×485	460×460	600×600	460×400	550×550	750×750	750×750
移模行程/mm	360	360	360	490	450	550	430	550	750	750
最大模具厚度/mm	550	550	550	500	450	600	450	610	770	770
最小模具厚度/mm	150	150	150	250	280	300	220	320	380	380
锁模型式	双曲肘	双曲肘	双曲肘	双曲肘	双曲肘	双曲肘	双曲肘	双曲肘		
模具定位孔直径/mm	φ160	φ160	φ150	φ180 (深20)	φ160	φ160	φ125	φ160	φ200 (深25)	φ200 (深25)
喷嘴球直径/mm 喷嘴口直径/mm	SR15	SR15	SR18	SR18	SR15	SR20	SR15	SR35	SR20	SR20
生产厂家	上海第一塑料机械厂									

续表

项　目	SZ-2000/4000	SZ-2500/5000	SZG-100/500	SZG-100/1500	SZ-60/40	SZ-100/80	SZ-160/100	SZ-200/120	SZ-300/16	SZ-500/200
结构形式	卧	卧	卧	卧	卧	卧	卧	卧	卧	卧
理论注射容容/cm²	2 000	2 622	80 110	250,467,622	60	100	160	200	300	500
螺柱(柱塞)直径/mm	90	95	30 35	45,52,60	30	35	40	40,42	45	55
注射压力/MPa	130	160	200 150	193,144.5,108	180	170	150	165,150	150	150
注射速率 $g\cdot s^{-1}$	430	500			70	95	105	120	145	173
塑化能力 $g\cdot s^{-1}$	75	80			35	40	45	55,70	82	110
螺杆转/$r\cdot min^{-1}$	10~140	10~170	10~150	10~130	0~200	0~200	0~220	0~220	0~180	0~180
锁模力/kN	4 000	5 000	500	1 500	400	800	1 000	1 200	1 600	2 000
拉杆内间距/mm	750×750	900×900	280×250	410×410	220×300	320×320	345×345	355×385	450×450	570×570
移模行程/mm	750	950	300	360	250	305	325	350	380	500
最大模具厚度/mm	770	870	250	400	250	300	300	400	450	500
最小模具厚度/mm	380	450	150	760	150	170	200	230	250	280
锁模形式										
模具定位孔直径/mm	φ200（深25）	φ250（深25）	φ125	φ160	φ80	φ100	φ100	φ125	φ160	φ160
喷嘴球直径/mm	SR20	SR20	SR15	SR17.5	SR10	SR15	SR15	SR15	SR20	SR20
喷嘴口直径/mm										
生产厂家	上海第一塑料机械厂				浙江塑料机械厂					

续表

项　目	SZ-1000/300	SZ-2500/500	SZ-4000/800	SZ-6300/1000	SZ-60/40	SZ-160/100	SZ-68/40	SZ-100
结构形式	卧	卧	卧	卧	卧	卧	卧	卧
理论注射容/cm²	1 000	2 500	4 000	6 300	60	160	53,68	100
螺柱(柱塞)直径/mm	70	90	110	130	30	40	26,30	34
注射压力/MPa	150	150	150	140	180	150	161.5,123.5	165.6
注射速率/g·s⁻¹	325	570	770	1 070	70	105	58,74	91
塑化能力/g·s⁻¹	180	245	325	430	35	45	20,30	
螺杆转/r·min⁻¹	0～150	0～120	0～80	0～80	0～200	0～200	40～200	0～180
锁模力/kN	3 000	5 000	8 000	10 000	400	1 000	400	600
拉杆内间距/mm	760×700	900×830	1 120×1 200	1 100×1 180	220×300	345×345	250×230	310×250
移模行程/mm	650	850	1 200	1 200	250	325	220	220
最大模具厚度/mm	650	750	1 120	1 120	250	300	240	280
最小模具厚度/mm	340	400	600	600	150	200	130	140
锁模形式					双曲肘	双曲肘	双曲肘	双曲肘
模具定位孔直径/mm	φ250	φ250	φ250	φ250	φ80	φ125	φ100（深12）	φ100
喷嘴球直径/mm	SR20	SR35	SR35	SR35	SR10	SR12		
喷嘴口直径/mm	φ5	φ7	φ7	φ7	φ3(2.5)	φ3		
生产厂家	浙江塑料机械厂				成都塑料机械厂		柳州塑机厂	南宁第二塑机厂

6.5 标准模架

GB/T 12555—2006《塑料注射模模架》代替 GB/T 12555.1—1990《塑料注射模大型模架》和 GB/T 12556.1—1990《塑料注射模中小型模架》。GB/T 12555—2006《塑料注射模模架》标准规定了塑料注射模模架的组合形式、尺寸标记,适用于塑料注射模模架。

6.5.1 模架组成零件的名称

塑料注射模模架按其在模具的应用方式,可分为直浇口与点浇口两种形式,其组成零件的名称分别如图 6.1 和图 6.2 所示。

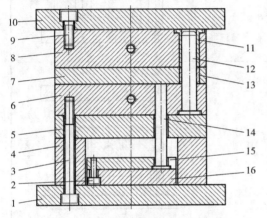

图 6.1 直浇口模架组成零件的名称
1—动模座板;2,3,9— 内六角螺钉;
4—垫块;5—支承板;6—动模板;
7—推件板;8—定模板;10—定模座板;
11—带头导套;12—导柱;13—直导套;
14—复位杆;15—推杆固定板;16—推板

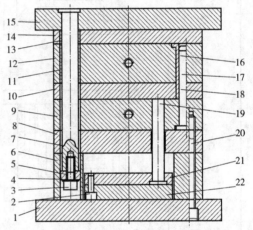

图 6.2 点浇口模架组成零件的名称
1—动模座板;2,3,20—内六角螺钉;
4—弹簧垫圈;5—挡环;6—垫块;7—拉杆导柱;
8—支承板;9—动模板;10—推杆板;
11—带头导套;12—定模板;13—直导套;
14—推料板;15—定模座板;16—带头导套;
17—带头导柱;18—直导套;19—复位杆;
21—推杆固定板;22—推板

6.5.2 模架的组合形式

塑料注射模架按结构特征分为 36 种主要结构,其中有直浇口模架 12 种、点浇口模架16 种和简化点浇口模架 8 种。

(1) 直浇口模架

直浇口模架有 12 种,其中,直浇口基本型有 4 种、直身基本型有 4 种、直身无定模座板型有 4 种。直浇口基本型又分为 A 型、B 型、C 型和 D 型。A 型:定模二模板,动模二模板。B型:定模二模板,动模二模板,加装推件板。C 型:定模二模板,动模一模板。D 型:定模二模板,动模一模板,加装推件板。直身基本型分为 ZA 型、ZB 型、ZC 型和 ZD 型;直身无定模板座板型分为 ZAZ 型、ZBZ 型、ZCZ 和 ZDZ 型。

直浇口模架组合形式见表6.12。

表 6.12　直浇口模架组合形式（摘自 GB/T 12555—2006）

组合形式	组合形式图	组合形式	组合形式图
直浇口基本型			
A 型		B 型	
C 型		D 型	
直浇口直身基本型			
ZA 型		ZB 型	

组合形式	组合形式图	组合形式	组合形式图
直浇口直身基本型			
ZC 型	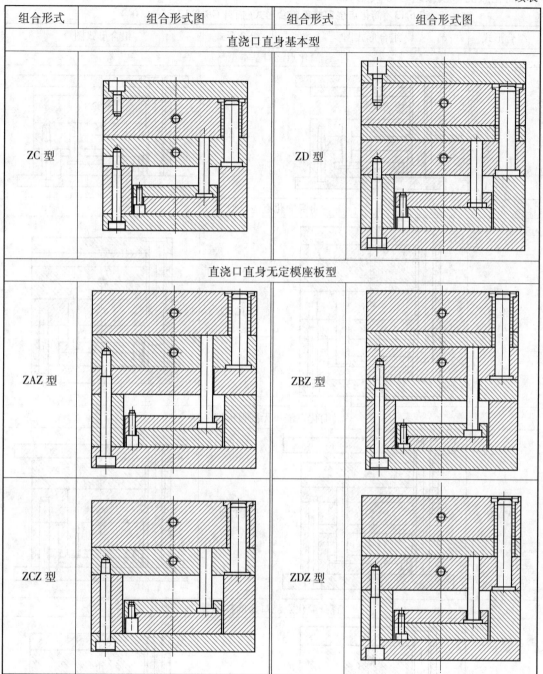	ZD 型	
直浇口直身无定模座板型			
ZAZ 型		ZBZ 型	
ZCZ 型		ZDZ 型	

（2）简化点浇口模架

简化点浇口模架分为8种，其中，简化点浇口基本型有2种，直身简化点浇口型有2种，简化点浇口无推料板型有2种，直身简化点浇口无推料板型有2种。

简化点浇口基本型分为 JA 型和 JC 型；直身简化点浇口型分为 ZJA 型和 ZJC 型；简化点浇P 无推料板型分为 JAT 型和 JCT 型；直身简化点浇口无推料板型分为 ZJAT 型和 ZJCT 型。

简化点浇口模架组合形式见表6.13。

表6.13　简化点浇口模架组合形式(摘自 GB/T 12555—2006)

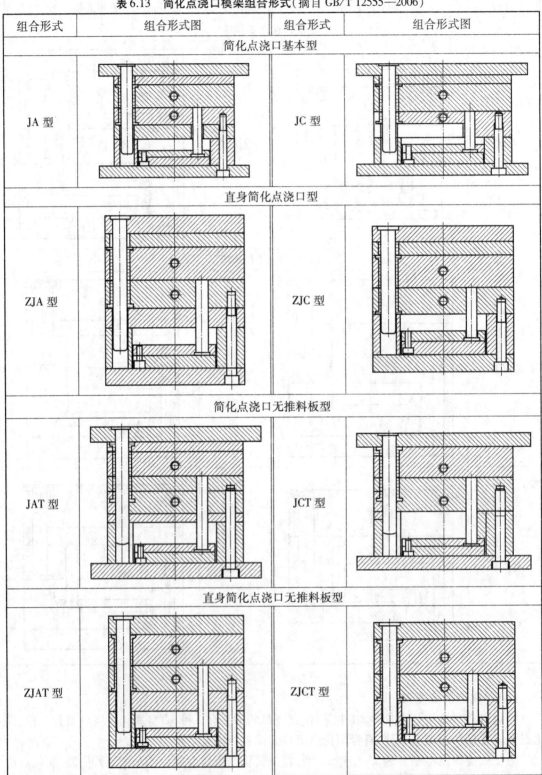

组合形式	组合形式图	组合形式	组合形式图
简化点浇口基本型			
JA 型		JC 型	
直身简化点浇口型			
ZJA 型		ZJC 型	
简化点浇口无推料板型			
JAT 型		JCT 型	
直身简化点浇口无推料板型			
ZJAT 型		ZJCT 型	

（3）点浇口模架

点浇口模架共有 16 种，其中，点浇口基本类型有 4 种，直身点浇口基本型有 4 种，点浇口无推料板型有 4 种，直身点浇口无板料型有 4 种。点浇口基本型分为 DA 型、DB 型、DC 型和 DD 型；直身点浇口基本型分为 ZDA 型、ZDB 型、ZDC 型和 ZDD 型；点浇口无推料板型分为 DAT 型、DBT 型、DCT 型和 DDT 型；直身点浇口无推料板型分为 ZDAT 型、ZDBT 型、ZDCT 型和 ZDDT 型。

点浇口模架组合形式见表 6.14。

表 6.14　点浇口模架组合形式（摘自 GB/T 12555—2006）

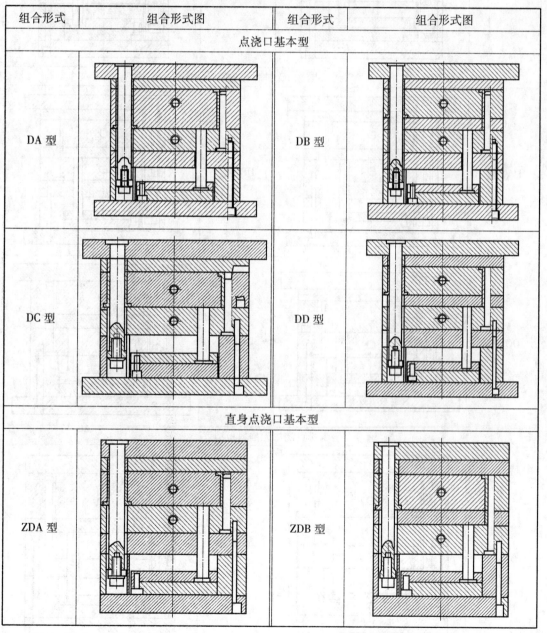

组合形式	组合形式图	组合形式	组合形式图
点浇口基本型			
DA 型		DB 型	
DC 型		DD 型	
直身点浇口基本型			
ZDA 型		ZDB 型	

续表

组合形式	组合形式图	组合形式	组合形式图
直身点浇口基本型			
ZDC 型		ZDD 型	
点浇口无推料板型			
DAT 型		DBT 型	
DCT 型		DDT 型	
直身点浇口无推料板型			
ZDAT 型		ZDBT 型	

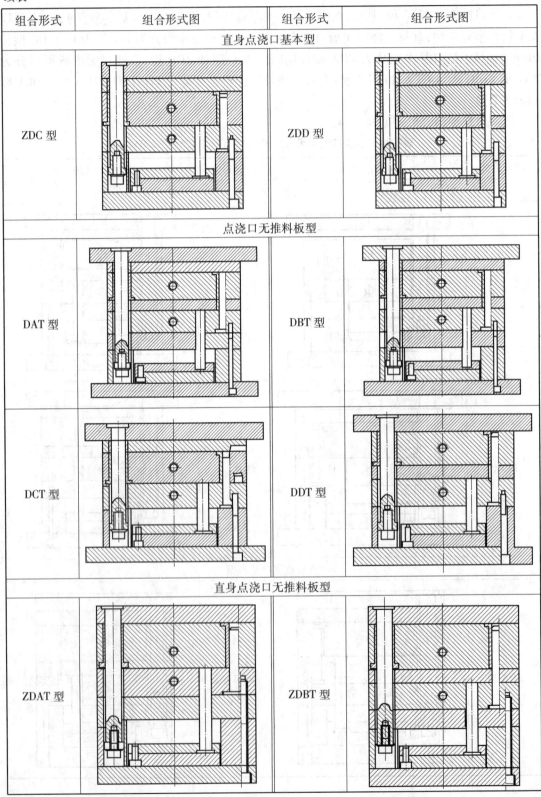

续表

组合形式	组合形式图	组合形式	组合形式图
直身点浇口无推料板型			
ZDCT 型	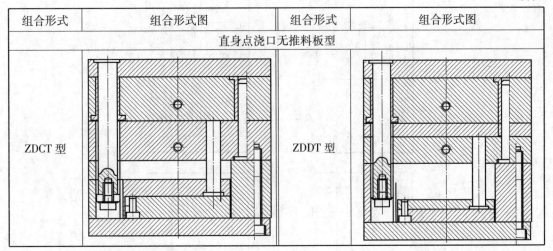	ZDDT 型	

（4）模架导向件与螺钉安装方式

根据使用要求，模架中的导向件与螺钉可以有不同的安装方式，GB/T 12555—2006《塑料注射模模架》国家标准中的具体规定有以下 5 个方面：

①根据使用要求，模架中的导柱导套可以正装或者反装两种形式，如图 6.3 所示。

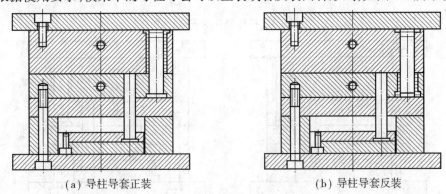

（a）导柱导套正装　　　　　　　　　　　（b）导柱导套反装

图 6.3　导柱导套正装与反装

②根据使用要求，模架中的拉杆导柱可以分为装在外侧或装在内侧两种形式，如图 6.4 所示。

③根据使用要求，模架中的垫块可以增加螺钉单独固在动模座板上，如图 6.5 所示。

④根据使用要求，模架的推板可以装推板导柱及限位钉，如图 6.6 所示。

⑤根据磨具使用要求，模架中的定模板厚度较大时，导套可以装配成如图 6.7 所示。

（5）基本型模架组合尺寸

GB/T 12555—2006《塑料注射模模架》标准规定组成模架的零件应符合 GB/T 4169.1—4169.23—2006《塑料注射模零件》标准的规定。标准中所称的组合尺寸为零件的外形尺寸和孔径与孔位尺寸。基本型模架尺寸组合见表 6.15。

（6）模架型号、系列、规格及标记

①直浇口 A 型模架。模板 $W = 400$，$L = 600$，$A = 100$，$B = 60$，$C = 120$ 的标准模架标记为：

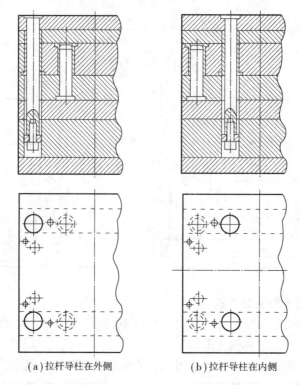

（a）拉杆导柱在外侧　　　　　（b）拉杆导柱在内侧

图 6.4　拉杆导柱的安装形式

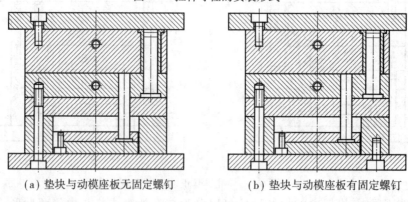

（a）垫块与动模座板无固定螺钉　　　　　（b）垫块与动模座板有固定螺钉

图 6.5　垫块与动模块的安装形式

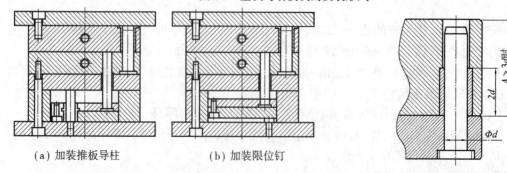

（a）加装推板导柱　　　　　（b）加装限位钉

图 6.6　加装推板导柱及限位钉的形式

图 6.7　定模板厚度较大时的导套结构

模架 A40 60-100 × 60 × 120 GB/T 12555—2006。

其相应的各结构尺寸为：

$W_1 = 450, W_2 = 68, W_3 = 260, W_4 = 198, W_5 = 234, W_6 = 324, W_7 = 330$；

$L_1 = 574, L_2 = 540, L_3 = 404, L_4 = 524$；

$H_1 = 35, H_2 = 50, H_3 = 35, H_5 = 25, H_6 = 30$；

$D_1 = 35, D_2 = 25, M_1 = 6 \times M16, M_2 = 4 \times M12$。

②点浇口 D 型模架。模板 $W = 350, L = 450, A = 80, B = 90, C = 100$，拉杆导柱长度 200 的标准模架标记为：模架 DD35 45-80 × 90 × 100-200 GB/T 12555—2006。

表 6.15 基本型模架尺寸组合（摘自 GB/T 12555—2006）

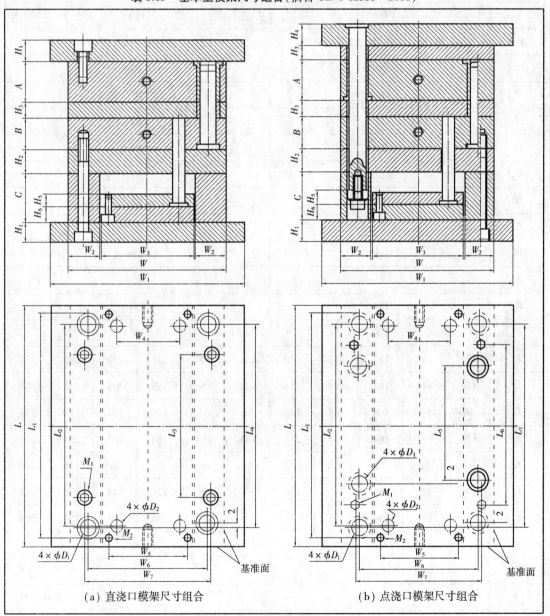

(a) 直浇口模架尺寸组合　　　　(b) 点浇口模架尺寸组合

续表

代 号	系 列										
	15 15	15 18	15 20	15 23	15 25	18 18	18 20	18 23	18 25	18 30	18 35
W	150					180					
L	150	180	200	230	250	180	200	230	250	300	350
W_1	200					230					
W_2	28					33					
W_3	90					110					
A、B	20、25、30、35、40、45、50、60、70、80					25、30、35、40、45、50、60、70、80					
C	50、60、70					60、70、80					
H_1	20					20					
H_2	30					30					
H_3	20					20					
H_4	25					30					
H_5	13					15					
H_6	15					20					
W_4	48					68					
W_5	72					90					
W_6	114					134					
W_7	120					145					
L_1	132	162	182	212	232	160	180	210	230	280	330
L_2	114	144	164	194	214	138	158	188	208	258	308
L_3	56	86	106	136	156	64	84	114	124	174	224
L_4	114	144	164	194	214	134	154	184	204	254	304
L_5	—	52	72	102	122	—	46	76	96	146	196
L_6	—	96	116	146	166	—	98	128	148	198	248
L_7	—	144	164	194	214	—	154	184	204	254	304
D_1	16					20					
D_2	12					12					
M_1	4×M10					4×M12					6×M12
M_2	4×M6					4×M8					

续表

代 号	系 列											
	20 20	20 23	20 25	20 30	20 35	20 40	23 23	23 25	23 27	23 30	23 35	23 40
W	200						230					
L	200	230	250	300	350	400	230	250	270	300	350	400
W_1	250						280					
W_2	38						43					
W_3	120						140					
$A、B$	25、30、35、40、45、50、60、70、80、90、100						25、30、35、40、45、50、60、70、80、90、100					
C	60、70、80						70、80、90					
H_1	25						25					
H_2	30						35					
H_3	20						20					
H_4	30						30					
H_5	15						15					
H_6	20						20					
W_4	84	80					106					
W_5	100						120					
W_6	154						184					
W_7	160						185					
L_1	180	210	230	280	330	380	210	230	250	280	330	380
L_2	150	180	200	250	300	350	180	200	220	250	300	350
L_3	80	110	130	180	230	280	106	126	144	174	224	274
L_4	154	184	204	254	304	354	184	204	224	254	304	354
L_5	46	76	96	146	196	246	74	94	112	142	192	242
L_6	98	128	148	198	248	298	128	148	166	196	246	296
L_7	154	184	204	254	304	354	184	204	224	254	304	354
D_1	20						20					
D_2	12	15					15					
M_1	4×M12			6×M12			4×M12		4×M14			6×M12
M_2	4×M8						4×M8					

续表

代　号	系　列												
	25 25	20 27	25 30	25 35	25 40	25 45	25 50	27 27	27 30	27 35	27 40	27 45	27 50
W	250							270					
L	250	270	300	350	400	450	500	270	300	350	400	450	500
W_1	300							320					
W_2	48							53					
W_3	150							160					
$A、B$	30、35、40、45、50、60、70、80、90、100、110、120							30、35、40、45、50、60、70、80、90、100、110、120					
C	70、80、90							70、80、90					
H_1	25							25					
H_2	35							40					
H_3	25							25					
H_4	35							35					
H_5	15							15					
H_6	20							20					
W_4	110							114					
W_5	130							136					
W_6	194							214					
W_7	200							215					
L_1	230	250	280	330	380	430	480	246	276	326	376	426	476
L_2	220	220	250	298	348	398	448	210	240	290	340	390	440
L_3	108	124	154	204	254	254	354	124	154	204	254	304	354
L_4	194	214	244	294	344	394	444	214	244	294	344	394	444
L_5	70	90	120	170	220	270	320	90	120	170	220	270	320
L_6	130	150	180	230	280	330	380	150	180	230	280	330	380
L_7	194	214	244	294	344	394	444	214	244	294	344	394	444
D_1	25							25					
D_2	15	20						20					
M_1	4×M14			6×M14				4×M14		6×M14			
M_2	4×M8							4×M10					

续表

代　号	系　列												
	30 30	30 35	30 40	30 45	30 50	30 55	30 60	35 35	35 40	35 45	35 50	35 55	35 60
W	300							350					
L	300	350	400	450	500	550	600	350	400	450	500	550	600
W_1	350							400					
W_2	58							63					
W_3	180							220					
A、B	35、40、45、50、60、70、80、90、100、110、120							35、40、45、50、60、70、80、90、100、110、120					
C	80、90、100							90、100、110					
H_1	25			30				30					
H_2	45							45					
H_3	30							35					
H_4	45							45			50			
H_5	20							20					
H_6	25							25					
W_4	134			128				164			152			
W_5	156							196					
W_6	234							284			274			
W_7	240							285					
L_1	230	250	280	330	380	430	480	246	276	326	376	426	476
L_2	220	220	250	298	348	398	448	210	240	290	340	390	440
L_3	138	188	238	288	338	388	438	178	224	274	308	358	408
L_4	234	284	334	384	434	484	534	284	334	384	424	474	524
L_5	98	148	198	244	294	344	394	144	194	244	268	318	368
L_6	164	214	264	312	362	412	462	212	262	312	344	394	444
L_7	234	284	334	384	434	484	534	284	334	384	424	474	524
D_1	30							30			35			
D_2	20			25				25					
M_1	4×M14		6×M14		6×M16			4×M16		6×M16			
M_2	4×M10							4×M10					

续表

代 号	系 列										
	40 40	40 45	40 50	40 55	40 60	40 70	45 45	45 50	45 55	45 60	45 70
W	400						450				
L	400	450	500	550	600	700	450	500	550	600	700
W_1	450						550				
W_2	68						78				
W_3	260						290				
$A、B$	45、50、60、70、80、90、100、110、120、130、140						50、60、70、80、90、100、110、120、130、140、150、160				
C	100、110、120、130						100、110、120、130				
H_1	30	35					35				
H_2	50						60				
H_3	35						40				
H_4	50						60				
H_5	25						25				
H_6	30						30				
W_4	198						226				
W_5	234						264				
W_6	324						364				
W_7	330						370				
L_1	374	424	474	524	574	674	424	474	524	574	674
L_2	340	390	440	490	540	640	384	424	484	534	634
L_3	208	254	304	354	404	504	236	286	336	386	486
L_4	324	374	424	474	524	624	364	414	464	514	614
L_5	168	218	268	318	368	468	194	244	294	344	444
L_6	244	294	344	394	444	544	276	326	376	426	526
L_7	324	374	424	474	524	624	364	414	464	514	614
D_1	35						40				
D_2	25						30				
M_1	6 × M16						6 × M16				
M_2	4 × M12						4 × M12				

代　号	系　列									
	50 50	50 55	50 60	50 70	50 80	55 55	55 60	55 70	55 80	55 90
W	500					550				
L	500	550	600	700	800	550	600	700	800	900
W_1	600					650				
W_2	88					100				
W_3	320					340				
A、B	60、70、80、90、100、110、120、130、140、150、160					60、70、80、90、100、110、120、130、140、150、160、180、200、220				
C	100、110、120、130					110、120、130、150				
H_1	35					35				
H_2	60					70				
H_3	40					40				
H_4	60					70				
H_5	25					25				
H_6	30					30				
W_4	256					270				
W_5	294					310				
W_6	414					444				
W_7	410					450				
L_1	474	524	574	674	774	520	570	670	770	870
L_2	434	484	534	634	734	480	530	630	730	830
L_3	286	336	386	486	586	300	350	450	550	650
L_4	414	464	514	614	714	444	494	594	694	794
L_5	244	294	344	444	544	220	270	370	470	570
L_6	326	376	426	526	626	332	382	482	582	682
L_7	414	464	514	614	714	444	494	594	694	794
D_1	40					50				
D_2	30					30				
M_1	6 × M16			6 × M16		6 × M20			8 × M20	
M_2	4 × M12			6 × M12		6 × M12			8 × M12	10 × M12

续表

代 号	系 列									
	60 60	60 70	60 80	60 90	60 100	65 65	65 70	65 80	65 90	65 100
W	600					650				
L	600	700	800	900	1 000	650	700	800	900	1 000
W_1	700					750				
W_2	100					120				
W_3	390					400				
$A 、B$	70、80、90、100、110、120、130、140、150、160、180、200					70、80、90、100、110、120、130、140、150、160、180、200、220				
C	120、130、150、180					120、130、150、180				
H_1	35					35				
H_2	80					90				
H_3	50					60				
H_4	70					80				
H_5	25					25				
H_6	30					30				
W_4	320					330				
W_5	360					370				
W_6	494					544				
W_7	500					530				
L_1	570	670	770	870	970	620	670	770	870	970
L_2	530	630	730	830	930	580	630	730	830	930
L_3	350	450	550	650	750	400	450	550	650	750
L_4	494	494	694	794	894	544	594	694	794	894
L_5	270	370	470	570	670	320	370	470	570	670
L_6	382	482	582	682	782	434	482	582	682	782
L_7	494	594	694	794	894	544	594	694	794	894
D_1	50					50				
D_2	30					30				
M_1	6 × M20		8 × M20		10 × M20	6 × M20		8 × M20		10 × M20
M_2	6 × M12		8 × M12		10 × M12	6 × M12		8 × M12		10 × M12

续表

代号	系 列								
	70 70	70 80	70 90	70 100	70 125	80 80	80 90	80 100	80 125
W	700					800			
L	700	800	900	1 000	1250	800	900	1 000	1 250
W_1	800					900			
W_2	120					140			
W_3	450					510			
$A 、 B$	70、80、90、100、110、120、130、140、150、160、180、200、220、250					80、90、100、110、120、130、140、150、160、180、200、220、250、280、300			
C	150、180、200、250					150、180、200、250			
H_1	40					40			
H_2	100					120			
H_3	60					70			
H_4	90					100			
H_5	25					30			
H_6	30					40			
W_4	380					420			
W_5	420					470			
W_6	580					660			
W_7	580					660			
L_1	670	770	870	970	1 220	760	860	960	1 210
L_2	630	730	830	930	1 180	710	810	910	1 160
L_3	420	520	620	720	970	500	600	700	950
L_4	580	680	780	880	1 130	660	760	860	1 110
L_5	324	424	524	624	874	378	478	578	828
L_6	452	552	652	752	1 002	516	616	716	966
L_7	580	680	780	880	1 130	660	760	860	1 100
D_1	60					70			
D_2	30					35			
M_1	8×M20		10×M20	12×M20	14×M20	8×M24		10×M24	12×M24
M_2	6×M12	8×M12	10×M12			8×M16	10×M16		

197

续表

代号	系列									
	90 90	90 100	90 125	90 160	100 100	100 125	100 160	125 125	125 160	125 200
W	900				1 000			1 250		
L	900	1 000	1 250	1 600	1 000	1 250	1 600	1 250	1 600	2 000
W_1	1 000				1 200			1 500		
W_2	160				180			220		
W_3	560				620			790		
A、B	90、100、110、120、130、140、150、160、180、200、220、250、280、300、350				100、110、120、130、140、150、160、180、200、220、250、300、350、400			100、110、120、130、140、150、160、180、200、220、250、280、300、350、400		
C	180、200、250、300				180、200、250、300			180、200、250、300		
H_1	50				60			70		
H_2	150				160			180		
H_3	700				80			80		
H_4	100				120			120		
H_5	30				30、40			40、50		
H_6	40				40、50			50、60		
W_4	470				580			750		
W_5	520				620			690		
W_6	760				840			1 090		
W_7	740				820			1 030		
L_1	860	960	1 210	1 560	960	1 210	1 560	1 210	1 560	1 960
L_2	810	910	1 160	1 510	900	1 150	1 500	1 150	1 500	1 900
L_3	600	700	950	1 300	650	900	1 250	900	1 250	1 650
L_4	760	860	1 110	1 460	840	1 090	1 440	1 090	1 440	1 840
L_5	478	578	828	1 178	508	758	1 108	758	1 108	1 508
L_6	616	716	966	1 316	674	924	1 274	924	1 274	1 674
L_7	760	860	1 110	14 60	840	1 090	1 440	1 090	1 440	1 840
D_1									80	
D_2									40	
M_1	10 × M20		12 × M24	14 × M24	12 × M24	14 × M24		12 × M30	14 × M30	16 × M30
M_2	10 × M16		12 × M16		10 × M16	12 × M16		12 × M16		

其相应的各个尺寸为：

$W_1 = 400, W_2 = 63, W_3 = 220, W_4 = 164, W_5 = 196, W_6 = 284, W_7 = 285$；

$L_1 = 426, L_2 = 390, L_5 = 244, L_6 = 312, L_7 = 384$；

$H_1 = 30, H_2 = 45, H_3 = 35, H_4 = 45, H_5 = 20, H_6 = 25$；

$D_1 = 30, D_2 = 25, M_1 = 6M16, M_2 = 4M10$。

以上标记实例参数均由表6.15查得。

6.5.3　模架的选型

模具的大小主要取决于塑件的大小和结构。对于模具而言,在保证足够强度和刚度的条件下,结构以紧凑为好。现介绍两种标准模架选型的经验方法。

①根据塑件在分型面上投影的面积或模具镶块周边尺寸,以塑件布置在推杆推出范围之内及复位杆与型腔或模具镶块边缘保持一定距离为原则来确定模架大小。

塑件投影宽度

$$W' \leqslant W_3 - 10 \tag{6.1}$$

塑件投影长度

$$L' \leqslant L_2 - D_2(复位杆直径) - 30 \tag{6.2}$$

式中,常数10为推杆边缘与垫块之间的双边距离,参见表6.15;常数30为复位杆与型腔或模具镶块边缘之间的双边距离,参见表6.15。

根据上两式可求得 W_3 和 L_2 这两个参数,再对照标准模架尺寸系列中相应参数就可以大致确定模架大小和型号了。当然,在设计过程中还要考虑到冷却水道、抽芯机构和顺序分型等机构的布置,有可能所选模架还要加大。

例6.1　有一塑件型腔平面尺寸为 200 mm×300 mm,决定用点浇口,塑件用推杆推出,试选择模架。

解:根据经验式(6.1)和式(6.2)得:

模板有效使用面积 $200 \leqslant W_3 -10$,$300 \leqslant L_2 - D_2$(复位杆直径)-30

可求得 $W_2 \geqslant 200 + 10 = 210$,于是查表6.15得 $W_3 = 220$,因此 $W = 350, D_2 = 25$。

$L_2 \geqslant 300 + D_2 + 30 = 300 + 25 + 30 = 355$,查表6.15选 $L_2 = 390$,因此得 $L = 450$,故所选模架为 $W \times L = 350 \times 450$,DA型模架(带支承板)。

②为节约模具钢材和便于热处理,根据产品的外形尺寸(平面投影面积与高度),以及产品本身结构,可以确定镶件(模仁)的外形尺寸。确定镶件的尺寸后,也就可确定模架的大小了。普通塑件模具模架与镶件(模仁)大小的选择,可参考图6.8与表6.16中数据。

应用此方法计算例6.1塑件的模架尺寸。

解　由表6.16可知:该产品的投影面积 $A = 200 \times 300 = 60\ 000(\text{mm}^2)$

选择C型结构,可查得 $A = 75, D = 40$。

模具宽度 $W = (75 + 40) \times 2 + 200 = 430(\text{mm})$

模具长度 $L = (75 + 40) \times 2 + 300 = 530(\text{mm})$

选择标准模架:$W \times L = 450\ \text{mm} \times 560\ \text{mm}$

可见用此方法结果与第一种方法有差别,主要是增加了镶件(模仁)周边的壁厚尺寸而相应地把模板尺寸增大了。在工程实践中,塑件生产批量大的中小型模具几乎全部采用带镶块的模架结构,这样既节约了模具钢材,又便于维修。

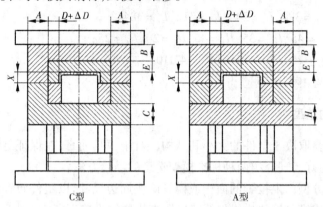

图 6.8　采用镶件的模架结构尺寸

表 6.16　带镶块的模架结构尺寸

结构尺寸 产品投影面积$A/\mathrm{mm^2}$	A	B	C	H	D	E
100 ~ 900	40	20	30	30	20	20
900 ~ 2 500	40 ~ 45	20 ~ 24	30 ~ 40	30 ~ 40	20 ~ 24	20 ~ 24
2 500 ~ 6 400	45 ~ 50	24 ~ 30	40 ~ 50	40 ~ 50	24 ~ 28	24 ~ 30
6 400 ~ 14 400	50 ~ 55	30 ~ 36	50 ~ 65	50 ~ 65	28 ~ 32	30 ~ 36
14 400 ~ 25 600	55 ~ 65	36 ~ 42	65 ~ 80	65 ~ 80	32 ~ 36	36 ~ 42
25 600 ~ 40 000	65 ~ 75	42 ~ 48	80 ~ 95	80 ~ 95	36 ~ 40	42 ~ 48
40 000 ~ 62 500	75 ~ 85	48 ~ 56	95 ~ 115	95 ~ 115	40 ~ 44	48 ~ 54
62 500 ~ 90 000	85 ~ 95	56 ~ 64	115 ~ 135	115 ~ 135	44 ~ 48	54 ~ 60
90 000 ~ 122 500	95 ~ 105	64 ~ 72	135 ~ 155	135 ~ 155	48 ~ 52	60 ~ 66
122 500 ~ 160 000	105 ~ 115	72 ~ 80	155 ~ 175	155 ~ 175	52 ~ 56	66 ~ 72
160 000 ~ 202 500	115 ~ 120	80 ~ 88	175 ~ 195	175 ~ 195	56 ~ 60	72 ~ 78
202 500 ~ 250 000	120 ~ 130	88 ~ 96	195 ~ 205	195 ~ 205	60 ~ 64	78 ~ 84

以上数据,仅作为一般性结构塑件的模架参考,对于特殊的塑件,应注意以下几点:

①当产品高度过高时(产品高度 $X \geqslant D$),应适当加大 D,加大值 $\Delta D = (X \sim D)/2$;

②有时为了冷却水道的需要,也要对镶件的尺寸作适当调整,以达到较好的冷却效果;

③结构复杂,需做特殊分型或顶出机构,或有侧向分型结构需做滑块时,应根据不同情况适当调整镶件和模架的大小以及各模板的厚度,以保证模架的强度和刚度。

6.5.4 注射模模架技术条件(GB/T 12556—2006)

GB/T 12556—2006《塑料注射模模架技术条件》标准规定了塑料注射模模架的要求、检验、标识包装、运输和贮存(见表6.17),使用于塑料注射模模架(检验、标志包装、运输和贮存在此略)。

表6.17 塑料注射模模架的要求

标准条目编号	内 容
3.1	组成模架的零件应符合 GB/T 4169.1~4169.23—2006 和 GB/T 4170—2006 的规定
3.2	组合后的模架表面不应有毛刺、擦伤、压痕、裂纹、锈斑
3.3	组合后的模架,导柱与导套及复位杆沿轴向移动应平稳,无卡滞现象,其紧固部分应牢固可靠
3.4	模架组装用紧固螺钉的力学性能应达到 GB/T 3098.1—2000 的 8.8 级
3.5	组合后的模架,模架的基准面应一致,并做明显的基准标记
3.6	组合后的模架在水平自重条件下,定模座板与动模座板的安装平面的平行度应符合 GB/T 1184—1996 中的 7 级的规定
3.7	组合后的模架表面在水平自重条件下,其分型面的贴合间隙为: (1)模板长 400 mm 以下≤0.03 mm; (2)模板长 400 mm~630 mm 以下≤0.04 mm; (3)模板长 630 mm~1 000 mm 以下≤0.06 mm; (4)模板长 1 000mm~2 000mm 以下≤0.08 mm
3.8	模架中导柱、导套的轴线对模板的垂直度应符合 GB/T 1184—1996 中的 5 级的规定
3.9	模架在闭合状态时,导柱的导向端面应凹入它所通过的最终模板孔端面,螺钉不得高于定模座板与动模座板的安装平面
3.10	模架组装后复位杆端面应平齐一致,或按顾客特殊要求制作
3.11	模架应设置吊装用螺孔,确保安全吊装

6.6 标准零件

6.6.1 推杆 (GB/T 4169.1—2006)

GB/T 4169.1—2006 规定了塑料注射模用推杆的尺寸规格和公差,适用于塑料注射模所用的推杆。标准同时还给出了材料指南和硬度精度要求,并规定了推杆的标记。推杆为直杆式,它通常可改制成拉杆或直接用作复位杆,同时也可以用作推杆的芯杆使用,推荐尺寸规格见表6.18。

表6.18　标准推杆(摘自 GB/T 4169.1—2006)

未注表面做粗糙度 $R_a = 6.3\ \mu m$

端面不允许留有中心孔,棱边不允许倒钝

标记示例:直径 $D = 2$ mm,长度 $L = 200$ mm 的推杆,推杆 2×200 GB/T 4169.1—2006

D	D_1	h	R	L
1				$80 \sim 200$
1.2				$80 \sim 200$
1.5	4	2	0.3	$80 \sim 200$
2				$80 \sim 350$
2.5	5			$80 \sim 400$
3	6			$80 \sim 500$
4	8	3	0.5	$80 \sim 600$
5	10			$80 \sim 600$
6	12			$100 \sim 600$
7		5	0.8	$100 \sim 600$
8	14			$100 \sim 700$
10	16			$100 \sim 700$
12	18			$100 \sim 800$
14		6		$100 \sim 800$
16	22		1	$150 \sim 800$
18	24	8		$150 \sim 800$
20	26			$150 \sim 800$
L 尺寸	80,100,125,150,200,250,300,350,400,500,600,700,800			

注:(1)材料由制造者选定,推荐采用4Ci5MoSiVl、3Cr2W8V;

(2)硬度 50 HRC ~ 55 HRC,其中固定端 30 mm 范围内硬度 35 HRC ~ 45 HRC;

(3)淬火后表面可进行渗氮处理,渗氮层深度为 0.08 mm ~ 0.15 mm,心部硬度 40 HRC ~ 44 HRC,表面硬度 ≥900 HV;

(4)其余符合 GB/T 4170—2006 的规定。

6.6.2　直导套(GB/T 4169.2—2006)

GB/T 4169.2—2006 规定了塑料注射模用直导套的尺寸规格和公差,适用于塑料注射模所用的直导套。标准同时还给出了材料指南和硬度精度要求,并规定了直导套的标记。

直导套若用在厚模板中,可缩短模板镗孔的深度,在浮动模板中使用较多。导套内孔的直径系列与导柱直径相同,直径范围为 $d = 13$ mm ～ 90 mm,长度尺寸与模板厚度相同,实际尺寸比模板薄 2 mm。直导套尺寸规格见表 6.19。

表 6.19　标准直导套(摘自 GB/T 4169.2—2006)　　　　　　　　　　(单位:mm)

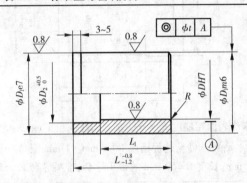

未注表面粗糙度 $R_a = 3.2$ μm,未注倒角 $1 \times 45°$

标记示例:直径 $D = 20$ mm,长度 $L = 40$ mm 的直导套,直导套 20×40GB/T 4169.2—2006

D	12	16	20	25	30	35	40	50	60	70	80	90	100
D_1	18	25	30	35	42	48	55	70	80	90	105	115	125
D_2	13	17	21	26	31	36	41	51	61	71	81	91	101
R	1.5～2		3～4				5～6				7～8		
L_1	24	32	40	50	60	70	80	100	120	140	160	180	200
	15	20	20	25	30	35	40	40	50	60	70	80	90
	20	25	25	30	35	40	50	50	60	70	80	100	100
	25	30	30	40	40	50	60	60	80	80	100	120	150
L	30	40	40	50	50	60	80	80	100	100	120	150	200
	35	50	50	60	60	80	100	100	120	120	150	200	
	60	60	80	80	100	120	120	150	150	200			

当 $L_1 > L$ 时,取 $L_1 = L$。

注:(1)材料由制造者选定,推荐采用 T10A、GCr15、20Cr;

(2)硬度 52 HRC ～ 56 HRC,20Cr 渗碳 0.5 mm ～ 0.8 mm,硬度 56 HRC ～ 60 HRC;

(3)标注的形位公差应符合 GB/T 1184—1996 的规定,t 为 6 级精度;

(4)其余应符合 GB/T 4170—2006 的规定。

6.6.3 带头导套(GB/T 4169.3—2006)

GB/T 4169.3—2006 规定了塑料注射模用带头导套的尺寸规格和公差,其余同直导套。带头导套的尺寸规格见表6.20。

表 6.20 带头导套(摘自 GB/T 4169.3—2006)

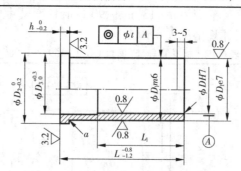

未注表面粗糙度 $R_a = 6.3\ \mu m$,未注倒角 1 mm×45°

a:可选砂轮越程槽或 $R0.5$ mm ~ 1 mm 圆角

标记示例:直径 $D = 12$ mm,长度 $L = 50$ mm 的带头导套,带头导套 12 ×50GB/T 4169.3—2006

D	D_1	D_2	D_3	h	R	L_1	L
12	18	22	13	5	1.5 ~ 2	24	20 ~ 50
16	25	30	17	6		32	20 ~ 60
20	30	35	21	8	3 ~ 4	40	20 ~ 80
25	35	40	26			50	25 ~ 100
30	42	47	31			60	30 ~ 120
35	48	54	36	10		70	35 ~ 140
40	55	61	41		5 ~ 6	80	40 ~ 160
50	70	76	51	12		100	50 ~ 200
60	80	86	61			120	60 ~ 200
70	90	96	71	15		140	70 ~ 200
80	105	111	81		7 ~ 8	160	80 ~ 200
90	115	121	91	20		180	90 ~ 200
100	125	131	101			200	100 ~ 200
L 尺寸	20,25,30,35,40,45,50,60,70,80,90,100,110,120,130,140,150,160,180,200						

当 $L_1 > L$ 时,取 $L_1 = L_0$。

注:(1)材料由制造者选定,推荐选用 T10A、GCr15、20Cr;

(2)硬度为 52 HRC ~ 56 HRC,20Cr 渗碳 0.5 mm ~ 0.8 mm,硬度为 56 HRC ~ 60 HRC;

(3)标注的形位公差应符合 GB/T 1184—1996 的规定,t 为 6 级精度;

(4)其余应符合 GB/T 4170—2006 的规定。

6.6.4　带头导柱(GB/T 4169.4—2006)

GB/T 4169.4—2006 规定了塑料注射模用带头导柱的规格和公差,适用于塑料注射模所用的带头导柱,可兼做推板导柱。标准同时还给出了材料指南和硬度精度要求,并规定了带头导柱的标记。带头导柱的尺寸规格见表6.21。

表6.21　标准带头导柱(摘自 GB/T 4169.4—2006)

未注表面粗糙度 R_a = 6.3 μm;未注倒角 1 mm×45°

a. 可选砂轮越程槽或 R 0.5 mm ~ 1 mm 圆角;b. 允许开油槽;c. 允许保留两端的中心孔;d. 圆弧连接。

标记示例:直径 D = 12 mm,长度 L = 100 mm,与模板配合长度 L_1 = 40 mm 的带头导柱,

带头导柱 12 × 100 × 40 GB/T 4169.4—2006

D	D_1	h	L	L_1
12	17	5	50 ~ 140	
16	21	6	50 ~ 160	
20	25		50 ~ 200	
25	30		50 ~ 250	
30	35	8	50 ~ 300	
35	40		70 ~ 350	20,25,30,35,40,45,50,60,70,
40	45	10	70 ~ 400	80,100,110,120,130,140,
50	56	12	100 ~ 500	160,180,200
60	66		100 ~ 600	
70	76	15	150 ~ 700	
80	86		220 ~ 800	
90	96	20	220 ~ 800	
100	106		220 ~ 800	
L 尺寸	50,60,70,80,90,100,110,120,130,140,150,160,180,200,220,250,280,300,320,350, 380,400,450,500,550,600,650,700,750,800			

注:(1)材料由制造者选定,推荐采用 T10A、GCr15、20Cr;

　　(2)硬度为 56 HRC ~ 60 HRC,20Cr 渗碳 0.5 mm ~ 0.8 mm,硬度为 56 HRC ~ 60 HRC;

　　(3)标注的形位公差应符合 GB/T 1184—1996 的规定,t 为 6 级精度;

　　(4)其余应符合 GB/T 4170—2006 的规定。

①带头导柱尺寸除了导柱长度按模具具体结构确定外,导柱其余尺寸随导柱直径而定,导柱直径随模具分型面处模板外形尺寸而定。模板越大,导柱直径及导柱间的中心距越大。

②表6.22列出了模板外形尺寸与导柱直径推荐尺寸的关系。

表6.22　导柱直径 D 与模板外形尺寸关系

模板外形尺寸/mm	≤150	150~200	200~250	250~300	300~400
导柱直径 D/mm	≤16	16~18	18~20	20~25	25~30
模板外形尺寸/mm	400~500	500~600	600~800	800~1 000	1 000
导柱直径 D/mm	30~35	35~40	40~50	60	≥60

6.6.5　标准带肩导柱(GB/T 4169.5—2006)

标准要求基本同上。其不同之处在于带头导柱用于塑件生产批量不大的模具,可以不用导套。带肩导柱用于塑件大批量生产的精密模具,或导向精度高而必须采用导套的模具。

带肩导柱与导套的配合为 H7/f6。带肩导柱的尺寸规格见表6.23。

表6.23　标准带肩导柱(摘自 GB/T 4169.5—2006)

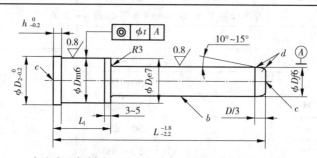

未注表面粗糙度 $R_a = 6.3\ \mu m$;未注倒角 1 mm×45°

a.可选砂轮越程槽或 R 0.5 mm~1 mm 圆角;b.允许开油槽;

c.允许保留两端的中心孔;d.圆弧连接,R 2 mm~R 5 mm

标记示例:直径 D = 16 mm,长度 L = 70 mm,与模板配合长度 L_1 = 30 mm 的带头导柱

带头导柱 16×70×30 GB/T 4169.5—2006

D	D_1	D_2	h	L	
12	18	22	5	50~140	
16	25	30	6	50~160	20,25,30
20	30	35		50~200	35,40,45
25	35	40	8	50~250	50,60,70
30	42	47		50~300	80,100
35	48	54	10	70~350	110,120
40	55	61		70~400	130,140
50	70	76	12	100~650	150,160
60	80	86		100~700	180,200
70	90	96	15	150~700	
80	105	111		150~700	

L 尺寸规格	50,60,70,80,90,100,110,120,130,140,150,160,180,200,220, 250,280,300,320,350,380,400,450,500,550,600,650,700

注:(1)材料由制造者选定,推荐采用 T10A、GCr15、20Cr;

　　(2)硬度为 56 HRC ~ 60 HRC,20Cr 渗碳 0.5 mm ~ 0.8 mm,硬度为 56 HRC ~ 60 HRC;

　　(3)标注的形位公差应符合 GB/T 1184—1996 的规定,t 为 6 级精度;

　　(4)其余应符合 GB/T 4170—2006 的规定。

6.6.6　垫块(GB/T 4169.6—2006)

GB/T 4169.6—2006 规定了塑料注射模用垫块的尺寸规格和公差,适用于塑料注射模所用的垫块。标准同时还给出了材料指南,并规定了垫块的标记。垫块的作用主要是形成推板的推出空间和调节模具的高度。标准垫块见表 6.24。

表 6.24　标准垫块(摘自 GB/T 4169.6—2006)

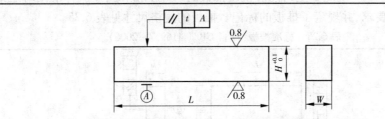

未注表面粗糙度 $R_a = 6.3\ \mu m$;全部棱边倒角 2 mm × 45°

标记示例:直径 $W = 48$ mm,长度 $L = 180$ mm,厚度 $H = 70$ mm 的垫块,

垫块 48 × 180 × 70 GB/T 4169.6—2006

W	L						H
28	150	180	200	230	250		50 ~ 70
33	180	200	230	250	300	350	60 ~ 80
38	200	230	250	300	350	400	60 ~ 80
43	230	250	270	300	350	400	70 ~ 90
48	250	270	300	350	400	450	500	70 ~ 90
53	270	300	350	400	450	500	70 ~ 90
58	300	350	400	450	500	550	600	70 ~ 100
63	350	400	450	550	550	600	90 ~ 110
68	400	450	500	500	600	700	100 ~ 130
78	450	500	550	600	700		100 ~ 130
88	500	550	600	700	800		100 ~ 130
100	550	600	700	800	900	1 000	110 ~ 150
120	650	700	800	900	1 000	1 250	120 ~ 230

续表

W	L							H
140	800	900	900	1 250				150~250
160	900	1 000	1 250	1 600				200~300
180	1 000	1 250	1 600					200~300
220	1 250	1 600	2 000					200~300
H 尺寸	50,60,70,80,90,100,110,120,130,150.180,200,250,300							

注:(1)材料由制造者选定,推荐采用45钢;

(2)标注的形位公差应符合 GB/T 1184—1996 的规定,f 为 5 级精度;

(3)其余应符合 GB/T 4170—2006 的规定。

6.6.7　标准推板(GB/T 4169.7—2006)

GB/T 4169.7—2006 规定了塑料注射模用推板的尺寸规格和公差。标准同时还给出了材料指南和硬度精度要求,并规定了推板的标记。推板的规格尺寸见表6.25。

表 6.25　标准推板(摘自 GB/T 4169.7—2006)

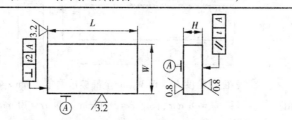

未注表面粗糙度 R_a = 6.3 μm;全部棱边倒角 2 mm × 45°

标记示例:直径 W = 160 mm,长度 L = 150 mm,厚度 H = 20 mm 的推板,

推板 160 × 150 × 20 GB/T 4169.7—2006

W	L							H
90	150	180	200	230	250			13~15
110	180	200	230	250	300	350		15~20
120	200	230	250	300	350	400		15~25
140	230	250	270	300	350	400		15~25
150	250	270	300	350	400	450	500	15~25
160	270	300	350	400	450	500		15~25
180	300	350	400	450	500	550	600	20~30
220	350	400	450	500	550	600		20~30
260	400	450	500	550	600	700		25~40
290	450	500	550	600	700			25~40
320	500	550	600	700	800			25~40

续表

W	L							H
340	550	600	700	800	900			25 ~ 50
390	600	700	800	900	1 000			25 ~ 50
400	650	700	800	900	1 000			25 ~ 50
450	700	800	900	1 000	1 250			25 ~ 50
510	800	900	1 000	1 250				30 ~ 60
560	900	1 000	1 250	1 600				30 ~ 60
620	1 000	1 250	1 600					30 ~ 60
790	1 250	1 600	2 000					30 ~ 60
H尺寸	13,15,20,25,30,40,50,60							

注:(1)材料由制造者选定,推荐采用45钢;

(2)硬度28 HRC ~ 32 HRC;

(3)标注的形位公差应符合 GB/T 1184—1996 的规定, t 为6级精度;

(4)其余应符合 GB/T 4170—2006 的规定。

6.6.8 模板(GB/T 4169.8—2006)

GB/T 4169.8—2006 规定了塑料注射模用模板的尺寸规格和公差,以及模板的用途,适用于塑料注射模所用的定模板、动模板、推件板、推料板、支承板和动、定模座板。标准同时还给出了材料指南和硬度精度要求,并规定了模板的标记。

GB/T 4169.8—2006 规定的 A 型标准模板(用于定模板、动模板、推件板、推料板、支承板)见表6.26。

表6.26 A型标准模板(摘自 GB/T 4169.8—2006) (单位:mm)

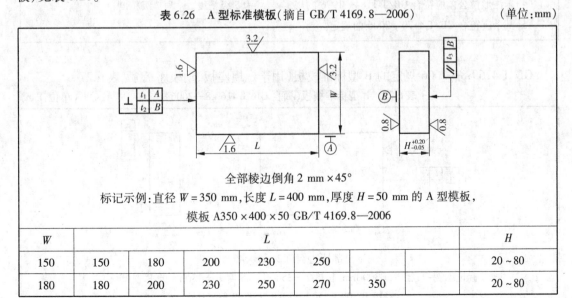

全部棱边倒角 2 mm × 45°

标记示例:直径 $W = 350$ mm,长度 $L = 400$ mm,厚度 $H = 50$ mm 的 A 型模板,

模板 A350 × 400 × 50 GB/T 4169.8—2006

W	L						H
150	150	180	200	230	250		20 ~ 80
180	180	200	230	250	270	350	20 ~ 80

续表

W	L							H
200	200	230	250	270	300	400		20~100
230	230	250	270	300	350	400		20~100
250	250	270	300	350	400	450	500	25~120
270	270	300	350	400	450	500		25~120
300	300	350	400	450	500	550	600	30~130
350	350	400	450	500	550	600		35~130
400	400	450	500	550	600	700		35~150
450	450	500	550	600	700			40~180
500	500	550	600	700	800			40~180
550	550	600	700	800	900			40~200
600	600	700	800	800	1 000			50~200
650	650	700	800	900	1 250			60~220
700	700	800	900	1 000				60~250
800	800	900	1 000	1 250				70~200
900	900	1 000	1 250	1 600				70~350
1 000	1 000	1 250	1 600					80~400
1 250	1 250	1 600	2 000					80~400
H 尺寸	20,25,30,35,40,45,50,60,70,80,90, 100,110,120,130,140,150,160,180,200,220,250,280,300,350,400							

注:(1)材料由制造者选定,推荐采用 45 钢;

(2)硬度 28 HRC~32 HRC;

(3)未注尺寸公差等级应符合 GB/T 1801—1999 中 jsl3 的规定;

(4)未注形位公差应符合 GB/T 1184—1996 的规定,t_1、t_3 为 5 级精度,t_2 为 7 级精度;

(5)其余应符合 GB/T 4170—2006 的规定。

GB/T 4169.8—2006 规定的 B 型标准模板(用于定模座板、动模座板)见表 6.27。

表 6.27 B 型标准模板(摘自 GB/T 4169.8—2006)   （单位:mm）

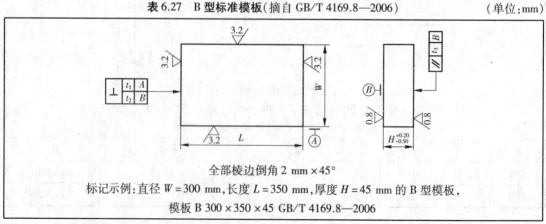

全部棱边倒角 2 mm×45°

标记示例:直径 W = 300 mm,长度 L = 350 mm,厚度 H = 45 mm 的 B 型模板,

模板 B 300 × 350 × 45 GB/T 4169.8—2006

续表

W	L							H
200	150	180	200	230	250			20～25
230	180	200	230	250	270	350		20～30
250	200	230	250	270	300	400		20～30
280	230	250	270	300	350	400		25～30
300	250	270	300	350	400	450	500	25～35
320	270	300	350	400	450	500		25～40
350	300	350	400	450	500	550	600	25～45
400	350	400	450	500	550	600		30～50
450	400	450	500	550	600	700		30～50
550	450	500	550	600	700			35～60
600	500	550	600	700	800			35～60
650	550	600	700	800	900			35～70
700	600	700	800	900	1 000			35～70
750	650	700	800	900	1 000			35～80
800	700	800	900	1 000	1 250			40～90
900	800	900	1 000	1 250				40～100
1 000	900	1 000	1 250	1 600				50～100
1 250	1 000	1 000	1 600					60～120
1 500	1 250	1 250	2 000					70～120
H尺寸								

注:(1)材料由制造者选定,推荐采用45钢;

　　(2)硬度28 HRC～32 HRC;

　　(3)未注尺寸公差等级应符合 GB/T 1801—1999 中 jsl3 的规定;

　　(4)未注形位公差应符合 GB/T 1184—1996 的规定, t_1 为7级精度, t_2 为9级精度, t_3 为5级精度;

　　(5)其余应符合 GB/T 4170—2006 的规定。

6.6.9　限位钉(GB/T 4169.9—2006)

GB/T 4169.99—2006 规定了塑料注射模用限位钉的尺寸规格和公差,适用于塑料注射模所用的限位钉。标准同时还给出了材料指南和硬度精度要求,并规定了限位钉的标记。

限位钉尺寸规格见表6.28。

表 6.28　限位钉　　　　　　　　　　　　　　　　　　　　（单位:mm）

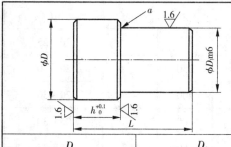

未注表面粗糙度 $R_a = 6.3\ \mu m$;未注倒角 1 mm×45°

a. 可选砂轮越程槽或 R 0.5 mm ~ 1 mm 圆角

标记示例:直径 $D = 25$ mm 的限位钉,限位钉 25 GB/T 4169.9—2006

D	D_1	h	L
16	8	5	16
25	16	10	25

注:(1)材料由制造者选定,推荐采用 45 钢;

　　(2)硬度 40 HRC ~ 45 HRC;

　　(3)其余应符合 GB/T 4170—2006 的规定。

6.6.10　支承柱(GB/T 4169.10—2006)

GB/T 4169.0—2006 规定了塑料注射模用支承柱的尺寸规格和公差,适用于塑料注射模所用的支承柱。标准同时还给出了材料指南和硬度、精度要求,并规定了支承柱的标记。GB/T 4169.10—2006 规定的 A 型标准支承柱见表 6.29,B 型标准支承柱见表 6.30。

表 6.29　A 型标准支承柱(摘自 GB/T 4169.10—2006)　　　　（单位:mm）

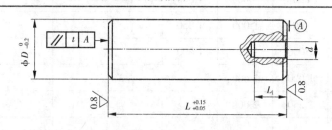

未注表面粗糙度 $R_a = 6.3\ \mu m$,未注倒角 1 mm×45°

标记示例:直径 $D = 40$ mm,长度 $L = 100$ mm 的 A 型支承柱,支承柱 A 40×100 GB/T 4169.10—2006

D	L	d	L_1
25	80 ~ 120	M8	15
30	80 ~ 120		
35	80 ~ 130		
40	80 ~ 150	M10	18
50	80 ~ 250		
60	80 ~ 300	M12	20

续表

D	L	d	L_1
80	80 ~ 300	M16	30
100	80 ~ 300		
L 尺寸	80,90,100,110,120,130,150,180,200,250,300		

注:(1)材料由制造者选定,推荐采用 45 钢;

　　(2)硬度 28 HRC ~ 32 HRC;

　　(3)标注的形位公差应符合 GB/T 1184—1996 的规定, t 为 6 级精度;

　　(4)其余应符合 GB/T 4170—2006 定的规定。

表 6.30　B 型标准支承柱(摘自 GB/T 4169.10—2006)　　　　　　　(单位:mm)

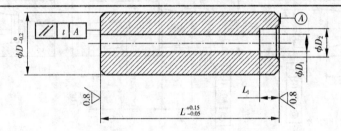

未注表面粗糙度 R_a = 6.3 μm,未注倒角 1 mm × 45°

标记示例:直径 D = 30 mm,长度 L = 120 mm 的 B 型支承柱,支承柱 B 30 × 120 GB/T 4169.10—2006

D	L	D_1	D_2	L_1
25	80 ~ 120	9	15	9
30	80 ~ 120			
35	80 ~ 130			
40	80 ~ 150	11	18	11
50	80 ~ 250			
60	80 ~ 300	13	20	13
80	80 ~ 300	17	26	17
100	80 ~ 300			
L 尺寸	80,90,100,110,120,130,150,180,200,250,300			

注:(1)材料由制造者选定,推荐采用 45 钢;

　　(2)硬度 28 HRC ~ 32 HRC;

　　(3)标注的形位公差应符合 GB/T 1184—1996 的规定, t 为 6 级精度;

　　(4)其余应符合 GB/T 4170—2006 的规定。

6.6.11　圆形定位元件(GB/T 4169.11—2006)

GB/T 4169.11—2006 规定了塑料注射模用圆形定位元件的尺寸规格和公差,适用于塑料注射模所用的圆形定位元件。标准同时还给出了材料指南和硬度、精度要求,并规定了圆形定位元件的标记。

圆形定位元件用于动、定模之间需要精确定位的场合,对同轴度要求高的塑件,而且型腔分别设在动、定模上,或为保证塑件壁厚均匀,均需要采用该圆形定位元件进行精确定位。对于大型模具,必须采用动、定模模板各带锥面的对合机构与导柱导套联合使用来保证精度和刚度。

圆形定位元件的尺寸规格见表6.31。

表6.31　标准圆形定位元件(摘自 GB/T 4169.11—2006)　　　　(单位:mm)

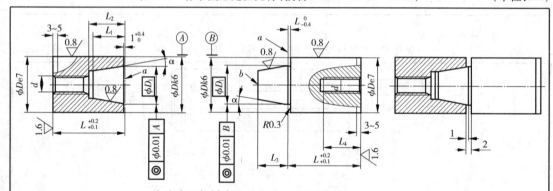

未注表面粗糙度 $R_a = 6.3$ μm,未注倒角 1 mm×45°

a. 基准面　b. 允许保留中心孔

标记示例:直径 $D = 12$ mm 的圆形定位元件,圆形定位元件 12 GB/T 4169.11—2006

D	D_1	d	L	L_1	L_2	L_3	L_4	$\alpha/(°)$
12	6	M4	20	7	9	5	11	5
16	10	M5	25	8	10	6	11	
20	13	M6	30	11	13	9	13	
25	16	M8	30	12	14	10	15	5,10
30	20	M10	40	16	18	14	18	
35	24	M12	50	22	24	20	24	

注:(1)材料由制造者选定,推荐采用 T10A、GCrl5;
　　(2)硬度 58 HRC ~ 62 HRC;
　　(3)其余应符合 GB/T 4170—2006 的规定。

6.6.12　标准推板导套(GB/T 4169.12—2006)

GB/T 4169.12—2006 规定了塑料注射模用推板导套的尺寸规格和公差,适用于塑料注射模所用的推板导套。标准同时还给出了材料指南和硬度、精度要求,并规定了推板导套的标记。标准板导套的尺寸规格见表6.32。

表 6.32　**标准推板导套**（摘自 GB/T 4169.12—2006）　（单位：mm）

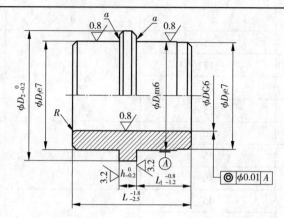

未注表面粗糙度 $R_a = 6.3$ μm，未注倒角 1 mm × 45°

可选砂轮越程槽或 R 0.5 mm ~ 1 mm 倒角

标记示例：直径 $D = 20$ mm 的推板导套，推板导套 20 GB/T 4169.12—2006

D	12	16	20	25	30	35	40	50
D_1	18	25	30	35	42	48	55	70
D_2	22	30	35	40	47	54	61	76
h	4				6			
R	3 ~ 4				5 ~ 6			
L	28	35		45		55	70	90
L_1	13	15		20		25	30	40

注：(1) 材料由制造者选定，推荐采用 T10A、GCr15、20Cr；

(2) 硬度 52 HRC ~ 56 HRC，20Cr 渗碳 0.5 mm ~ 0.8 mm，硬度 56 HRC ~ 60 HRC；

(3) 其余应符合 GB/T 4170—2006 的规定。

6.6.13　标准复位杆（GB/T 4169.13—2006）

GB/T 4169.13—2006 规定了塑料注射模用复位杆的尺寸规格和公差，适用于塑料注射模所用的复位杆。标准同时还给出了材料梅南和硬度、精度要求，并规定了复位杆的标记。

标准复位杆的尺寸规格见表 6.33。

表 6.33　**标准复位杆**（摘自 GB/T 4169.13—2006）　（单位：mm）

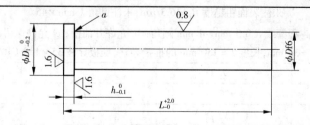

未注表面粗糙度 $R_a = 6.3$ μm

a. 可选砂轮越程槽或 R 0.5mm ~ 1 mm 圆角；b. 端面允许留有中心孔。

标记示例：直径 $D = 15$ mm，长度 $L = 200$ mm 的复位杆，复位杆 15 × 200 GB/T 4169.13—2006

续表

D	D_1	h	L
10	15	4	100 ~ 200
12	17		100 ~ 250
15	20		100 ~ 300
20	25		125 ~ 400
25	30	8	150 ~ 500
30	35		150 ~ 600
35	40		200 ~ 600
40	45	10	250 ~ 600
50	55		250 ~ 600
L尺寸	100,125,150,200,250,300,350,400,500,600		

注:(1)材料由制造者选定,推荐采用 T10A、GCrl5;

(2)硬度 56 HRC ~ 60 HRC;

(3)其余应符合 GB/T 4170—2006 的规定。

6.6.14　推板导柱(GB/T 4169.14—2006)

GB/T 4169.14—2006 规定了塑料注射模用推板导柱的尺寸规格和公差,适用于塑料注射模所用的推板导柱。标准同时给出了材料指南和硬度、精度要求,并规定了推板导柱的标记。标准推板导柱的尺寸规格见表6.34。

表 6.34　标准推板导柱(摘自 GB/T 4169.14—2006)　　　　(单位:mm)

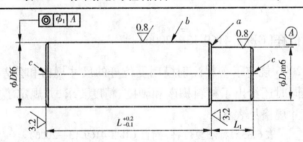

未注表面粗糙度 R_a = 6.3 μm;未注倒角 1 mm ×45°

a. 可选砂轮越程槽或 R 0.5 mm ~ 1 mm 圆角; b. 允许开油槽; c. 允许保留两端中心孔

标记示例:直径 D = 35 mm, 长度 L = 150 mm 的推板导柱,推板导柱 35 × 150 GB/T 4169.14—2006

D	D_1	L_1	L
30	25	20	100 ~ 150
35	30	25	110 ~ 180
40	35	30	150 ~ 250
50	40	45	180 ~ 300
L尺寸	100,110,120,130,150,180,200,250,300		

续表

注:(1)材料由制造者选定,推荐采用 T10A、GCrl5、20Cr;
　　(2)硬度 56 HRC~60 HRC,20Cr 渗碳 0.5 mm~0.8 mm,硬度 56 HRC~60 HRC;
　　(3)标注的形位公差应符合 GB/T 1184—1996 的规定,t 为 6 级精度;
　　(4)其余应符合 GB/T 4170—2006 的规定。

6.6.15　扁推杆(GB/T 4169.15—2006)

GB/T 4169.15—2006 规定了塑料注射模用扁推杆的尺寸规格和公差,适用于塑料注射模所用的扁推杆。标准同时还给出了材料指南和硬度、精度要求,并规定了扁推杆的标记。

标准扁推杆的尺寸规格见表 6.35。

表 6.35　标准扁推杆(摘自 GB/T 4169.15—2006)　　　　(单位:mm)

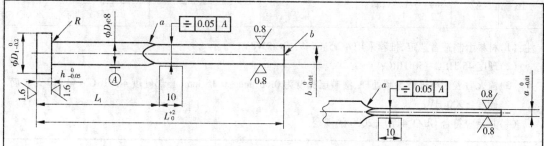

未注表面粗糙度 $R_a = 6.3\ \mu m$

a.圆弧半径 10 mm;b.端面不允许留有中心孔,棱边不允许倒钝

标记示例:厚度 $a = 1.5$ mm,宽度 $b = 6$ mm,长度 $L = 160$ mm 的扁推杆

扁推杆　1.5×6×160 GB/T 4169.15—2006

D	D₁	a	b	h	R	L 80	100	125	160	200	250	300
						L₁ 40	50	63	80	100	125	150
4	8	1	3	3	0.3	○	○	○	○	○		
		1.2				○	○	○	○	○		
5	10	1	4			○	○	○	○	○		
		1.2				○	○	○	○	○		
6	12	1.2	5	5	0.5			○	○	○	○	
		1.5						○	○	○	○	
		1.8					○	○	○	○	○	
8	14	1.5	6						○	○	○	○
		1.8							○	○	○	○
		2						○	○	○	○	

续表

D	D_1	a	b	h	R	L 80	100	125	160	200	250	300
						L_1 40	50	63	80	100	125	150
10	16	1.5	8	5	0.5				○	○	○	○
		1.8							○	○	○	○
		2							○	○	○	○
12	18	1.5	10	7	0.8					○	○	○
		1.8								○	○	○
		2								○	○	○
16	22	2	14							○	○	○
		2.5									○	○

注:(1)材料由制造者选定,推荐采用4Cr5MoSiVl、3Cr2W8V;

(2)硬度45 HRC~50 HRC;

(3)淬火后表面可进行渗碳处理,渗碳层深度为0.08 mm~0.15 mm,心部硬度40 HRC~44 HRC,表面硬度≥900 HV;

(4)其余应符合 GB/T 4170—2006 的规定。

6.6.16 带肩推杆(GB/T 4169.16—2006)

GB/T 4169.16—2006 规定了塑料注射模用带肩推杆的尺寸规格和公差,适用于塑料注射模所用的带肩推杆。标准同时还给出了材料指南和硬度、精度要求,并规定了带肩推杆的标记。

标准带肩推杆的尺寸规格见表6.36。

表 6.36　标准带肩推杆(摘自 GB/T 4169.16—2006)　　　　　　　　(单位:mm)

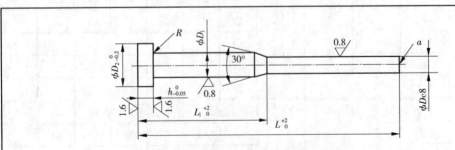

未注表面粗糙度 R_a =6.3 μm

端面不允许有中心孔,棱边不允许有倒钝

标记示例:厚度 D =2 mm,长度 L =80 mm 的带肩推杆,带肩推杆 2×80 GB/T 4169.16—2006

续表

D	D_1	D_2	h	R	L								
					80	100	125	150	200	250	300	350	400
					L_1								
					40	50	63	75	100	125	150	175	200
1	2	4	2		○	○	○	○	○				
1.5					○	○	○	○	○				
2	3	6	3	0.3	○	○	○	○	○				
2.5					○	○	○	○	○				
3	4	8								○			
3.5	8	14			○	○	○	○	○	○			
4			5		○	○	○	○	○	○			
4.5	10	16			○	○	○	○	○	○			
5				0.8	○	○	○	○	○	○			
6	12	18					○	○	○	○	○		
8			7						○	○	○	○	
10	16	22								○	○	○	○

注:(1)材料由制造者选定,推荐采用4Cr5MoSiVl、3Cr2W8V;

    (2)硬度45 HRC~50 HRC;

    (3)淬火后表面可进行渗碳处理,渗碳层深度为0.08~0.15 mm,心部硬度40 HRC~44 HRC,表面硬度
      ≥900 HV;

    (4)其余应符合 GB/T 4170—2006 的规定。

6.6.17 推管(GB/T 4169.17—2006)

GB/T 4169.17—2006 规定了塑料注射模用推管的尺寸规格和公差,适用于塑料注射模所用的推管。标准同时还给出了材料指南和硬度、精度要求,并规定了推管的标记。

标准推管的尺寸规格见表6.37。

表 6.37 标准推管(摘自 GB/T4169.17—2006)　　　　　　　　　（单位:mm）

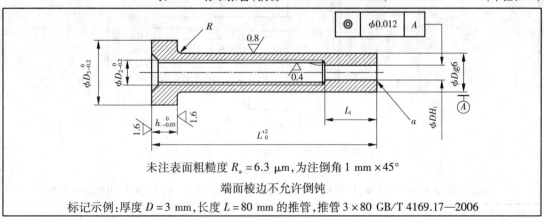

未注表面粗糙度 $R_a = 6.3$ μm,为注倒角 1 mm×45°

端面棱边不允许倒钝

标记示例:厚度 $D = 3$ mm,长度 $L = 80$ mm 的推管,推管 3×80 GB/T 4169.17—2006

续表

D	D_1	D_2	D_3	h	R	L_1	L
2	4	2.5	8		0.3	35	80 ~ 125
2.5	5	3	10	3	0.3		80 ~ 125
3	5	3.5					80 ~ 150
4	6	4.5	12				80 ~ 200
5	8	5.5	14	5	0.5		80 ~ 200
6	10	6.5	16			45	100 ~ 250
8	12	8.5	20				100 ~ 250
10	14	10.5	22	7	0.8		100 ~ 250
12	16	12.5	22				125 ~ 250
L 尺寸	80,100,125,150,175,200,250						

注:(1)材料由制造者选定,推荐采用 4Cr5MoSiVl、3Cr2W8V;

(2)硬度 45 HRC ~ 50 HRC;

(3)淬火后表面可进行渗碳处理,渗碳层深度为 0.08 mm ~ 0.15 mm,心部硬度 40 HRC ~ 44 HRC,表面硬度 ≥900 HV;

(4)其余应符合 GB/T 4170—2006 的规定。

6.6.18　浇口套(GB/T 4169.19—2006)

GB/T 4169.19—2006 规定了塑料注射模用浇口套的尺寸规格和公差,适用于塑料注射模所用的浇口套。标准同时还给出了材料指南和硬度、精度要求,并规定了浇口套的标记。

标准浇口套尺寸规格见表 6.38。

表 6.38　标准浇口套尺寸(摘自 GB/T 4169.19—2006)　　　　(单位:mm)

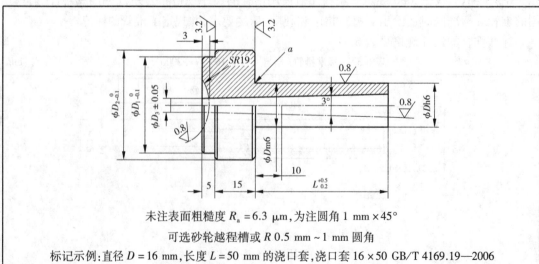

未注表面粗糙度 $R_a = 6.3$ μm,为注圆角 1 mm × 45°

可选砂轮越程槽或 R 0.5 mm ~ 1 mm 圆角

标记示例:直径 $D = 16$ mm,长度 $L = 50$ mm 的浇口套,浇口套 16 × 50 GB/T 4169.19—2006

续表

D	D_1	D_2	D_3	L
12			2.8	50
16	35	40	2.8	50 ~ 80
20			3.2	50 ~ 100
25			3.2	50 ~ 100
L 尺寸	50,80,100			

注:(1)材料由制造者选定,推荐采用 45 钢;

    (2)局部热处理,SR19 mm 球面硬度 38 HRC ~ 45 HRC;

    (3)其余应符合 GB/T 4170—2006 的规定。

6.6.19 拉杆导柱(GB/T 4169.20—2006)

GB/T 4169.20—2006 规定了塑料注射模用拉杆导柱的尺寸规格和公差,适用于塑料注射模所用的拉杆导柱。标准同时还给出了材料指南和硬度、精度要求,并规定了拉杆导柱的标记。

标准拉杆导柱的尺寸规格见表 6.39。

表 6.39 标准拉杆导柱(摘自 GB/T 4169.20—2006)　　　　　　　(单位:mm)

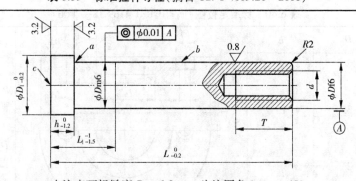

未注表面粗糙度 R_a = 6.3 μm,为注圆角 1 mm × 45°

    a. 可选砂轮越程槽或 R 0.5 mm ~ 1 mm 圆角; b. 允许开油槽; c. 允许保留两端中心孔

标记示例:直径 D = 20 mm,长度 L = 120 mm 的拉杆导柱,拉杆导柱 16 × 50 GB/T 4169.19—2006

D	D_1	h	d	T	L_1		L
16	21	8	M10	25	25		100 ~ 200
20	25	10	M12	30	30		100 ~ 250
25	30	12	M14	35	35		100 ~ 300
30	35	14			45		130 ~ 360
35	40	16	M16	40	50		160 ~ 400
40	45	18			60		200 ~ 500
50	55	20			70	80	250 ~ 600

续表

D	D_1	h	d	T	L_1	L
60	66		M20	50	90	280 ~ 600
70	76				100	300 ~ 800
80	86	25			120	340 ~ 800
90	96		M24	60	140	400 ~ 800
100	106				150	400 ~ 800
L 尺寸		100,110,120,130,140,150,160,170,180,190,200,210,220,230,240,250,260, 270,280,290,300,320,340,360,380,400,450,500,550,600,650,700,750,800				

注:(1)材料由制造者选定,推荐采用 T10A、GCrl5、20Cr;
  (2)硬度 56 HRC ~ 60 HRC,20Cr 渗碳 0.5 mm ~ 0.8 mm,硬度 56 HRC ~ 60 HRC;
  (3)其余应符合 GB/T 4170—2006 的规定。

6.6.20 定位圈(GB/T 4169.18—2006)

GB/T 4169.18—2006 规定了塑料注射模用定位圈的尺寸规格和公差,适用于塑料注射模所用的定位圈。标准同时还给出了材料指南和硬度、精度要求,并规定了定位圈的标记。标准定位圈的尺寸规格见表 6.40。

表 6.40 标准定位圈(摘自 GB/T 4169.18—2006) (单位:mm)

D	D_1	h
100		
	35	15
120		
150		

未注表面粗糙度 $R_a = 6.3$ μm,为注圆角 1 mm × 45°

标记示例:直径 $D = 100$ mm 的定位圈;定位圈 100 GB/T 4169.18—2006

注:(1)材料有制造者选定,推荐采用 45 钢;
  (2)硬度为 28 HRC ~ 32 HRC;
  (3)其余应符合 GB/T 4169.16—2006 的规定。

6.6.21 圆形拉模扣(GB/T 4169.22—2006)

GB/T 4169.22—2006 规定了塑料注射模用圆形拉模扣(树脂开闭器)的尺寸规格和公差,适用于塑料注射所用的圆形拉模扣。标准同时还给出了材料指南和硬度要求,并规定了圆形拉模扣的标记。标准圆形拉模扣尺寸规格见表 6.41。

表 6.41　标准圆形拉模扣（摘自 GB/T 4169.22—2006）　　　　　　　　（单位：mm）

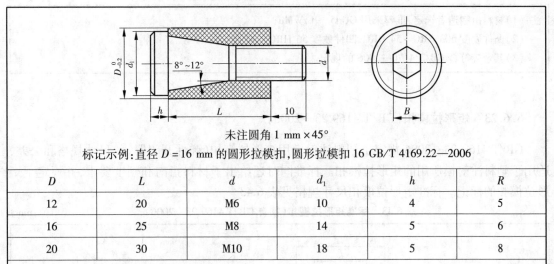

未注圆角 1 mm×45°

标记示例：直径 D = 16 mm 的圆形拉模扣，圆形拉模扣 16 GB/T 4169.22—2006

D	L	d	d_1	h	R
12	20	M6	10	4	5
16	25	M8	14	5	6
20	30	M10	18	5	8

注：(1) 材料由制造者选定，推荐采用尼龙 66；
　　(2) 螺钉推荐采用 45 钢，硬度 28 HRC～32 HRC；
　　(3) 其余应符合 GB/T 4170—2006 的规定。

6.6.22　矩形定位元件（GB/T 4169.21—2006）

GB/T4169.21—2006 规定了塑料注射模用矩形定位元件的尺寸规格和公差，适用于塑料注射模所用的矩形定位元件。标准同时还给出了材料指南和硬度、精度要求，并规定了矩形定位元件的标记。标准矩形定位元件尺寸规格见表 6.42。

表 6.42　标准矩形定位元件（摘自 GB/T 4169.21—2006）　　　　　　　（单位：mm）

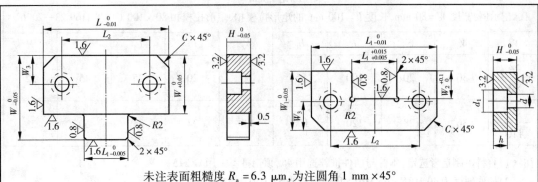

未注表面粗糙度 R_a = 6.3 μm，为注圆角 1 mm×45°

标记示例：长度 L = 50 mm 的矩形定位元件，矩形定位元件 50 GB/T 4169.21—2006 的规定

L	L_1	L_2	W	W_1	W_2	W_3	C	d	d_1	H	h
50	17	34	30	21.5	8.5	11	5	7	11	16	8
75	25	50	50	36	15	18	8	11	17.5	19	12
100	35	70	65	45	21	22	10	11	17.5	19	12
125	45	84	65	45	21	22	10	11	17.5	25	12

续表

注:(1)材料由制造者选定,推荐采用 GCrl5、9CrWMn;
(2)凸件硬度 503 HRC ~ 54 HRC,凹件硬度 56 HRC ~ 60 HRC;
(3)其余应符合 GB/T 4170—2006 的规定。

6.6.23　矩形拉模扣(GB/T 4169.23—2006)

GB/T 4169.23—2006 规定了塑料注射模用矩形拉模扣(弹性开闭器)的尺寸规格和公差,适用于塑料注射模所用的矩形拉模扣。标准同时还给出了材料指南和硬度要求,并规定了矩形拉模扣的标记。标准矩形拉模扣尺寸规格见表6.43。

表6.43　标准矩形拉模扣(摘自 GB/T 4169.23—2006)　　　　　(单位:mm)

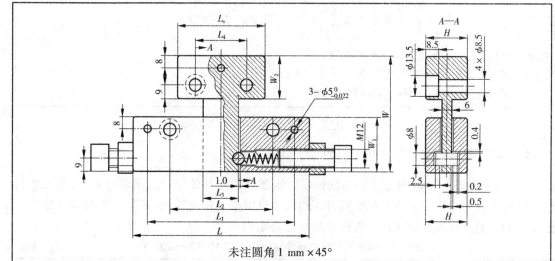

未注圆角 1 mm×45°

标记示例:宽度 $W = 80$ mm,长度 $L = 100$ mm 的矩形拉模,矩形拉模扣 80 × 100 GB/T 4169.23—2006

W	W_1	W_2	L	L_1	L_2	L_3	L_4	L_5	H
52	30	20	100	85	60	20	25	45	22
80									
66	36	28	120	100	70	24	35	60	28
110									

注:(1)材料由制造者选定,本件与插件推荐选用45,顶销推荐采用 GCr15;

　　(2)插件硬度为 40 HRC ~ 45 HRC,顶销硬度为 58 HRC ~ 62 HRC;

　　(3)最大使用负载应达到 $L = 100$ mm 为 10 kN,$L = 120$ mm 为 12 kN;

　　(4)其余应符合 GB/T 4170—2006 的规定。

6.7　非标模具专用零件的选用

模具设计制造中还有一些未正式形成国家标准而应用很广泛的模具专用零件,现推荐介绍如下。

6.7.1　拉模扣(开闭器)

使用性能同矩形拉模扣,规格及推荐尺寸见表6.44。

表 6.44　拉模扣(推荐尺寸)

型号	A	B	C	D	E	F	H	T	d	拉模力/kg
小短	38	22	76	64	20	20	25	49	M8	250
小中	39	23	76	64	20	20	41	69	M8	250
小长	39	24	76	64	20	20	61	89	M8	250
大短	50	29	108	91	22	30	40	68	M10	300
大中	50	29	108	91	22	30	57	89	M10	300
大长	50	29	108	91	22	30	86	118	M10	300

注:(1)材料有制造者选定,本件与插件推荐采用45,顶销推荐采用GCr15;

(2)插件硬度 40 HRC ~ 45 HRC,顶销硬度 58 HRC ~ 62 HRC;

(3)其余应符合 GB/T 4170—2006 的规定。

6.7.2　快速接头

作水管气管接头,用与孔径相适应的塑料软管插入接头孔内,因孔内软橡胶密封圈的唇边与管外径能自动密封,且孔内有一圈弹性卡爪卡住退出。需拔出管时,用手指按压塑料柄,卡爪变形贴向孔壁,软管可轻松拔出。接头有内外六方,既可装于模内也可装于模外。推荐尺寸见表6.45。

表 6.45　快速接头　　　　　　　　　　　　　　　　　（单位：mm）

规　格 $R_2/(\text{in})$ 尺　寸	1/8	1/4	3/8	1/2
L	25	25	29	35
L_1	6	8	9	12
d	5	6	8	11
e	14.2	14.2	20	26
s	13	13	18	24

6.7.3　水嘴

水嘴用黄铜制造，用于与水嘴专用快速接头连接，主要用于出口国外的模具上。该水嘴有加长型（水嘴穿过模板拧到镶块上，以利简化水道）。推荐尺寸见表 6.46。

表 6.46　水嘴（欧美常用）

项　目	参　数			
$R_2/(\text{in})$	5/16	3/8	1/2	3/4
L/mm	30	30	36	36
L_1/mm	10	10	12	14
d/mm	6	9.5	12	15
e/mm	17	17	20	26.5
s/mm	16	16	18	21

6.7.4　普通水嘴

普通水嘴用普通碳钢制造，表面镀锌，管子套入接头上用卡箍卡紧。加长型可直接穿过模板拧到镶块上，有利于简化水道或气道。推荐尺寸见表 6.47。

表 6.47　普通水嘴推荐尺寸　　　　　　　　　　　　（单位：mm）

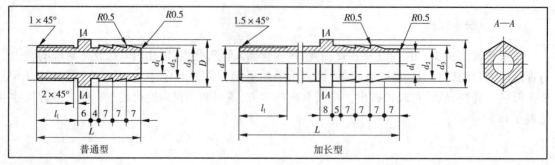

普通型　　　　　　　　　　　　加长型

胶管直径	d	d_1	d_2	d_3	D	l_1	L
8	M8×1	$\phi4$	$\phi7$	$\phi9$	$\phi12$	12	普通,60~200
10	M10×1	$\phi6$	$\phi8$	$\phi11$	$\phi14$	14	普通,60~250
13	M12×1.25	$\phi7$	$\phi11$	$\phi14$	$\phi18$	14	普通,60~250
14	M14×1.5	$\phi9$	$\phi13$	$\phi16$	$\phi20$	16	普通,60~200
16	M16×1.5	$\phi10$	$\phi14$	$\phi17$	$\phi22$	20	普通,60~250
20	M20×1.5	$\phi14$	$\phi18$	$\phi21$	$\phi25$	20	普通,60~250
L尺寸规格	普通、60、70、80、90、100、110、120、150、180、200、220、250						

6.7.5 定位钢珠组件

定位钢珠组件用于滑块在水平位置工作时的定位。推荐尺寸见表6.48。

表6.48 定位钢珠组件 （单位:mm）

规格 尺寸	M4×16	M5×13	M6×14	M8×16	M10×17	M12×22	M16×28
L	9.8	12.8	13.8	16	17.2	21.8	27.5
d	2.5	3	3	4	5	7	9.5

6.7.6 止水栓

止水栓(水柱塞)密封原理是螺钉旋入利用锥面使O形密封圈及弹簧圈涨开扩大而达到密封和定位的作用,主要用于镶块四周(侧面)水道的堵塞,堵塞处的加工孔径比相应水柱塞直径大0.1 mm。如需拆卸,可把螺钉旋松,O形密封圈及弹簧圈收缩,利用压缩空气吹出。止水栓推荐尺寸见表6.49。

表6.49 止水栓(水柱塞)组件 （单位:mm）

D	6	8	10	12	14	16	18	20	25	30
L	8	10	10	11	13	15	17	19	24	29

6.7.7 气阀(气顶)组件

气阀(气顶)主要用于塑件无穿孔的状态下使用,推出力均匀,不存在其他机械推出塑件的许多问题,另外缩短了模具制造周期,节约了模具材料。气阀与安装孔采用过盈配合,用铜棒或木榔头压入。气阀推荐尺寸见表6.50。

表6.50 气阀(气顶)组件　　　　　　　　　　　　　　　　（单位:mm）

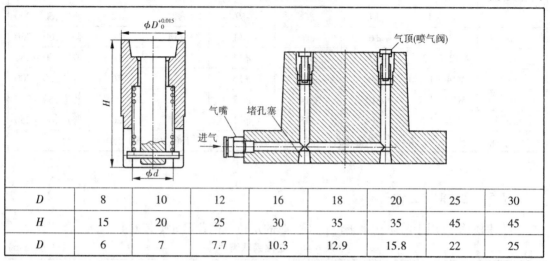

D	8	10	12	16	18	20	25	30
H	15	20	25	30	35	35	45	45
D	6	7	7.7	10.3	12.9	15.8	22	25

6.7.8　长方精定位块组件

长方精定位块组件(导位辅助器)功用与圆形定位元件(GB/T 4169.11—2006)基本相同,都是用于动、定模之间需要精确定位的场合,但长方精定位块组件的定位刚度更好,用于中大型模具,长方精定位块组件的推荐尺寸见表6.51。

表6.51　长方精定位块组件　　　　　　　　　　　　　　　（单位:mm）

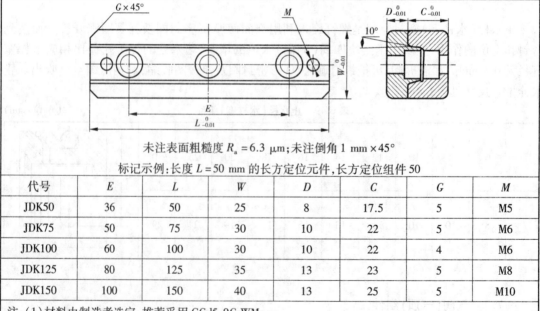

未注表面粗糙度 R_a =6.3 μm;未注倒角 1 mm×45°

标记示例:长度 L =50 mm 的长方定位元件,长方定位组件 50

代号	E	L	W	D	C	G	M
JDK50	36	50	25	8	17.5	5	M5
JDK75	50	75	30	10	22	5	M6
JDK100	60	100	30	10	22	4	M6
JDK125	80	125	35	13	23	5	M8
JDK150	100	150	40	13	25	5	M10

注:(1)材料由制造者选定,推荐采用 GCrl5、9CrWMn;

　　(2)凸件硬度 50HRC～54HRC,凹件硬度 56HRC～60HRC;

　　(3)其余应符合 GB/T 4170—2006 的规定。

6.7.9　连接推杆

连接推杆主要是方便推件板与推板之间的连接,连接推杆的推荐尺寸见表6.52。

表6.52　连接推杆推荐尺寸 （单位:mm）

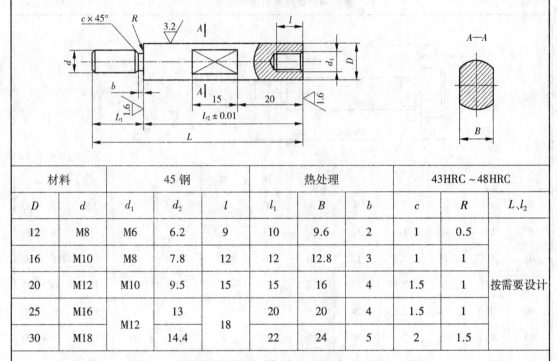

材料		45 钢			热处理			43HRC ~ 48HRC		
D	d	d_1	d_2	l	l_1	B	b	c	R	$L、l_2$
12	M8	M6	6.2	9	10	9.6	2	1	0.5	
16	M10	M8	7.8	12	12	12.8	3	1	1	
20	M12	M10	9.5	15	15	16	4	1.5	1	按需要设计
25	M16	M12	13	18	20	20	4	1.5	1	
30	M18		14.4		22	24	5	2	1.5	

注:(1)材料由制造者选定,推荐采用 45 钢,热处理硬度 43HRC ~ 48HRC;
　　(2)其余应符合 GB/T 4170—2006 的规定。

6.7.10　锥型螺栓(丝堵)

锥形螺塞用于镶块、模板侧面的水道、气道的堵塞,锥形螺塞用黄铜制造,牙形为 55°的密封管螺纹,密封可靠。锥形螺塞的尺寸规格见表6.53。

表6.53　锥形螺塞推荐尺寸(参考)

项 目	参 数					
$R_2/$(in)	1/16	1/8	1/4	3/8	1/2	
$L/$mm	10	10	12	14	16	
$d/$mm	9.6	9.6	13.41	16.79	20	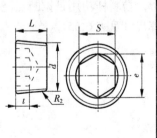
$e/$mm	4.58	5.72	6.86	9.15	11.43	
$s/$mm	4	5	6	8	10	
$t/$mm	2.5	3	4	5	6	

229

6.7.11　定距螺钉

定距螺钉主要是用于点浇口模具中的推(凝)料板与定模座板的定距和其他顺序分型机构时对模板的定距。定距螺钉推荐尺寸见表6.54。

表 6.54　定距螺钉推荐尺寸 （单位:mm）

d	d_1	d_2	b	l	H	D	M	K	t	f	L
6	M5	3.7	1.5	9	6	10	2	5	3	0.8	12 ~ 100
8	M6	4.4	1.5	12	8	13	2	7	4	1	16 ~ 100
10	M8	6	1.5	15	10	16	2	9	5	1.2	16 ~ 150
12	M8	6	2.5	18	12	18	2	11	6	1.2	20 ~ 200
16	M10	7.7	2.5	24	16	24	2	15	8	1.5	20 ~ 200
20	M12	9.4	2.5	30	20	30	2	19	10	2	25 ~ 200
L 尺寸规格	12,16,20,25,30,35,40,45,50,55,60,65,70,75,80,…,180,200(增值为10)										

注:(1)表中尺寸参数参考了模具发达地区的一些企业标准(模具配件商店的产品尺寸),开槽定距螺钉在塑料模具行业应用较少(预紧力有限),故从略;

(2)材料由制造者选定,本件与插件推荐采用 45 钢,热处理硬度43HRC ~ 48HRC;

(3)其余应符合 GB/T 4170—2006 的规定。

6.7.12　拉料杆

拉料杆功用是拉断点浇口或拉出主流道、分流道凝料。它可用圆形推杆改制。拉料杆推荐尺寸见表6.55。

表 6.55　拉料杆推荐尺寸　　　　　　　　　　　　（单位：mm）

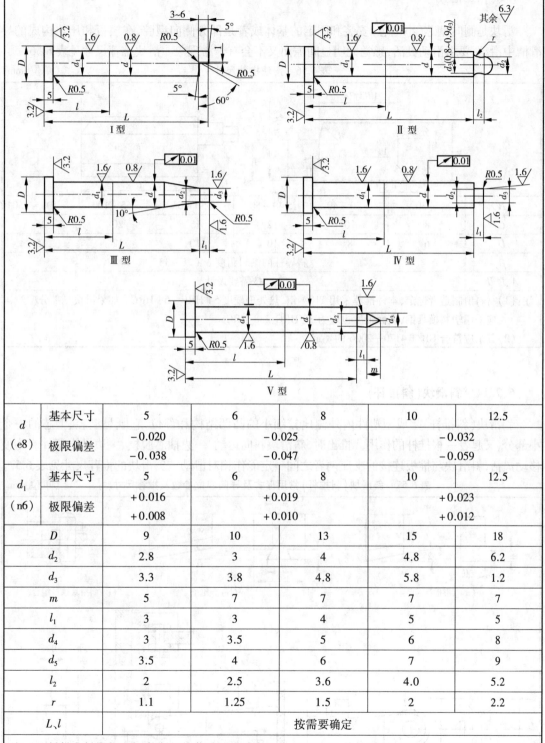

d ($e8$)	基本尺寸	5	6	8	10	12.5
	极限偏差	-0.020 -0.038	-0.025 -0.047		-0.032 -0.059	
d_1 ($n6$)	基本尺寸	5	6	8	10	12.5
	极限偏差	$+0.016$ $+0.008$	$+0.019$ $+0.010$		$+0.023$ $+0.012$	
D		9	10	13	15	18
d_2		2.8	3	4	4.8	6.2
d_3		3.3	3.8	4.8	5.8	1.2
m		5	7	7	7	7
l_1		3	3	4	5	5
d_4		3	3.5	5	6	8
d_5		3.5	4	6	7	9
l_2		2	2.5	3.6	4.0	5.2
r		1.1	1.25	1.5	2	2.2
L、l				按需要确定		

注：（1）材料由制造者选定，拉料杆推荐采用 4Ci5MoSiVl、302W8V，热处理硬度 50HRC～55HRC；

　　（2）其余应符合 GB/T4170—2006 的规定。

6.7.13　滑块

滑块是侧向型芯(小型芯)安装和固定的基体或者是部分侧向型腔,在模板和压块构成的导滑槽中滑动,要求滑动灵活,感觉无明显间隙而又不会有卡滞现象。滑块推荐尺寸见表6.56。

表6.56　滑块推荐尺寸　　　　　　　　　　　　　（单位:mm）

B	~30	>30~40	>40~50	>50~65	>65~100	>100~160
C	8	10	12	15	20	25
D	6	8	10	10	12	15
β	斜导柱的倾斜角度 α +2°~3°					
A、L、H	按需要设计					

注:(1)材料由制造者选定,本件推荐采用 T10A 钢,热处理硬度 54 HRC~58 HRC。如果滑块是部分型腔,应采用塑料模具钢,表面硬度也应为 35 HRC~38 HRC;

　(2)其余应符合 GB/T 4170—2006 的规定。

6.7.14　斜滑块(斜推杆)

斜滑块(斜推杆)是成型塑件内外侧比较细小的凸凹结构和部位,它既是型腔、型芯的一个小部分,又起着一根推杆的作用。推出时,斜滑块斜向运动,一边抽芯脱模、一边推出塑件。为使移动灵活,斜滑块与推板连接的支座两者之间一定能作相对滑动。斜滑块的推荐尺寸见表6.57。

表6.57　斜滑块(斜推杆)常用形式及导向部位参数及推荐尺寸　　　（单位:mm）

（a）T形槽　　　　　　　　　　（b）燕尾槽　　　　　　　（c）斜滑块顶杆组合

（d）斜滑块、推板连接

斜滑块(斜推杆) 宽度 B	30~50	>50~80	>80~120	>120~160	>160~200
导向部位符号			导向部位参数		
W	8~10	>10~14	>14~18	>18~20	>20~22
b_1	6	8	12	14	16
b_2	20~40	>40~60	>60~100	>100~130	>130~170
d	12	14	16	18	20
δ	1	1.2	1.4	1.6	1.8

注:(1)材料由制造者选定,斜滑块部分推荐采用相应的塑模钢,而其他结构部分可采用45钢,热处理硬度54 HRC~58 HRC;
　　(2)其余应符合 GB/T 4170—2006 的规定。

6.7.15　油缸

油缸主要用于长行程和大抽芯力的场合。油缸结构相对比液压工程上油缸要简单些,采用油缸抽芯可使模具结构简化,制造工作量减小。塑料模专用油缸推荐尺寸见表6.58。

表 6.58　抽芯油缸尺寸　　　　　　　　　　　(单位:mm)

缸径 尺寸	A	B	C	D	L	W	M
$\phi30$	30	20+行程	30	18	120	60	M12
$\phi40$	32	20+行程	32	20	140	70	M16
$\phi50$	32	20+行程	32	25	160	80	M16
$\phi60$	33	30+行程	33	30	180	90	M20
$\phi80$	35	30+行程	40	40	220	110	M24
$\phi100$	40	30+行程	40	40	265	140	M24
$\phi110$	40	40+行程	45	50	280	150	M30
$\phi120$	40	40+行程	45	50	300	160	M30

6.7.16 液压马达

液压马达主要用于不允许有拼合痕而螺纹圈数较多的大批量生产的带螺纹塑件的脱模,采用液压马达脱模力比较大,同时也能简化模具结构,常采用 BM 型内摆线齿轮式液压马达(也称转子马达)。转子马达的尺寸规格见表 6.59。

表 6.59　BM 型液压马达推荐尺寸　　　　　　　　　　　（单位:mm）

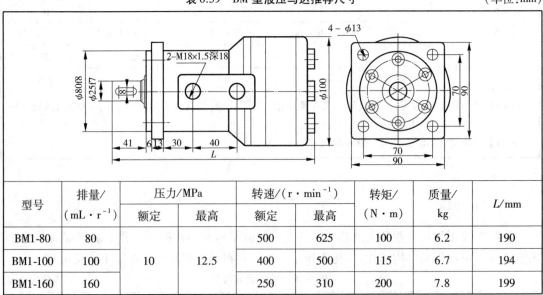

型号	排量/ （mL·r⁻¹）	压力/MPa		转速/(r·min⁻¹)		转矩/ （N·m）	质量/ kg	L/mm
		额定	最高	额定	最高			
BM1-80	80			500	625	100	6.2	190
BM1-100	100	10	12.5	400	500	115	6.7	194
BM1-160	160			250	310	200	7.8	199

6.8　推板导柱分布位置推荐尺寸

图 6.9 为模架-推板导柱图。表 6.60 为推板导柱标准位置推荐尺寸。

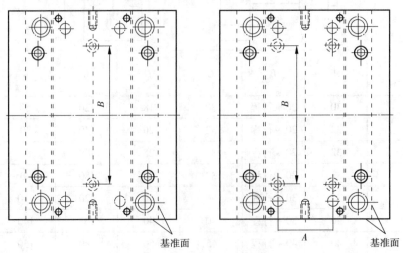

图 6.9　标准模架—推板导柱图

表6.60 推板导柱标准位置推荐尺寸 （单位：mm）

型 号	2组导柱	4组导柱		导柱直径	型 号	4组导柱		导柱直径
	B	A	B			A	B	
1515	114				3030		172	
1518	144				3035	134	192	
1520	164				3040		222	
1523	194				3045		308	
1525	214				3050	128	358	
1818	138				3055		408	
1820	158				3060		458	
1823	188				3535		208	
1825	208				3540	164	258	
1830		68	210		3545		308	25
1835		68	260		3550		358	
2020	150				3555	152	408	
2023	180				3560		458	
2025	200				4040		252	
2030		80	194		4045		302	
2035		80	244		4050		352	
2040			344		4055	198	402	
2323	180				4060		452	
2325	200				4070		552	
2327	220				4545		286	28
2330		106	194		4550	226	336	
2335			244		4555		386	
2340		106	294		4560	226	436	
2525	200				4570		536	
2527	220			15	5050		336	
2530		110	190		5055		386	
2535			230		5060	256	436	
2540		102	280		5070		536	
2545			330		5080		636	30
2550			380		5555		380	
2727			172		5570	270	530	
2730			222	20	5580		630	
2735		114	272		6060		430	
2740			322		6070		530	
2745			372		6080	320	630	
2750			422		6090		730	

续表

> 注:推板导柱直径不大于或等于复位直径,600 mm×600 mm 以上的模架需安装 6 根或 6 根以上的导柱,导柱台肩处需加工艺螺纹孔,以便拆卸。

6.9 螺纹紧固件及连接尺寸

在模具设计与制造中,内六角形的紧固件最为常用,把螺钉头沉入模板中,使模具在机床上安装固定更为方便,同时也是采用强度级别比较高的螺钉,预紧力也比较大。

表 6.61　内六角圆柱头螺钉(摘自)　　　　　　　　　　(单位:mm)

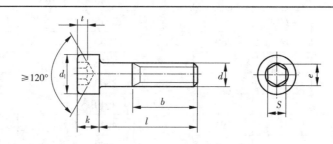

标记示例:螺纹规格 d = M8、公称长度 l = 20 mm、性能等级为 8.8 级、
表面氧化的内六角圆柱螺钉的标记:螺钉、GB/T 70.1、M8×20

螺纹规格	M3	M4	M5	M6	M8	M10	M12	M14	M16	M20	M24	M30
b(参考)	18	20	22	24	28	32	36	40	44	52	60	72
d_k(max)	5.5	7	8.5	10	13	16	18	21	24	30	36	45
e	2.87	3.44	4.58	5.72	6.86	9.15	11.43	13.72	16	19.44	21.73	25.15
k(max)	3	4	5	6	8	10	12	14	16	20	24	30
s	2.5	3	4	5	6	8	10	12	14	17	19	22
t(min)	1.3	2	2.5	3	4	5	6	7	8	10	12	15.5
l 范围 (公称)	5~30	6~40	8~50	10~60	12~80	16~100	20~120	25~140	25~160	30~200	40~220	40~220
制成全螺纹时 $l\leqslant$	20	25	25	30	35	40	50	55	60	70	80	100
l 系列 (公称)	3,4,5,6~16(2 进位),20~65(5 进位),70~160(10 进位),180~300(20 进位)											

技术条件	材料	机械性能等级	螺纹公差	产品等级	表面处理
	35,45,合金钢	8.8,10.9,12.9	12.9 级为 5g 或 6g, 其他等级为 6g	A	氧化或镀锌钝化

续表

注:(1)标准规定螺钉规格 M1.6～M64;

(2)d 为普通粗牙螺纹规格;

(3)螺钉性能等级 8.8 级为常用级,模架用连接螺钉一般用 10.9、12.9 级——编者著

表 6.62　内六角沉头螺钉(摘自 GB/T 70.3—2008)　　　　　　　　　(单位:mm)

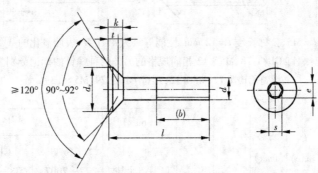

标记示例:螺纹规格 d = M8、公称长度 l = 20 mm、性能等级为 8.8 级、
表面氧化的 A 级内六角圆柱螺钉的标记:螺钉、GB/T 70.1、M8×20

螺纹规格 d	M3	M4	M5	M6	M8	M10	M12	M14	M16	M20
螺距 P	0.5	0.7	0.8	1	1.25	1.5	L75	2	2	2.5
b(参考)	18	20	22	24	28	32	36	40	44	52
d_k(max)	6.72	8.96	11.2	13.44	17.92	22.4	26.88	30.8	33.6	40.32
e	2.303	2.873	3.443	4.583	5.723	6.863	9.194	11.429	11.429	13.716
k(max)	1.86	2.48	3.1	3.72	4.96	6.2	7.44	8.4	8.8	10.16
s	2.08	2.58	3.08	4.095	5.14	6.14	8.175	10.175	10.175	12.212
t(min)	1.3	2	2.5	3	4	5	6	7	8	10
l 范围(公称)	8～30	8～40	8～50	8～60	10～80	12～100	20～100	25～100	30～100	35～100
制成全螺纹时 l≤	25	25	30	35	45	50	60	65	70	90
l 系列(公称)	8,10,12,16,20,25,30,35,40,45,50,55,60,65,70,80,90,100									

技术条件	材料	机械性能等级	螺纹公差		产品等级	表面处理
	35,45,合金钢	8.8,10.9,12.9	12.9 级为 5g 或 6g,其他等级为 6g		A	氧化或镀锌钝化

注:(1)d 为普通粗牙螺纹规格;

(2)螺钉性能等级 8.8 级为常用级。

表 6.63　紧定螺钉（摘自 GB/T 77—2007、GB/T 78—2007、GB/T 79—2007）　　　（单位：mm）

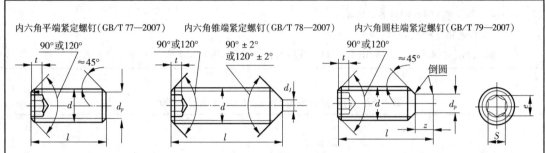

内六角平端紧定螺钉（GB/T 77—2007）　内六角锥端紧定螺钉（GB/T 78—2007）　内六角圆柱端紧定螺钉（GB/T 79—2007）

标记示例：螺纹规格 d = M5、公称长度 l = 12 mm、性能等级为 45H 级、表面氧化的 A 级内六角锥端紧定。

　　标记：螺钉 GB/T 78、M5 × 12 相同规格的另外两种螺钉的标记分别为：

　　　　螺钉 GB/T 77、M5 × 12；螺钉 GB/T 79、M5 × 12。

螺纹规格 d	螺距 P	d_P (max)	d_t (max)	e (max)	s	t	z(max)		长度 l		
							短圆柱	长圆柱	GB/T 77—2007	GB/T 78—2007	GB/T 79—2007
M3	0.5	2	0.75	1.73	1.5	2	1	1.75	M3	0.5	2
M4	0.7	2.5	1	2.3	2	2.5	1.25	2.25	M4	0.7	2.5
M5	0.8	3.5	1.25	2.87	2.5	3	1.5	2.75	M5	0.8	3.5
M6	1	4	1.5	3.44	3	3.5	1.75	3.25	M6	1	4
M8	1.25	5.5	2	4.58	4	5	2.25	4.3	M8	1.25	5.5
M10	1.5	7	2.5	5.72	5	6	2.75	5.3	M10	1.5	7
M12	1.75	8.5	3	6.86	6	8	3.25	6.3	M12	1.75	8.5
M16	2.0	12	4	9.15	8	10	4.3	8.36	M16	2.0	12
l 系列	2,3,4,5,6,8,10,12,16,20,25,30,35,40,45,50,60										

技术要求	材料	机械性能等级	螺纹公差	产品等级	表面处理
	钢	45H	45H 级为 5g、6g 其他等级 6g	A	氧化或镀锌钝化

注：编著者作了一定的简化

表6.64 十字槽盘头螺钉与十字槽沉头螺钉(摘自 GB/T 818—2000、GB/T 819.1—2000)

（单位：mm）

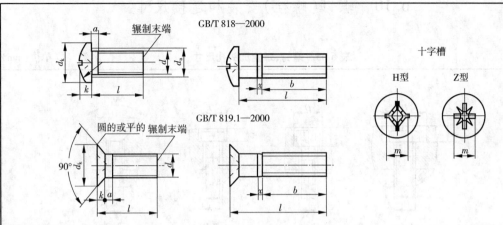

标记示例：

螺纹规格 d = M5、公称长度 l = 20、性能等级为 4.8 级、H 型十字槽、表面不经处理的 A 级十字槽盘头螺钉的标记，螺钉 GB/T 818—2000—M5×20

螺纹规格 d = M5、公称长度 l = 20、性能等级为 4.8 级、Z 型十字槽、表面不经处理的 A 级十字槽沉头螺钉的标记，螺钉 GB/T 819.1—2000—M5×20

螺纹规格 d	螺距 P	a (max)	b (min)	GB/T 819.1—2000						GB/T 818—2000							l 范围
				d_k (max)	k (min)	十字槽插入深度				d_k (max)	k (min)	r_f ≈	十字槽插入深度				
						H 型		Z 型					H 型		Z 型		
						m 参考	max	m 参考	max				m 参考	max	m 参考	max	
M3	0.5	1	25	5.5	1.65	3.2	2.1	3	2.01	5.6	2.4	5	3	1.8	2.8	1.75	4~30
M4	0.7	1.4	38	8.4	2.7	4.6	2.6	4.4	2.51	8	3.1	6.5	4.4	2.4	4.3	2.34	5~40
M5	0.8	1.6	38	9.3	2.7	5.2	3.2	4.9	3.05	9.5	3.7	8	4.9	2.9	4.7	2.74	6~45
M6	1	2	38	11.3	3.3	6.8	3.5	6.6	3.45	12	4.6	10	6.9	3.6	6.7	3.46	8~60
M8	1.25	2.5	38	15.8	4.65	8.9	4.6	8.4	4.6	16	6	13	9	4.6	8.8	4.5	10~60
M10	1.5	3	38	18.3	5	10	5.7	9.8	5.64	20	7.5	16	10.1	5.8	9.9	5.69	12~60
制成全螺纹时的 l 长度			当 d = M3 时 l≤30，当 d≥M4 时 l≤45							当 d = M3 时 l≤25，当 d≥M4 时 l≤40							
l 系列			4,5,6,8,10,12,(14),16,20,25,30,35,40,45,50,(55),60														

技术要求	材料	机械性能等级	螺纹公差	产品等级
	A3、15、35、45	4.8	6g	A

注：(1)括号内的规格尽可能不用；

　　(2)编著者对本标准作了适当简化。

6.10　螺钉(螺栓)安装和连接尺寸

表6.65　螺钉、螺栓沉头孔尺寸　　　　　　　　　　　　　　（单位:mm）

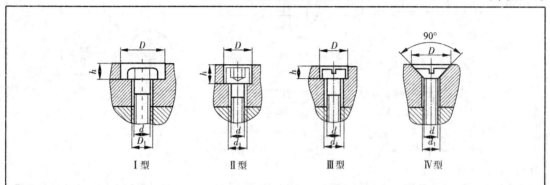

Ⅰ型　　　Ⅱ型　　　Ⅲ型　　　Ⅳ型

d	钻孔直径			Ⅰ型		Ⅱ型		Ⅲ型		Ⅳ型
	精装配用	普通装配用	粗装配用	D	h	D	h	D	h	D
M3	3.2	3.6						6	3	7
M4	4.3	4.8						8	3.5	9.5
M5	5.5	6				10	5.5	9.5	4	11
M6	6.5	7		24	5	12	6.5	11	4.5	13
M8	8.5	9		28	6.5	13.5	8.5	13.5	6.5	17
M10	10.5	11	12	30	8	18	10.5	16	8	21
M12	12.5	13	14	34	9	20	13	20	10	25
M14	14.5	15	16	37	10	23	15			
M16	16.5	17	18	41	12	26	17			
M18	19	20	21	46	14	30	19.5			
M20	21	22	23	49	15	33	21.5			
M22	23	24	25	55.5	16	36	23.5			
M24	25	26	27	60	17	39	25.5			

表 6.66 螺钉连接尺寸 （单位:mm）

简图	螺纹直径	旋进长度				螺纹孔外加深度	光孔外加深度	螺钉增加螺纹长度
		最小值		应用值				
		铸铁	钢	铸铁	钢			
	M3	3.5	2	6	4.5	1.5	1.5	2
	M4	4.5	2.5	8	6	2	2	1.5
	M5	5	3	10	7.5	2.5	2.5	2.5
	M6	6	3.5	12	9	3	3	3.5
	M8	8	4.5	16	12	4	4	4
	M10	10	5.5	20	15	5	5	4.5
	M12	12	7	24	18	6	6	5.5
	M14	14	9	28	21	8	8	6
	M16	16	10	32	24	8	8	6
	M20	20	13	40	30	10	10	7
	M24	24	15	48	36	12	12	8

注:一般情况下不采用最小旋进长度。

6.11 弹簧及聚氨酯弹性体

6.11.1 圆柱压缩弹簧

表 6.67 标准圆柱螺旋弹簧[两端圈并紧磨平(A)或锻平型(B)]的尺寸及参数
（摘自 GB/T 2089—1994）

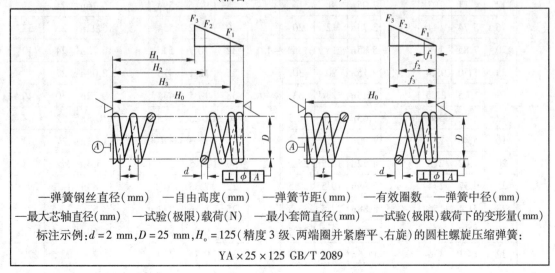

—弹簧钢丝直径(mm) —自由高度(mm) —弹簧节距(mm) —有效圈数 —弹簧中径(mm)
—最大芯轴直径(mm) —试验(极限)载荷(N) —最小套筒直径(mm) —试验(极限)载荷下的变形量(mm)
标注示例:$d = 2$ mm,$D = 25$ mm,$H_0 = 125$(精度 3 级、两端圈并紧磨平、右旋)的圆柱螺旋压缩弹簧:

YA×25×125 GB/T 2089

241

续表

d	D	t	F_S	n	f_S	D_X	D_T	d	D	t	F_S	n	f_S	D_X	D_T
0.8	4	1.48	43.1		0.68n	2.6	5.4	1.2	12	5.06	45.7		3.85n	8.8	15.2
	5	1.87	34.5		1.07n	3.6	6.4		14	6.46	39.2		5.25n	10.8	17.2
	6	2.34	58.7		1.53n	4.2	7.8		16	8.06	34.3		6.86n	12.8	19.2
	8	3.53	21.6		2.73n	6.2	9.8	1.4	7	2.53	124		1.13n	4.6	9.4
	9	4.25	19.2		3.45n	7.2	10.8		8	2.87	109		1.47n	5.6	10.4
	10	5.07	17.2		4.28n	8.2	11.8		10	3.70	87.1		2.30n	7.6	12.4
1	5	1.83	65.4		0.83n	3.4	6.6		12	4.71	72.6		3.31n	8.6	15.4
	6	2.20	54.5		1.19n	4	8		16	7.28	54.5		5.88n	12.6	19.4
	8	3.12	40.9		2.12n	6	10		20	10.6	43.6		9.20n	15.6	24.4
	10	4.31	32.7		3.31n	8	12	1.6	8	2.85	158		1.25n	5.4	10.6
	12	6.78	27.3		4.77n	9	15		10	3.55	126		1.95n	7.4	12.6
	14	7.49	23.4		6.50n	11	17		12	4.41	105		2.81n	8.4	15.6
1.2	6	2.16	91.5		0.965n	3.8	8.2		16	6.59	78.8		5.00n	12.4	19.6
	8	2.92	68.6		1.11n	5.8	10.2		20	9.40	63.1		7.80n	15.4	23.6
	10	4.42	54.9		3.22n	7.8	12.2		22	11.0	57.3		9.43n	17.4	26.6
1.8	9	3.16	193		1.36n	6.2	11.8	3.5	32	11.2	348		7.12n	24.5	39.5
	10	3.48	174		1.68n	7.2	12.8		35	12.7	318		9.20n	27.5	42.5
	12	4.22	145		2.42n	8.2	15.8		38	14.4	293		10.9n	30.5	45.5
	16	6.09	109		4.29n	12.2	19.8		40	15.5	279		12.0n	32.5	42.5
	20	8.52	87.0		6.72n	15.2	24.8	4.0	20	6.63	831		2.63n	13	27
	25	12.3	69.6		10.5n	20.2	29.8		22	7.18	756		3.18n	15	29
2	10	3.64	231		1.74n	7	13		25	8.11	665		4.12n	18	32
	12	4.11	192		2.05n	8	16		28	9.16	594		5.16n	21	35
	16	5.74	144		3.75n	12	20		30	9.92	554		5.92n	23	37
	20	7.85	115		5.85n	15	25		32	10.7	520		6.72n	24	40
	25	11.0	92.4		9.15n	20	30		35	12.1	475		8.08n	27	43
	28	13.5	82.5		11.5n	23	33		38	13.5	438		9.52n	30	46
2.5	12	4.72	360		1.63n	7.5	16.5		40	14.5	416		10.5n	32	48
	16	5.40	273		2.90n	11.5	20.5		45	17.3	370		13.3n	37	53
	20	7.02	218		4.52n	14.5	25.5		50	20.5	333		16.4n	42	58
	25	9.57	174		7.08n	19.5	30.5	4.5	22	7.33	1 076		2.83n	14.5	29.5
	28	11.4	156		8.88n	22.5	33.5		25	8.16	947		3.67n	17.5	32.5
	30	12.7	145		10.2n	24.5	35.5		28	9.08	846		4.60n	20.5	35.5
	32	14.1	136		11.6n	25.5	38.5		30	9.76	789		5.28n	22.5	37.5

d	D	t	F_S	n	f_S	D_X	D_T	d	D	t	F_S	n	f_S	D_X	D_T
	16	5.43	696		1.92n	10.5	21.5		32	10.5	740		6.00n	23.5	40.5
	18	5.94	619		2.44n	12.5	23.5		35	11.7	677		7.16n	26.5	43.5
	20	6.51	557		3.01n	13.5	26.5		38	13.1	623		8.42n	29.5	46.5
	22	7.14	506		3.64	15.5	28.5	4.5	40	13.9	592		9.36n	31.5	48.5
	25	8.20	446		4.72n	18.5	31.5		45	16.4	526		11.8n	36.5	53.5
3	28	9.39	398		5.088n	21.5	34.5		50	19.1	474		14.6n	41.5	58.5
	30	10.3	371		6.76n	23.5	36.5		55	22.2	431		17.7n	45.5	64.5
	32	11.2	348		7.72n	24.5	39.5		25	8.29	1 299		3.29n	17	33
	35	12.7	318		9.20n	27.5	42.5		28	9.12	1 160		4.12n	20	36
	38	14.4	293		10.9n	30.5	45.5		30	9.74	1 083		4.73n	22	38
	40	15.5	279		12.0n	32.5	47.5		32	10.4	1 015		5.40n	23	41
	16	5.43	696		1.92n	10.5	21.5		35	11.5	928		6.44n	26	44
	18	5.94	619		2.44n	12.5	23.5	5.0	38	12.6	855		7.60n	29	47
	20	6.51	557		3.01n	13.5	26.5		40	13.4	812		8.44n	31	49
3.5	22	7.14	506		3.64n	15.5	28.5		45	15.7	722		10.7n	36	54
	25	8.20	446		4.72n	18.5	31.5		50	18.2	650		13.2n	41	59
	28	9.39	398		5.88n	21.5	34.5		55	20.9	591		15.9n	145	65
	30	10.3	371		6.16n	23.5	36.5		60	24.0	541		19.0n	50	70

注:(1)有效圈数系列为:2.5,3,3.5,4,4.5,5.5,6.5,7.5,8.5,9.5,10.5,12.5,14.5;

(2)自由高度的计算式:

　　计算值按下列尺寸圆整(mm):(增量1),(增量2),35,38,40,42,45,48,50,52,55,58,(增量5),

　　(增量10),(增量20);

(3)标准中的节距为近似值,不作主要技术参数。

6.11.2　强力弹簧

　　强力弹簧由异形(多是由矩形和扁圆形)截面钢丝绕制而成。与圆截面钢丝弹簧相比,异形截面弹簧具有体积小、变形量大、承载能力强(约高出45%)的特点,因此习惯称为强力弹簧。

　　弹簧选取后,要合理设计安装窝座或心轴,或两者并用。与弹簧接触的窝座的底部要加工平整,不能带有锥度,弹簧安装在平底孔且无心轴时,孔的深度至少要相当于弹簧的两圈;安装时若有心轴,则心轴长度必须大于弹簧高度。每件强力弹簧都涂有颜色,既起保护作用,又便于识别和维修更换,需要注意的是不同国家色标规定不同。我国标准采用扁圆形截面的强力弹簧,而日本等国的弹簧都是采用矩形截面弹簧,且规格很多,江浙和广东沿海等模具企业几乎全部使用矩形截面弹簧。表6.68为我国扁圆形截面强力弹簧的尺寸规格及技术参数,在设计时可选用参考。弹簧材料可用50CrV 或65Mn 钢丝绕制而成,热处理硬度为 42 HRC ~ 48 HRC。

表 6.68　强力弹簧　　　　　　　　　　　　　　　　（单位:mm）

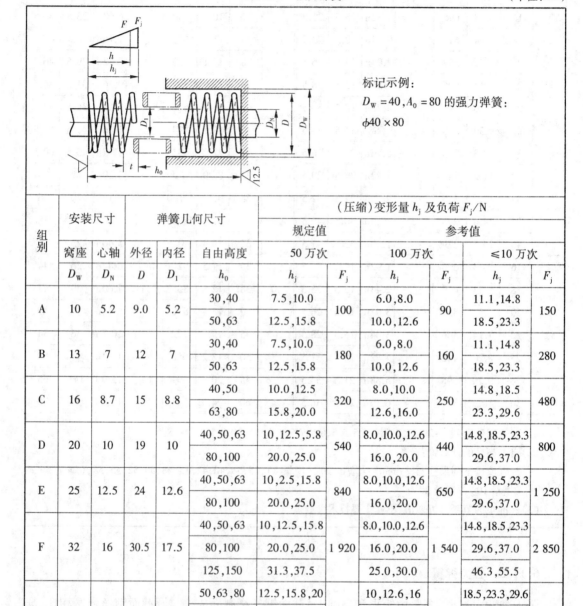

标记示例:
$D_W = 40, A_0 = 80$ 的强力弹簧:
$\phi 40 \times 80$

组别	安装尺寸		弹簧几何尺寸			（压缩）变形量 h_j 及负荷 F_j/N					
	窝座	心轴	外径	内径	自由高度	规定值 50万次		参考值 100万次		≤10万次	
	D_W	D_N	D	D_1	h_0	h_j	F_j	h_j	F_j	h_j	F_j
A	10	5.2	9.0	5.2	30,40	7.5,10.0	100	6.0,8.0	90	11.1,14.8	150
					50,63	12.5,15.8		10.0,12.6		18.5,23.3	
B	13	7	12	7	30,40	7.5,10.0	180	6.0,8.0	160	11.1,14.8	280
					50,63	12.5,15.8		10.0,12.6		18.5,23.3	
C	16	8.7	15	8.8	40,50	10.0,12.5	320	8.0,10.0	250	14.8,18.5	480
					63,80	15.8,20.0		12.6,16.0		23.3,29.6	
D	20	10	19	10	40,50,63	10,12.5,5.8	540	8.0,10.0,12.6	440	14.8,18.5,23.3	800
					80,100	20.0,25.0		16.0,20.0		29.6,37.0	
E	25	12.5	24	12.6	40,50,63	10,2.5,15.8	840	8.0,10.0,12.6	650	14.8,18.5,23.3	1 250
					80,100	20.0,25.0		16.0,20.0		29.6,37.0	
F	32	16	30.5	17.5	40,50,63	10,12.5,15.8		8.0,10.0,12.6		14.8,18.5,23.3	
					80,100	20.0,25.0	1 920	16.0,20.0	1 540	29.6,37.0	2 850
					125,150	31.3,37.5		25.0,30.0		46.3,55.5	
G	40	21	38.5	22.5	50,63,80	12.5,15.8,20		10,12.6,16		18.5,23.3,29.6	
					100,150	25,37.5	2 450	20,30	197	37.0,55.5	3 500
					200,250	50,62.5		40,50		74,92.5	
H	50	26	48.5	27.5	63,80,100	15.8,20,25		12.6,16,20		23.3,29.6,37	
					150,200	37.5,50	3 450	30,40	2 760	55.5,74.0	4 900
					250,300	62.5,75		50,60		92.5,111	
I	60	31	58.5	32.5	80,100,150	20,25,37.5	4 350	16,20,30	3 500	29.6,37.0,55.5	6 200
					200,250,300	50,62.5,75		40,50,60		74,92.5,111	

续表

注:(1)选用方法与圆柱螺旋弹簧相同;
  (2)同一行参数中标注相同个数的数字,其数值一一对应。

6.11.3 聚氨酯弹性体

聚氨酯弹性体是一种优良的弹性元件材料,其特点是弹性大、硬度高、耐磨、耐冲击、强度高。常将其制成带孔或不带孔的圆柱状或块状,在冲模中作为弹性元件用于卸料、压料、顶件等,也称为聚氨酯橡胶弹簧。聚氨酯橡胶的寿命比一般橡胶高得多,可达 20 万次以上。相同尺寸、相同硬度时,其允许的承载能力比一般橡胶大 6 倍到 8 倍,因承载能力高,安装调整非常方便和使用安全,所以在冲模中使用非常普遍。许多厂家以圆柱形实心棒料、空心棒料或成型的弹性体的形式供应市场,极大地方便了模具设计者的选用。模具标准中聚氨酯弹性体的尺寸规格见表 6.69。

表 6.69 聚氨酯弹性体(JB/T 7650.9—1995)(单位:mm)

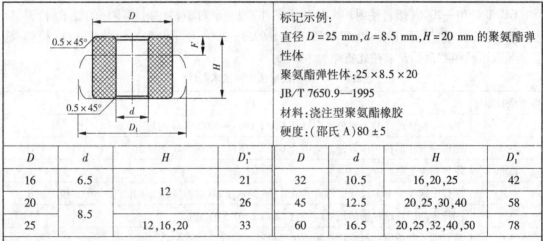

标记示例:
直径 $D = 25$ mm,$d = 8.5$ mm,$H = 20$ mm 的聚氨酯弹性体
聚氨酯弹性体:$25 \times 8.5 \times 20$
JB/T 7650.9—1995
材料:浇注型聚氨酯橡胶
硬度:(邵氏 A)80 ± 5

D	d	H	D_1^*	D	d	H	D_1^*
16	6.5		21	32	10.5	16,20,25	42
20		12	26	45	12.5	20,25,30,40	58
25	8.5	12,16,20	33	60	16.5	20,25,32,40,50	78

注:(1)为参考尺寸($F = 0.3 H$ 时的直径);
  (2)聚氨酯弹性体的内孔配用卸料嫌钉,卸料螺钉(光杆)直径比内孔内径小 0.5 mm(如弹性体 $d = 10.5$ mm 的内孔配用光杆直径为 10 mm 的卸料螺钉)即可——编者注;
  (3)H 的尺寸可作为参考尺寸,生产者可根据空心或实心棒料加工成各种所需高度尺寸——编者注。

表 6.70 聚氨酯弹性体压缩量与工作负荷的关系

压缩量 F/mm	聚氨弹性体直径 D/mm									
	16	20	25	32	45			60		
	工作负荷/N									
0.1H	170	300	450	700	1 720	1 680	1 630	2 980	2 880	2 700
0.2H	400	620	1 020	1 720	3 720	3 680	3 580	7 260	6 520	6 050
0.3H	690	1 080	1 840	2 940	6 520	6 200	6 000	12 710	11 730	10 800

续表

压缩量	聚氨弹性体直径 D/mm									
F/mm	16	20	25	32	45			60		
	工作负荷/N									
0.35H	880	1 390	2 360	3 800	8 360	7 930	7 680	16 290	15 040	13 830

注:表中数值按聚氨酯橡胶邵氏硬度 A80±5 确定,其他硬度聚氨酯橡胶的工作负荷用修正系数乘以表中数值。修正系数的值如下:

邵氏硬度 A:75　　76　　77　　78　　79　　80　　81　　82　　83　　84　　85

修正系数:0.843　0.873　0.903　0.934　0.996　1.000　1.035　1.074　1.116　1.212　1.270

6.12　注射模零件技术条件(GB/T 4170—2006)

GB/T 4170—2006《塑料注射模零件技术条件》规定了对塑料注射模零件的要求、检验、标志、包装、运输和贮存,适用于 GB/T 4169.1～4169.23—2006 规定的塑料注射模零件(检验、标志、包装、运输和贮存等要求在此省略)(见表 6.71)。

表 6.71　塑料注射模零件技术条件

标准条目编号	内　　容
3.1	图样中线性尺寸的一般公差应符合 GB/T 1804—2000 中 m 的规定
3.2	图样中未注形状和位置公差应符合 GB/T 1184—1996 中 H 的规定
3.3	零件均应去毛刺
3.4	图样中螺纹的基本尺寸应符合 GB/T 196 的规定,其偏差应符合 GB/T 197 中 6 级的规定
3.5	图样中的砂轮越程槽的尺寸应符合 GB/T 6403.5 的规定
3.6	模具零件所选用材料应符合相应牌号的技术标准
3.7	零件经热处理后硬度应均匀,不允许有裂纹、脱碳、氧化斑点等缺陷
3.8	质量超过 25 kg 的板类零件应设置吊装用螺孔
3.9	图样上未注公差角度的极限偏差应符合 GB/T 1804—2000 中 c 的规定
3.10	图样中未注尺寸的中心孔应符合 GB/T 145 的规定
3.11	模板的侧向基准面上应作明显的基准标记

6.13　塑料注射模技术条件(GB/T 12554—2006)

GB/T 12554—2006《塑料注射模零件技术条件》规定了对塑料注射模零件的要求、检验、标志、包装、运输和贮存,适用于注射模的设计、制造、验收。

6.13.1　零件要求

GB/T 12554—2006《塑料注射模零件技术条件》规定了对塑料注射膜的零件要求,见表 6.72。

表 6.72　塑料注射模的零件要求

标准条目编号	内　容
3.1	设计塑料注射模宜选用 GB/T 12555、GB/T 4169.1—4169.23 规定的塑料注射模模架和塑料注射模零件
3.2	模具成型零件和浇注系统零件所选用材料应符合相应牌号的技术标准
3.3	模具成型零件和浇注系统零件推荐材料和热处理硬度见表 6.73,允许质量和性能高于表 6.73推荐的材料
3.4	成型对模具易腐蚀的塑料时,成型零件应采用耐腐蚀材料制作,或其成型面应采用防腐蚀措施
3.5	成型对模具易磨损的塑料时,成型零件应采用硬度不低于 50 HRC,否则成型表面应做表面硬化处理,硬度应高于 600 HV
3.6	模具零件的几何形状、尺寸、表面粗糙度应符合图样要求
3.7	模具零件不允许裂纹,成型表面不允许划痕、压伤、锈蚀等缺陷
3.8	成型部位未注公差尺寸的极限偏差应符合 GB/T 1804—2000 中 f 的规定
3.9	成型部位转接圆弧未注公差尺寸的极限偏差应符合表 6.74 的规定
3.10	成型部位未注角度和锥度公差尺寸的极限偏差应符合表 6.75 的规定。锥度公差按锥体母线长度决定,角度公差按角度短边长度决定
3.11	当成型部位未注脱模斜度时,除 3.1 ~ 3.5 的要求外,单边脱模斜度应不大于规定值,当图中未注脱模斜度方向时,按减小塑件壁厚并符合脱模要求的方向制造。 (1)文字、符号的单边脱模斜度应为 10°~15°; (2)成型部位有装饰纹时,单边脱模斜度允许大于表 6.76 的规定值; (3)塑件凸起或加强筋单边脱模斜度应大于 2°; (4)塑件上有数个并列圆孔或格状栅孔时,其单边脱模斜度应大于规定值。 对于表 6.76 中所列的塑料若填充玻璃纤维等增强材质后,其脱模斜度应增加 1°。
3.12	非成型部位未注公差尺寸的极限偏差应符合 GB/T 1804—2000 中的 m 规定
3.13	成型零件表面应避免有焊接熔痕
3.14	螺钉安装孔、推杆孔、复位杆孔等未注孔距公差的极限偏差应符合 GB/T 1804—2000 中 f 的规定
3.15	模具零件图中螺纹的基本尺寸应符合 GB/T 196 的规定,选用的公差与配合应符合 GB/T 197 的规定
3.16	模具零件图中未注形位公差应符合 GB/T 1184—1996 中的 H 规定
3.17	非成型零件外形棱边均应倒角或倒圆。与型芯、推杆相配合的孔在成型面和分型面的交接边缘不允许倒角或倒圆

表 6.73　模具成型零件和浇注系统零件推荐材料和热处理温度

零件名称	材　料	硬度/HRC	零件名称	材　料	硬度/HRC
型芯、定模镶块、活动镶块、分流锥、推杆、浇口套	45Cr、40Cr	40～45	型芯、定模镶块、活动镶块、分流锥、推杆、浇口套	3Cr2Mo	预硬 35～45
	CrWMn、9Mn2V	48～52		4Ci5MoSiVl	45～55
	Cr12′Cr12MoV	52～58		3Cr13	45～55

表 6.74　成型部位转接圆弧未注公差尺寸的极限偏差

转接圆弧半径		≤6	6～18	18～30	30～120	>120
极限偏差	凸圆弧	0 −0.15	0 −0.20	0 −0.30	0 −0.45	0 −0.60
	凹圆弧	+0.15 0	+0.20 0	+0.30 0	+0.45 0	+0.60 0

表 6.75　成型部位未注圆角和锥度公差尺寸的极限偏差

锥体母线或角度短边长度/mm	≤6	6～18	18～30	30～120	>120
极限偏差值	±1°	±30′	±20′	±10′	±5′

表 6.76　成型部位未注脱膜斜度时的单边脱膜斜度

脱膜高度/mm		≤6	6～18	18～30	30～50	50～80	80～120	120～180	180～250	>250
塑料类别	自润滑性好的塑料（POM、PA）	1°45′	1°30′	1°15′	1°	45′	30′	20′	15′	10′
	软质塑料（PE、PP）	2°	1°45′	1°30′	1°15′	1°	45′	30′	20′	10′
	硬质塑料（HDPE、ABS、PC、EP）	2°30′	2°15′	2°	1°45′	1°30′	1°15′	1°	45′	30′

6.13.2　装配要求

GB/T 12554—2006《塑料注射模技术条件》标准规定了对塑料注射模的装配要求,见表6.76。

表 6.77　塑料注射模装配要求

标准条目编号	内　容
4.1	定模座板与动模座板安装平面的平行度按 GB/T 12556—2006 中的规定
4.2	导柱、导套对模板的垂直度应符合 GB/T 12556—2006 中的规定
4.3	在合模位置,复位杆端面应与其接触面贴合,允许有不大于 0.05 mm 的间隙
4.4	模具所有活动部分应保证位置准确,动作可靠,不得有歪斜和卡滞现象。要求固定的零件不得相对窜动
4.5	塑件的嵌件或机外脱模的成形零件在模具上安放位置应定位准确、安放可靠,具有防止错位措施

续表

标准条目编号	内　　容
4.6	流道转接处应光滑圆弧连接,镶拼处应密合,未注拔模斜度不小于5°,表面粗糙度 R_a 0.8 μm
4.7	热流道模具,其浇注系统不允许有塑料渗漏现象
4.8	滑块运动应平稳、合模后滑块与楔紧块应压紧,接触面积不少于设计值的75%,开模后定位应准确可靠
4.9	合模后分型面应紧密贴合。除排气槽除外,成型部位的固定镶件拼合间隙应小于塑料的溢料间隙。详见表6.77的规定
4.10	通介质的冷却或加热系统应通畅,不应有介质泄漏现象
4.11	气动或液压系统应畅通,不应有介质泄漏现象
4.12	电气系统应绝缘可靠,不允许有漏电或短路现象
4.13	模具应设吊环螺钉,确保安全吊装。起吊时模具应平稳便于装模,吊环螺钉应符合 GB/T 825 的规定
4.14	分型面上应尽可能避免有螺钉或销孔的穿孔,以免积存溢料

表 6.78　塑料的溢料间隙

塑料流动性	好	一　般	较　差
溢料间隙	<0.03	<0.05	<0.08

6.13.3　验收

GB/T 12554—2006《塑料注射模技术条件》标准规定的对塑料注射模的验收见表6.78。

表 6.79　塑料注射模的验收

标准条目编号	内　　容
5.1	验收应包括以下内容: (1)外观检查;(2)尺寸检查;(3)模具材质和热处理检查; (4)冷却或加热系统、气动或液压系统、电气检查系统; (5)试模和塑件检查;(6)质量稳定性检查
5.2	模具供应方应按模具图和本技术要求对模具零件和整套模具进行外观与尺寸检查
5.3	模具供应方应对冷却或加热系统、气动或液压系统、电气系统检查: (1)对冷却或加热系统加 0.5 MPa 的压力试压,保压时间不少于 5 min,不得有渗漏现象; (2)对气动或液压系统按设计额定压力值的 1.2 倍试压,保压时间不少于 5 min,不得有渗漏现象; (3)对电气系统应先用 500 V 摇表检查其绝缘电阻,应不低于 10 MH,然后按设计额定参数通电检查
5.4	完成5.2和5.3项目检查并确认合格后,可进行拭模。试模应严格遵守如下要求: (1)试模应严格遵守注塑工艺规程,按正常生产条件试模; (2)试模所用材质应符合图样规定,采用代用塑料时应经用户同意; (3)所用注射机及附件应符合技术要求,模具装机后应空载运行,确认模具活动部分动作灵活、稳定、准确、可靠

续表

标准条目编号	内　容
5.5	试模工艺稳定后,应连续提取 5～15 个模塑件进行检查。模具供方和用户确认塑件合格后,由供方开具模具合格证并随模具交付用户
5.6	模具质量稳定性检验方法为在正常生产条件下连续生产不少于 8 h,或由模具供应方与用户协商确定
5.7	模具用户在验收期间,应按图样和技术条件对模具主要零件的材质、热处理、表面处理情况进行检查或抽查

　　注射模标志、包装、运输、贮存等在此省略。

第**7**章
注射模具设计实例

7.1 塑件成型工艺分析

7.1.1 塑件的分析

①外形尺寸。该塑件壁厚为 3 ~ 6 mm,塑件外形尺寸为 91 mm,塑料熔体流程不太长,塑件材料为 ABS,属于热塑性塑料,流动性较好,适合于注塑成型。

②精度要求。塑件精度要求不一样,公差范围如图 7.1 所示。

③脱模斜度。要求脱模斜度。

④大批量生产。

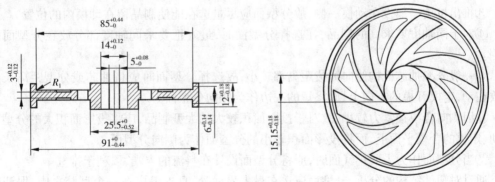

图 7.1 塑件公差要求

7.1.2 ABS 工程塑料的性能分析

丙烯晴-丁二烯-苯乙烯共聚物(ABS)无毒无味,是微黄色或白色不透明颗粒料,密度为 1.05 g/cm³。在构成 ABS 的三种材料中,丙烯晴使材料耐油、耐热、耐化学腐蚀,丁二烯使材料具有卓越的柔韧性,苯乙烯使材料具有良好的刚性和流动性。但在 ABS 注塑中需注意以下几个问题:

①吸湿性强,含水量应小于 0.3%,必须充分干燥,要求表面光泽的塑件应要求长时间预热干燥。

②流动性中等,溢边料为 0.04 mm 左右(流动性比聚苯乙烯,PS 差,但比聚碳酸酯、聚氯乙烯好)。

③比聚苯乙烯加工困难,宜取高温料、模温(对耐热、高抗冲击和中抗冲击型树酯、料温更宜取高)。料温对物性影响较大、料温过高易分解(分解温度为 250 ℃左右,比聚苯乙烯易分解),对要求精度较高塑件模温宜取 50~60 ℃,要求光泽及耐热型料宜取 60~80 ℃。注塑压力应比加工聚苯乙烯稍高,一般用柱塞式注塑机时料温为 180~230 ℃,注射压力为 100~140 MPa,螺杆式注塑机则取 160~220 ℃,70~100 MPa 为宜。

④模具设计时,要注意浇注系统选择进料口位置、形式,顶出力过大或者机械加工时塑件表面呈现"白色"痕迹(但在热水中加热可消失),脱模斜度宜取 2°以上。

7.2 初步确定模具结构

7.2.1 分型面选择

为了易于脱模,分型面的位置应设在制品断面尺寸最大的地方。分型面可以是平面、斜面、阶梯面或曲面。在塑件制品的设计时,必须考虑分型时分型面的形状和位置。分型面的设计是否合理,对制品质量、工艺操作难易和模具制造有很大影响。分型面选取的一些原则:

①一般情况下,只采用一个与注塑机开模方向相垂直的分型面,特殊情况下才采用较多的分型面。分型面应尽量选在与开模运动方向相垂直的方向上,以避免形成侧凹或侧孔。

②分型面应尽量不选在制品光亮平滑的外表面或带圆弧的转角处。

③推出机构一般设在动模一侧,故分型面应尽量选在能使制品留在动模内的位置。

④对于同轴度要求高的制品,在选择分型面时,最好把要求同轴度部分放在分型面的同一侧。

⑤一般分型抽芯机构侧向抽拔距离都较小,故选择分型面时应将抽芯或分型距离长的一边放在动、定模开模的方向上,而将短的一边作为侧向分型面。

⑥因侧向合模锁紧力较小,故对于投影面积较大的大型制品,应将投影面积大的分型面放在动、定模的合模平面上,而将投影面积较小的分型面作为侧向分型面。

⑦当分型面作为主要排气面时,应将分型面设计在料流的末端,以利于排气。

通过对塑件结构的分析,分型面应选在最大界面处,且外壁应在一个型腔之中,保证转盘侧壁无明显痕迹,且开模后,塑件应留在动模一侧,方便顶杆或者推件板把塑件推出。因此,初步确定两个分型面位置如图 7.2 所示。

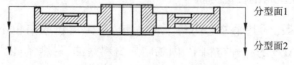

图 7.2 分型面的初步确定

分型面1是把型腔做在动模一侧,这样会加大脱模时的脱模力,分型面2可以在动模与定模分型时把型腔对产品的作用力去掉。但对于分型面2,需要确定塑件在动模与定模分型时塑件留在动模一侧,也就需要确定内部需要的脱模力大于外圈的脱模力。

经经验公式计算,得出中心小型芯和外围六个小型芯所需的脱模力远远大于外部型腔所需的脱模力。故选用分型面2作为分型面。

7.2.2 型腔数量的确定

由于该塑件尺寸较小,且为大批量生产,可采用一模多腔的结构形式。同时考虑到塑件尺寸、模具结构尺寸的关系,以及制造费用和各种成本等因素,初步定为一模四腔结构形式。

7.2.3 型腔排列布置的确定

由于模具选择的是一模四腔,故采用对称排列,使型腔进料平衡。其中心距的确定详见后面的计算。

7.2.4 模具结构形式的初步确定

由于进浇口不能选择在转盘的侧壁,因此采用三板式模具,使进浇口设置在塑件中心厚壁处。浇注系统设计时,流道采用对称平衡式,浇口采用点浇口。定模部分需要单独开设分型面去除凝料,且需要限位装置、固定装置。动模部分需要添加型芯固定板、支承板和推件板。由上综合分析可确定采用小水口的双分型面注射模。

7.3 成型零件的结构设计、计算及模架的初步选定

7.3.1 成型零件的结构设计

(1)凹模的结构设计

凹模是成型制品的外表面的成型零件。按凹模结构的不同,可将其分为整体式、整体嵌入式、组合式和镶拼式四种。根据对塑件的结构分析,本设计中采用整体式凹模,如图7.3所示。

(2)凸模的结构设计(型芯)

塑件内表面的成型零件,通常可以分为整体式和组合式两种类型。由于中心部位含有角度较小的圆弧面与平面相交角度,故该塑件采用组合式型芯,便于中心小型芯加工。如图7.4所示,由分型面选择时计算出塑件的包紧力大于外部型腔对它的作用力,故把型芯放在动模一侧,保证分模时塑件留在动模一侧。

7.3.2 成型零件钢材的选用

根据对成型零件的综合分析,该塑件的成型零件要有足够的刚度、强度、耐磨性以及良好的抗疲劳性,同时考虑它的机械加工性能和抛光性能。又因为该塑件为大批量生产,同时在动模与定模分型时磨损严重,所以构成型腔的整体式钢材选用9Mn2V,热处理为淬火回火。对于成型零件的内表面的型芯来说,由于脱模时与塑件的磨损严重,因此选用钢材Cr12MoV,进行淬火回火的热处理方式。

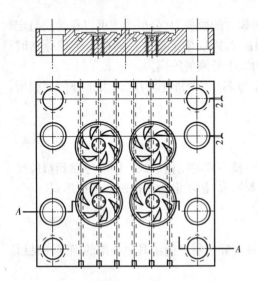

图7.3 型腔排列及凹模形式

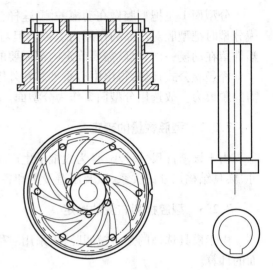

图7.4 组合式型芯

7.3.3 成型零件工作尺寸的计算

(1)型腔长度类尺寸

计算公式为

$$L_{\mathrm{m}} = \left[(1 - S_{\mathrm{cp}}) L_{\mathrm{s}} - \frac{3}{4}\Delta \right]^{+\delta_z}$$

制件尺寸 $91_{-0.44}^{+0}$：

$$L_{\mathrm{m}} = \left[(1 + 0.006) \times 91 - 0.75 \times 0.44 \right]_{-0}^{+0.022} = 91.21_{-0}^{+0.022} \text{ mm}$$

制件尺寸 $25.5_{-0.52}^{+0}$：

$$L_{\mathrm{m}} = \left[(1 + 0.006) \times 25.5 - 0.75 \times 0.52 \right]_{-0}^{+0.016} = 25.26_{0}^{+0.016} \text{ mm}$$

(2)型芯长度类尺寸

计算公式为

$$L_{\mathrm{m}} = \left[(1 + S_{\mathrm{cp}}) L_{\mathrm{s}} + \frac{3}{4}\Delta \right]_{-\delta_z}$$

制件尺寸 $85_{-0}^{+0.44}$：

$$L_{\mathrm{m}} = \left[(1 + 0.006) \times 85 + 0.75 \times 0.44 \right]_{-0.022}^{+0} = 85.84_{-0.022}^{+0} \text{ mm}$$

制件尺寸 $14_{-0}^{+0.12}$：

$$L_{\mathrm{m}} = \left[(1 + 0.006) \times 14 + 0.75 \times 0.12 \right]_{-0.008}^{+0.021} = 14.17_{-0.008}^{+0.021} \text{ mm}$$

(3)型腔高度计算

计算公式为

$$H_{\mathrm{m}} = \left[(1 + S_{\mathrm{cp}}) H_{\mathrm{s}} - \frac{2}{3}\Delta \right]^{+\delta_z}$$

制件尺寸 $12_{-0.18}^{+0.18}$：

$$H_{m} = \left[(1 + 0.006) \times 12 - \frac{2}{3} \times 0.36 \right]_{-0}^{+0.016} = 11.83_{-0}^{+0.011} \text{ mm}$$

(4)型芯高度计算

计算公式为

$$H_m = \left[(1 + S_{cp}) H_s + \frac{2}{3} \Delta \right]_{-\delta_z}$$

制件尺寸 $3^{+0.12}_{-0.12}$：

$$H_m = \left[(1 + 0.006) \times 3 + \frac{2}{3} \times 0.24 \right]^{+0.021}_{-0.008} = 3.18^{+0}_{-0.008}\ mm$$

式中，L_m——凹模径向尺寸，mm；S_{cp}——塑料的平均收缩率；L_s——塑件径向公称尺寸，mm；Δ——塑件的公差，mm；δ_z——凹模制造公差，mm；H_m——凹模深度尺寸；H_s——塑件高度公称尺寸。

7.3.4　凹模侧壁及中心壁计算

(1)凹模侧壁厚度的计算

凹模侧壁厚度与型腔内压强及凹模的深度有关，其厚度根据表 5.4 知强度计算

$$S = r \left[\left(\frac{\sigma}{\sigma - 2P} \right)^{\frac{1}{2}} - 1 \right] = 91 \times \left[\left(\frac{160}{160 - 2 \times 35} \right)^{\frac{1}{2}} - 1 \right] \approx 30(mm)$$

式中，S——圆形型腔侧壁厚度，mm；σ——模具材料许用应力，凹模 9Mn2V 这里取 160 MPa；P——型腔压力，这里取 35 MPa。

(2)凹模中心壁厚度

根据经验计算公式 $S' \geqslant S/2 = 15$ mm。

7.3.5　模架的初步选定

(1)A 板尺寸

从上面的计算中可以得出，凹模的最小尺寸为 $91 \times 2 + 30 \times 2 + 15 = 257$ mm 的正方形件，同时考虑到导柱、导套、拉杆等的位置，初步选定 A 板的大小为 350 mm × 350 mm 大小的板，型腔深度为 14 mm，加上冷却水道直径和冷却水到型腔的距离，初步确定 A 板厚度为 50 mm。

(2)B 板尺寸

B 板为型芯固定板，因此厚度可以适当减薄，选定为 40 mm。

(3)C 板尺寸

垫块厚度 = 推出行程 + 推板厚度 + 推杆固定板厚度 + 限位订厚度 + (5~10) mm = 85~90 mm，初步选定为 90 mm。

按上述计算，模架尺寸已定，查相关资料，选择点浇口五推料板型标准模架型号为模架 DA 型(见图 7.5)3535 - 50×40×90 GB/T 12555—2006 具体参数见表 7.1 与图 7.6

表 7.1　3535 - 50×40×90 的主要参数

W	L	W_1	W_2	W_3	A	B	C	H_1	H_2	H_3	H_4	H_5	H_6	W_4	W_5
350	350	400	63	220	50	40	90	30	45	35	45	20	25	164	196

W_6	W_7	L_1	L_2	L_3	L_4	L_5	L_6	L_7	D_1	D_2	螺钉 M_1		螺钉 M_2	
284	285	326	290	178	284	144	212	284	30	25	4×M16		4×M10	

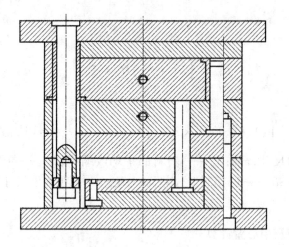

图7.5　DA型模架

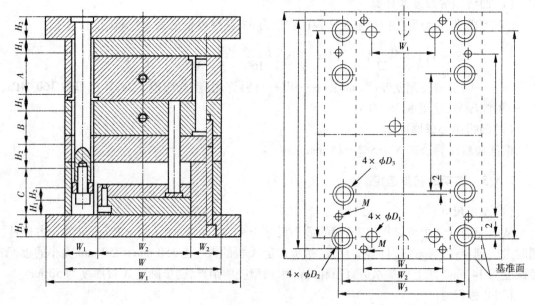

图7.6　模架参数

7.4　注射机型号的确定

7.4.1　注射量的计算

通过 Pro/E 建模分析得塑件质量属性,如图7.7所示。

塑件体积:$V_{塑} = 33.750 \text{ cm}^3$;

塑件质量:$M_{塑} = 33.750 \times 1.10 = 37.125$ g。

式中的 ρ 可根据表6.4 取 1.10 g/cm^3。

图 7.7　塑件质量属性

7.4.2　浇注系统凝料体积的初步估算

由于浇注系统的凝料在设计之前不能确定准确的数值,但是可以根据经验按照塑件体积的 0.2 ~ 1 倍来估算。由于本次设计采用的流道简单并且较短,因此浇注系统的凝料按照塑件体积的 0.4 倍来估算,故一次注入模具型腔塑料熔体的总体积(即浇注系统的凝料和 4 个塑件体积之和)为:

$$V_{总} = 1.4nV_{塑} = 1.4 \times 33.750 = 189(\mathrm{cm}^3)$$

7.4.3　选择注塑机

根据以上计算得出在一次注射过程中注入模具型腔的塑料的总体积为 $V_{总} = 202.5$ cm^3,有

$$0.8G_{max} \geq m_{塑} \tag{7.1}$$

式中,G_{max}——注射机实际的最大注射量;$m_{塑}$——注射模每次需要的实际注射量。

故 $G_{max} \geq 189/0.8 = 236.25$ cm^3。根据以上的计算,初步选择公称注射量为 255 型号为 SZ-200/1500 的卧式注射机,其主要参数见表 7.2。

表 7.2　注射机主要技术参数

理论注射量/cm^3	255	拉杆间距离/mm	460×400
螺杆柱塞直径/mm	45	移模行程/mm	430
注射压力/MPa	178	最大模具厚度/mm	450
注射速率/$(\mathrm{g \cdot s^{-1}})$	165	最小模具厚度/mm	220
塑化能力/$(\mathrm{kg \cdot h})$	35	锁模形式	双曲肘
螺杆转速/$(\mathrm{r \cdot min^{-1}})$	10 ~ 390	模具定位孔直径/mm	125
锁模力/mm	1500	喷嘴球半径/mm	SR15
喷嘴口直径/mm	7.5		

7.4.4　注射机的相关参数的校核

(1)注射压力校核

ABS 厚壁件注射压力为 80～110 MPa,这里取 $P_0 = 110$ MPa,该注射机的公称注射压力 $P_公 = 178$ MPa,注射压力安全系数 $K_1 = 1.25～1.4$,这里取 1.3,则

$$K_1 P_0 = 1.3 \times 110 = 143 \text{ MPa} < P_公$$

所以注射机注射压力合格。

(2)锁模力校核

①塑件在分型面上的投影面积(由 Pro/E 分析得到):

$$A_塑 = 4\,558 \times 4 = 18\,232(\text{mm}^2)$$

②浇注系统在分型面上的投影面积 $A_浇$,即浇道凝料(包括浇口)在分型面上的投影面积 $A_浇$ 的数值,可以按照多型腔模具的统计分析来确定。$A_浇$ 是每个塑件在分型面上的投影面积 $A_塑$ 的 0.2～0.5 倍。由于本设计的流道比较简单,分流道不长,因此流道凝料投影面积可以适当取小一点,这里去 $A_浇 = 0.3 A_塑$。

$$A_浇 = 0.3 A_塑 = 5\,469.6(\text{mm}^2)$$

③模具型腔内的胀型力 $F_胀$:

$$F_胀 = A_总 P_模 = (A_塑 + A_浇)P_模 = (18\,232 + 5\,469.6) \times 35 = 829.556(\text{kN})$$

式中,$P_模$ 是型腔的平均计算压力值,$P_模$ 通常取注射压力的 20%～40%,大致范围为 22 MPa～44 MPa。这里取 25 MPa。

由表 7.2 可知该注射压力机的公称锁模力为 $F_锁 = 1\,500$ kN,锁模力安全系为 $k_2 = 1.1～1.2$,这里取 $k_2 = 1.2$,则取 $k_2 F_胀 = 1.2 \times 829.556 = 995.57$ kN $< F_锁$,所以注射机锁模力满足要求。

(3)模具闭合高度的校核

①模具的闭合高度 $H = H_4 + A + B + H_2 + C + H_1 = 300$ mm。

②注射机所允许的最小模具厚度为 220 mm,最大模具厚度为 450 mm。所以模具满足 $H_{\min} \leqslant H \leqslant H_{\max}$ 的安装条件。

(4)模具安装部分的校核

该模具的外形尺寸为 350 mm×400 mm,注射机的栏杆机距离为 460 mm×400 mm(见表 7.2),因 350 mm×400 mm < 460 mm×400 mm,故满足模具的安装要求。

(5)开模行程的校核

对于双分型面模具来说,其开模行程

$$430 \text{ mm} = S_{\max} \geqslant H_塑 + H_浇 + H_推 + (5～10)\text{mm} = 160 \text{ mm}$$

式中,$S_{\max}$——注射机移动模板的最大行程,mm,查表 7.2 可知 $S_{\max} = 430$ mm;$H_塑$——塑件脱出所需高度;$H_浇$——浇道脱出所需高度;$H_推$——塑件推出距离。

故该注射机的开模行程符合出件的要求。通过上述校核,SZ-200/1500 卧式注射机能够满足该模具的使用要求,故可以采用。

7.4.5　浇注系统的设计

(1)进浇点的设计

浇口的位置对制品的质量影响很大,在确定浇口位置时,应注意以下事项:

①浇口应开在塑料制品断面较厚的部位,使熔体从厚端面流入薄端面。

②浇口的位置应选择在有利于排出型腔中空气的部分。

③浇口的位置应选在能减少融合纹和提高融合纹强度的地方。带有细长型芯的浇口,会使型芯受到塑料熔体的冲击而变形,此时应采用中心进料方式。

④浇口位置选择时应尽可能避免小浇口正对大型腔,应开设在正对大型芯或型腔壁的位置,从而改变塑料熔体流向、降低流速,使熔体在型腔内逐渐推进,避免喷射充模和熔体断裂。

⑤在确定大型制品的浇口数量和位置时,须校核流程比,以保证塑料熔体能充满型腔,流程比由流动通道的最大流程与其厚度之比来确定。

塑件是圆盘形零件,且不能把进浇口设计在侧面,因此采用三板式进浇,把浇口设计在塑件的中心部位。由于中心有一个比较大的孔,采用多点进浇更利于塑件充满,本设计采用两点进浇的方式,且进浇口设计在中心的厚壁处,利于充填时熔体流动,如图7.8所示。

(2)主流道设计

主流道通常位于模具中心塑料熔体的入口处,它将注射机喷嘴注射出的熔体导入分流道或型腔中。主流道的形状为圆锥形,以便熔体的流动和开模时主流道凝料额度顺利拔出。主流道的尺寸直接影响到熔体的流动速度和充模时间。另外,由于主流道与高温塑料熔体及注射机喷嘴反复接触,因此设计中常设计成可拆卸更换的浇口套。

1)主流道尺寸

①长度的计算。一般由模具结构确定,对于小型模具 L 应尽量小于 60 mm,本次设计中初取 50 mm 进行计算。

②主流道小端直径。$d = $ 注射机喷嘴尺寸 $+ (0.5 \sim 1)$ mm $= 8$ mm。

③主流道大端直径。$D = d + L_{主} \tan \alpha \approx 11.5$ mm,式中 $\alpha \approx 4°$。

④主流道球面半径,$SR = $ 注射机喷嘴球头半径 $+ (1 \sim 2)$ mm $= 17$ mm。

⑤球面配合高度。$h = 3$ mm。

2)主流道浇口套形式

主流道衬套为标准件,可选购。主流道小端入口处与注射机嘴反复接触易磨损。对材料的要求严格,因而尽管小型模具可以将主流道衬套与定位圈设计成一个整体,但考虑上述因素通常仍然将其分开来设计,以便于拆卸更换,同时也便于选用优质钢材进行单独加工和热处理。本设计中浇口套按照 GB/T 4169.19—2006 选用,材料采用 45 钢,热处理淬火。定位圈的结构由总装图来确定。

3)分流道的设计

①分流道的布置形式。为了尽量减少在主流道的压力损失和尽可能避免熔体温度降低,同时还要考虑减少分流道的容积和压力平衡,因此采用平衡式分流道,如图7.9所示。

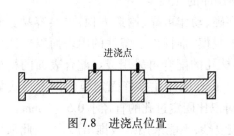

图 7.8　进浇点位置

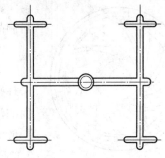

图 7.9　分流道排布

259

②分流道的长度。根据型芯间距离、进浇点位置和冷料井的长度,设计一级分流道和二级分流道的长度均为 118 mm。

③分流道截面。选用的是三板式模具,需要二次分型,采用梯形界面分流道加拉料杆的结构方便在第一次分型时把浇注系统凝料全部从型腔之中拔出,以利于凝料的自动脱落。

7.4.6 流道和塑件脱落机构的设计

该模具设计三板式模具,所以需要两次分型,且第一次分型需在分流道所在平面分型,第二次分型在塑件分型面处。

(1)流道的脱落

流道位于 A 板与定模座板中间平面,且分流道设计为梯形截面分流道。为了使凝料在此分型面分开始从型腔中脱离出来,因此在主流道下面设计球头拉料杆结构,如图 7.10 所示。在进浇口上端设计侧凹拉断点浇口结构,如图 7.11 所示,使进浇口的凝料在分型面分开时脱离出来。在塑件分型面分开时,凝料在 A 板的作用力下和球头拉杆脱离落下。

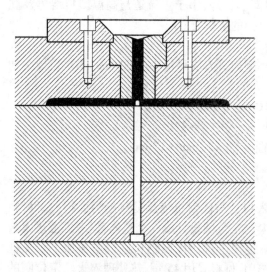

图 7.10 球头拉料杆

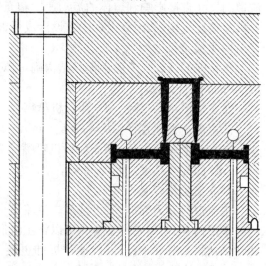

图 7.11 侧凹拉断点浇口结构

(2)塑件的脱落

塑件制品脱模后,不能使塑料制品变形。推出力分布要均匀,推出面积要大,推杆尽量靠近型芯,但也不要距离太近。

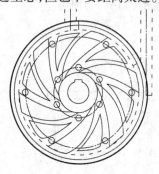

图 7.12 推杆设置位置

①塑料制品在推出时,不能造成碎裂。推出力应作用在塑料制品承受力大的部分,如塑料制品的筋部、凸缘及壳体壁等。

②不要损坏塑料制品的外观美。

③推出机构应准确、动作可靠、制造方便,更换容易。密封卡环采用三根推杆来脱模,推杆设在塑件的内表面以保证外表面的洁度,推杆与推杆孔的配合可采用或。配合表面的粗糙度一般为 $R_a = 0.8 - 0.4$ μm,推杆在推杆固定板的固定形式如图 7.12所示,推杆直径可以比固定过孔的直径小 0.5 ~ 1 mm。

本塑件结构比较复杂,不能采用推板推出形式,因此采用推杆推出形式。设计位置如图 7.12 所示。平衡的位置设计可以保证塑件在被推出的过程中受力均匀,避免塑件局部承受过大顶力而顶白或破裂。

7.4.7　冷却系统设计

温度调节系统的目的是提高塑件的成形质量和效率。温度调节系统根据情况的不同可以分为加热系统与冷却系统。

一般注射到模具内的塑料温度为 200 ℃左右,塑件固化后从模具型腔中取出时其温度在 60 ℃以下。热塑性塑料在注射成型以后,必须对模具进行有效的冷却,使熔融塑料的热量尽快地传递给模具,以便使塑件可靠冷却定性,并可迅速脱模,提高塑件定形质量和生产效率。对于熔融黏度较低。流动性较好的塑料,如聚乙烯、聚丙烯、尼龙、聚苯乙烯、聚氯乙烯、有机玻璃等。若塑件是薄壁且小型的,则模具可以利用自然冷却;若塑件是厚壁且大型的,则需要对模具进行人工冷却,以便使塑件在模腔内很快冷凝定型,缩短成型周期,提高生产效率。

查表可知 ABS 的塑料温度为 200 ~ 260 ℃,而模具温度为 40 ~ 60 ℃,所以要采用冷却系统,冷却装置设计的基本考虑:

①尽量保持塑件收缩均匀,维持模具热平衡。

②冷却水孔的数量越多,孔径越大,则对塑件的冷却也就越均匀。

③水孔与型腔表面各处最好有相同的距离,即水孔的排列与型腔形状尽量相吻合。当塑件壁厚不均匀时,厚壁处水孔应靠近型腔,距离要小。

④浇口处要加强冷却。一般熔融塑料填充型腔时,浇口附近温度最高,距浇口越远温度越低。因此浇口附近应加强冷却,通入冷水,而在温度较低的外侧只需经过热交换后的温水即可。

⑤降低入水与出水的温差。如果入水与出水的温差太大,将使模具的分布不均匀,尤其对流程很大的大型塑件,料温越流越低。为使整件的冷却速度大致相同,可以改变冷却孔道排列的形式。

⑥要结合塑料的特性和塑件的结构,合理考虑冷却水通道的排列形式。

⑦冷却水通道要避免接近塑件的融合纹部位,以免融合不牢,影响强度。

⑧保证冷却通道不泄漏,密封性能好,以免在塑件上造成斑纹。

⑨冷却系统的设计要考虑尽量避免其与模具结构中其他部分的干涉现象。冷却水通道开设时,受到磨具上各种孔的结构限制,要按理想情况设计是困难的。

⑩冷却通道的进口与出口接头尽量不要高出模具外表平面,即要埋入模板内,以免模具在运输过程中造成损坏。

⑪冷却水道要易于加工和清理。

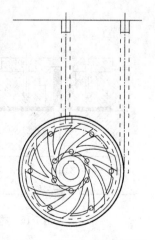

该塑件是高度很低的大圆盘型件,故才塑件侧面不需要设计冷却水道,只将冷却水路设置在塑件的上下平面,塑件横向距离较大,因此在 A 板一端设置三条平行排列的冷却水道,每条水道间隔距离为 35 mm,保证塑件的均匀冷却。B 板一端设置有型芯,因此不能像 A 板一样打三条通孔的冷却水道,B 板一端水道设置为型芯环绕型冷却水道如图 7.13 所示。保证塑件冷却的同时也更容易加工。

图 7.13　型芯冷却水道设置

冷却水道的位置确定:水道的中线离塑件型腔表面的距离要在 $1.5D \sim 2D$,这样既能满足冷却的需求,也能够满足型腔的钢、强度要求。该设计选择 7.5 mm 的冷却水道,冷却水道的中心距型腔表面的距离选择为 $1.5D$,也就是 10.75,这样可以最大限度地增加冷却速度。

水道的中心距离一般距离为 $3D \sim 5D$,这样既能减少冷却水道的数量,也能达到最大的冷却效果。因该产品不是很大,因此水道间距离取了一个较中间值,这样提高了对塑件的冷却效果。

7.4.8 顺序分型设置

因为该模具为三板式模具,因此浇道分型面(分型面1)与塑件分型面(分型面2)(如图7.14 所示)需要有一个顺序分开,且中间 A 板需要有固定支撑。

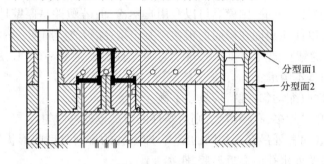

图 7.14 顺序分型

因开模时是动模板在注塑机的拉力下后退,故开模时需要分型面 1 先打开,故在 A、B 板中间设置一个橡胶拉块(如图 7.15 所示),使 A、B 板中存在一定摩擦力,在分型面打开时,分型面 1 先打开。然后 A 板在拉料杆的限位下(如图 7.16 所示),A、B 板中橡胶块从 A 板中脱落,使分型面 2 打开。

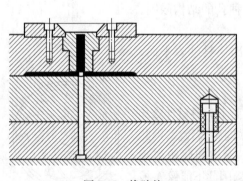

图 7.15 橡胶块

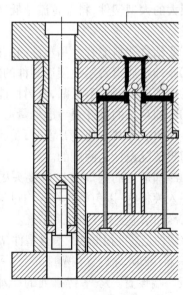

图 7.16 限位块

7.4.9　模具运动过程

(1)开模过程

开模时,动模板在注射机的拉力下后退,B 板及以下部分与动模板是刚性连接,因此一起向后运动,A 板在橡胶圈的摩擦力下跟随 B 板向后运动,此时 1 分型面打开,且浇口在侧凹的作用下被拉断,A 板中凝料被拔出到 A 板表面。当运动到一定距离后,A 板与挡环接触时,作用力大于橡胶圈的摩擦力时,A、B 板分开,2 分型面被打开,此时浇注系统凝料被 A 板挡出,自动脱落。2 分型面打开到一定程度后,底部顶出缸自动打开,推动推板将制件顶出。

(2)合模过程

合模时,动模板在注射机作用力下向前移动,推板在复位杆的作用下,将推板推回,橡胶圈也在作用力下重新塞入 A 板中。

模具装配图如图 7.17 到图 7.19 所示。

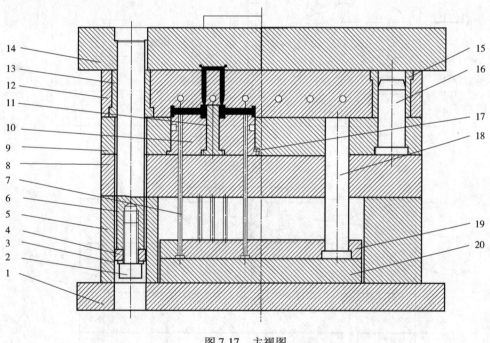

图 7.17　主视图

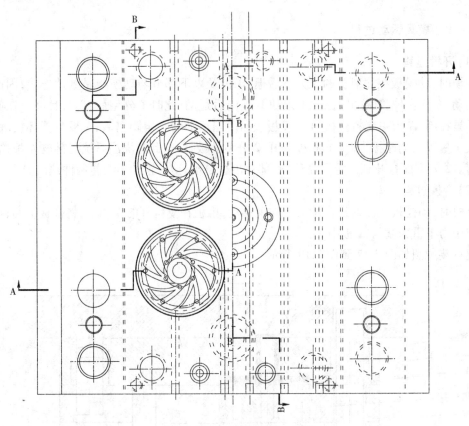

图 7.18　俯视图

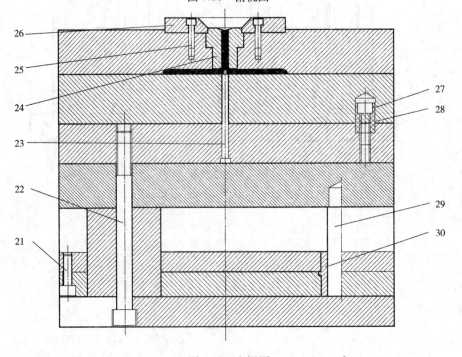

图 7.19　左视图

表 7.3

序号	名　称	数量	材　料	热处理	图　号	规　格	备注
1	动模座板	1	Q235	正火	GB/T 4169.8—2006	400×350×30	
2	内六角螺钉	4	45		GB/T 70.1—2000	M16×44	
3	弹簧垫圈	4	65M		GB/T 93—1987	16	
4	挡环	4	45	淬火	YQ 01—01	33×33×12.5	加工
5	垫块	2	Q235		GB/T 4169.6—2006	350×63×90	
6	拉杆导柱	4	T10A	淬火	GB/T 4169.20—2006	30×235	
7	推杆	48	3Cr2W8V	淬火	GB/T 4169.1—2006	4×153	
8	动模支承板	1	45	淬火	GB/T 4169.8—2006	350×350×45	
9	型芯固定板	1	45	淬火	GB/T 4169.8—2006	350×350×40	
10	型芯	4	Cr12MoV	淬火回火	YQ 01—02		加工
11	型芯	4	Cr12MoV	淬火回火	YQ 01—03		加工
12	凹模	1	9Mn2V	淬火回火	GB/T 4169.8—2006	350×350×50	
13	带头导套	4	T10A	淬火	GB/T 4169.3—2006	30×50	
14	定模座板	1	45	淬火	GB/T 4169.8—2006	400×350×45	
15	带头导套	4	T10A	淬火	GB/T 4169.3—2006	30×50	
16	带头导柱	4	T10A	淬火	GB/T 4169.4—2006	30×80	
17	止转销	4	45	淬火	YQ 01—04	4×4×6	加工
18	复位杆	4	T10A	淬火	GB/T 4169.13—2006	25×150	
19	推杆固定板	1	45		GB/T 4169.7—2006	350×220×20	
20	推板	1	45	淬火	GB/T 4169.7—2006	350×220×25	
21	内六角螺钉	4	45		GB/T 70.1—2000	M10×32	
22	内六角螺钉	4	45	淬火	GB/T 70.1—2000	M16×180	
23	拉料杆	1	T10A	淬火	YQ 01—05	6×90	加工
24	浇口套	1	45	淬火	GB/T 4169.19—2006	25×27	
25	内六角螺钉	4	45		GB/T 70.1—2000	M10×32	
26	定位圈	1	45		GB/T 4169.18—2006	150	
27	内六角螺钉	4	45		GB/T 70.1—2000	M10×32	
28	橡胶圈	4	橡胶		YQ 01—06	20×20×30	
29	推板导柱	2	T10A	淬火	GB/T 4169.14—2006	30×90	
30	推板导套	2	T10A	淬火	GB/T 4169.12—2006	30	

参考文献

[1] 王孝培. 冲压手册［M］. 北京:机械工业出版社,2000.

[2] 查五生. 冲压工艺及模具设计[M]. 重庆:重庆大学出版社,2015.

[3] 丁松聚. 冷冲模设计［M］. 北京:机械工业出版社,2010.

[4] 朱旭霞. 冲压工艺及模具设计［M］. 北京:机械工业出版社,2008.

[5] 李天佑. 冲模图册［M］. 北京:机械工业出版社,2004.

[6] 王芳. 冷冲压模具设计指导[M]. 北京:机械工业出版社, 2006.

[7] 史铁梁. 模具设计指导[M]. 北京:机械工业出版社, 2011.

[8] 杨占尧. 冲压模具标准及应用手册［M］. 北京:化学工业出版社,2010.

[9] 马朝兴. 冲压模具手册[M]. 北京:化学工业出版社,2009.

[10] 郝滨海. 冲压模具简明设计手册[M]. 北京:化学工业出版社,2004.

[11] 塑料模具技术手册编委会. 塑料模具技术手册[M]. 北京:机械工业出版社,1997.

[12] 申开智. 塑料成型模具[M]. 3 版. 北京:中国轻工业出版社,2014.

[13] 韩飞,崔令江. 冲压及塑料注射模具课程设计指导与实例[M]. 哈尔滨:哈尔滨工业大学
出版社,2015.

[14] 伍先明. 塑料模具设计指导[M]. 3 版. 北京:国防工业出版社,2015.

[15] 阎兵. 塑料注射模具结构与设计实例[M]. 北京:机械工业出版社,2011.

[16] 王静. 注射模具设计工厂[M]. 北京:电子工业出版社,2013.

[17] 上海市模具技术协会. 塑料技术标准大全[M]. 2 版. 杭州:浙江科学技术出版社,1998.

[18] 叶久新. 塑料制品成型及模具设计[M]. 长沙:湖南科学技术出版社,2005.

[19] 张杰. 塑料模具设计及案例精选[M]. 北京:电子工业出版社,2011.

[20] 王卫卫. 材料成型设备[M]. 北京:机械工业出版社,2004.

[21] 温志远,牟志平,陈国金. 塑料成型工艺及设备[M]. 北京:北京理工大学出版社,2012.

[22] 许鹤峰,陈言秋. 注塑模具设计要点与图例[M]. 北京:化学工业出版社,1998.